国外太空军演与
太空安全战略研究

陈国玖 杨广华 主编

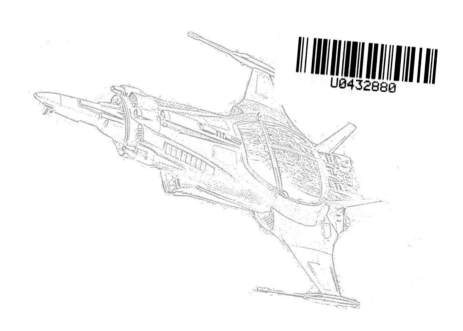

北京理工大学出版社
BEIJING INSTITUTE OF TECHNOLOGY PRESS

版权专有　侵权必究

图书在版编目（CIP）数据

国外太空军演与太空安全战略研究 / 陈国玖，杨广华主编. -- 北京：北京理工大学出版社，2022.6
ISBN 978-7-5763-1352-9

Ⅰ. ①国… Ⅱ. ①陈… ②杨… Ⅲ. ①天军-军事演习-研究-世界②航天安全-研究-世界 Ⅳ. ①E155.9 ②V528

中国版本图书馆 CIP 数据核字（2022）第 091387 号

责任编辑：徐　宁	**文案编辑**：宋　肖
责任校对：周瑞红	**责任印制**：李志强

出版发行 / 北京理工大学出版社有限责任公司
社　　址 / 北京市丰台区四合庄路 6 号
邮　　编 / 100070
电　　话 / （010）68944439（学术售后服务热线）
网　　址 / http://www.bitpress.com.cn

版印次 / 2022 年 6 月第 1 版第 1 次印刷
印　　刷 / 保定市中画美凯印刷有限公司
开　　本 / 710 mm×1000 mm　1/16
印　　张 / 18.75
字　　数 / 227 千字
定　　价 / 96.00 元

图书出现印装质量问题，请拨打售后服务热线，负责调换

编委会

主　任：陈国玖　　杨广华
副主任：籍润泽　王春雷　孙振华　齐　飞
编　委：申育娟　张　瑜　刘志强　张开锋
　　　　马　超　杨晓云　秘　倩　赵贺鹏
　　　　李恒宇　王培涛　邵海祯　王　强
　　　　张笔峰　杭　爽　王　迪　郭秋怡
　　　　范晓宸　张守明　王子豪　李忠杰
　　　　钟宋义　祝　川　褚一邢

前言

60多年前，第一颗人造卫星发射升空，不仅将人类社会引入一个技术发展和政治竞争的新时代，也改变了我们看待和利用太空的方式。当前，太空的战略意义已不再局限于科学探索，对于那些拥有太空资产并依赖其提供能力的国家而言，最大限度利用太空也成为其确保安全、促进繁荣的重要手段。

这一点在太空军事化趋势不可逆转的大背景下尤为明显。尽管在以1967年《关于各国探索和利用包括月球和其他天体的外层空间活动所应遵守原则的条约》为代表的国际空间法体系的规范下，"和平利用太空"已成为国际社会对探索与利用太空的重要共识。随着航天制导控制、目标融合识别、智能处理和网络信息等技术的迅猛发展，美国等西方国家逐渐意识到，太空未来将成为军事斗争的"高边疆"。因此，太空现已成为部分军事大国竞相角斗的重要领域，而太空力量也成为慑战兼备的新型战略力量。具体而言，太空力量正在改变以往的时空观、力量观、战法观和作战效益观，推动着军队组织形态、作战方法、作战原则乃至政治军事思想的变革，令整个战争时空概念和作战形态发生变化。

然而，掌握太空力量所产生的影响的本质并非一个一蹴而就的过程，需要大胆假设、反复探索，才能把握其内在规律。对此，以美国为首的西方国家开始举办太空军事演习，完成由理论学说到实践活动的转化发展。进入21世纪以来，美军采取多项举措全方位备战太空。自2001年开始，美军频频举办"施里弗"演习，组织作战部队、科研部门、军工企业参加，通过作战试验推演验证装备能力、提炼科技需求，进而促进新型力量的形成与发展。为提升空间态势感知及作战实践方面能力水平，进一步丰富太空军演体系，美军于2014年开启"全球哨兵"演习、于2017年开启"太空军旗"演习，不同类型的太空军事演习相互补充、有机结合，共同达成太空战场练兵的目的。

另外，清晰明确的太空安全战略，对促进太空合作、确保太空安全、提升本国太空竞争力具有举足轻重的作用。各国纷纷出台相关文件，以对维护太空安全、促进太空力量发展形成顶层牵引。其中，美国作为头等航天强国，其太空安全战略已对完善太空治理法律架构、打造太空安全国际联盟、推进太空商业化进程等重要内容作出明确部署。可以预见，在这些顶层战略之下，将会涌现出更多具有重要研究价值的具体措施。

本书深入探讨了世界主要国家太空军演开展情况，特别对美"施里弗""太空旗帜""全球哨兵"等演习组织实施情况及取得成果进行了综合分析，总结美军太空作战演习、太空力量运用等方面的做法经验。围绕国际太空安全现状及发展战略问题，为深入开展太空安全理论研究、研究制定太空安全战略与政策等方面提供有益参考。

目 录

第一篇　国外太空军演情况分析 ………… 001

第1章　太空军演概述 ………… 003
1.1　太空军演的主要背景 ………… 003
1.2　太空军演的进展情况 ………… 005
1.3　太空军演的主要形式 ………… 007

第2章　美国太空军演情况分析 ………… 009
2.1　美国太空军演目的意义 ………… 009
2.2　美国典型太空军演及相互关系 ………… 010
2.3　"施里弗"演习 ………… 012
2.4　"太空旗帜"演习 ………… 031
2.5　"全球哨兵"演习 ………… 040
2.6　美太空军事演习成果及影响分析 ………… 046

第3章　其他国家太空军演情况分析 ………… 058
3.1　日本太空军演情况 ………… 058
3.2　印度太空军演情况 ………… 064
3.3　英国太空军演情况 ………… 067

第二篇　国外太空安全战略研究 ………… 071

第4章　太空安全概述 ………… 073
4.1　太空安全的定义 ………… 074
4.2　太空安全的发展现状 ………… 075
4.3　太空安全面临挑战 ………… 080
4.4　维护太空安全的路径 ………… 084

第5章　太空安全战略 ………… 086
5.1　太空领域的竞争与威胁加剧 ………… 086

5.2　美国太空战略转型及其影响 …………………………… 094

第 6 章　有效太空威慑 …………………………… 110
6.1　太空系统面临的潜在威胁 …………………………… 110
6.2　太空威慑理论研究 …………………………… 112
6.3　美国太空威慑力量建设情况 …………………………… 117

第 7 章　太空战及主要国家太空力量建设情况 …………………………… 124
7.1　太空战相关背景 …………………………… 124
7.2　美国太空力量建设情况 …………………………… 138
7.3　俄罗斯太空力量建设情况 …………………………… 167
7.4　日本太空力量建设情况 …………………………… 174
7.5　法国太空力量建设情况 …………………………… 183

第 8 章　太空武器装备及作战试验 …………………………… 190
8.1　主要太空武器装备 …………………………… 190
8.2　太空装备作战试验 …………………………… 230
8.3　美军太空武器装备发展探析 …………………………… 249

第 9 章　太空与网络空间作战 …………………………… 263
9.1　太空系统面临的主要网络威胁 …………………………… 263
9.2　美国太空网络作战能力建设 …………………………… 265

第 10 章　国际太空安全治理 …………………………… 275
10.1　太空环境治理形势紧迫 …………………………… 275
10.2　太空环境研究意义重大 …………………………… 278
10.3　国际太空治理体系建设 …………………………… 280

参考文献 …………………………… 283

第一篇
国外太空军演情况分析

第1章 太空军演概述

1.1 太空军演的主要背景

随着科学技术的快速发展,人类战争所涉领域从陆地逐步扩展至海洋、空中乃至太空,并催生出了"太空战"这一崭新的战争概念。综观当今世界,太空部队已经出现、太空武器正在发展,太空战从风险转变为现实的可能逐渐增大。尽管1967年《关于各国探索和利用包括月球和其他天气的外层空间活动所应遵守原则的条约》(以下简称《外空条约》)第四条明确了"外空军控原则",规定不得在绕地球轨道上、天体(星球)、外层空间放置大规模杀伤性武器,禁止在天体上建立军事基地和进行军事演习等,但这种太空非军事化的国际法主张,仅代表了世界绝大多数爱好和平的国家和民族的愿景,在太空领域大国竞争愈发激烈的背景下,其已难以阻挡太空军事化不断加快的步伐,太空已经成为继陆、海、空之外的兵家必争之地。

美国近年来发布的太空领域相关政策文件,就在很大程度上表明太空战已并非空穴来风。2018年3月,美国白宫发布《国家太空战略》概要,明确发展太空探索事业的三大用途:一是推动新兴产业发展;二是催生新型尖端技术;三是军事科技保障国家安全。同年8

月，美国国防部提交《关于国防部国家安全航天构成的组织和管理结构的最终报告》，明确太空军的组建不会从零开始，将由此前已经存在的部门重组形成。2019年2月，美国发布第4号航天政策令，正式组建太空军被提上日程，该指令还明确将由太空军组织、训练以及装备太空部队，提出组建太空军的六大优先事项，并对太空军的创建目标、关联机构、作战职权等一系列重要问题作出说明。同年8月，美国时任总统特朗普在白宫宣布成立太空司令部，并任命杰·雷蒙德为太空司令部司令。太空司令部是国防部第11个联合作战司令部，属于功能性的作战司令部，旨在为地面部队提供卫星通信导航和导弹袭击预警，保护美国太空资产不受干扰和破坏。2019年12月20日，特朗普签署《2020年国防授权法案》，美国太空军正式组建，其在未来承担的任务具体包括：对敌方发射的精确制导洲际弹道导弹实施不间断的全程监视；为迎击威胁程度高的敌方导弹进行报警、目标定位和跟踪；在不能使用GPS的情况下，能有替代手段实施定位、导航和定时；对临近宇宙空间能实时认知；具有跨领域的、对载有核弹头的运载工具实施指挥、控制和通信，实现网络化，并具有独立的作战管理、指挥、控制和通信能力；具有广域、实时的监视能力等。此外，该法案还提出了"太空是世界上最新的作战域""太空军将帮助我们阻吓进犯并掌控绝对制高点"等重要表述。

实际上，早在20世纪六七十年代，在美苏两国之间，便已出现太空领域军事竞赛的苗头。海湾战争中，美军太空系统首次大规模运用于实战，共调集72颗卫星支援联军作战，为联军短时间内斩获胜利提供了巨大助力。进入21世纪，美军多措并举全方位备战太空。近年来，随着美军备战重点逐渐向打赢"高端战争"转变，其在太空领域更是动作频频，从更新政策条令到增设太空战机构，从强化太空态势感知能力到研发太空战武器，一个庞大的太空作战体系已逐渐成型。2018年4月，美国众议院军事委员会连续举行两场有关"太空战"的听证会。美防务部门官员和智库专家表示，面对中国和俄罗斯在太空领域的迅猛发展，美军要从五方面着手提升"太空战"能力：进一步增加对太空领域的投入、加强机构统筹和跨部门合作、完善太空军事设施的部署、加大转变思维方式和人才培养的力度、推进与盟友及私营企业的合作。

与冷战时期相比，当前太空领域更加具有"多样性、颠覆性、无序性、危险性"，太空安全威胁复杂多样、日趋严峻，太空威慑呈现新特点、面临新挑战，太空已成为现代化战争的战略制高点。为了加强对太空危机的模拟和战争推演，确保太空技术的领先优势，自2001年开始，美军启动"施里弗"演习（Schriever Wargame），组织作战部队、科研部门、军工企业参加，通过作战试验推演验证装备技术能力、挖掘潜在军事需求，促进新型力量的形成和发展。为提升太空态势感知及作战演练水平，继"施里弗"演习后，美国于2014年开启了"全球哨兵"演习（Global Sentinel），于2017年启动"太空旗帜"演习，进一步丰富了美国太空军演架构体系。通过"施里弗""全球哨兵""太空旗帜"等系列太空军演，美国不断提升太空作战指挥水平和太空武器装备的作战性能和体系贡献率，积极推动军民供应商和盟友在太空与网络空间能力的联合利用，以强化对抗环境下的综合作战实力。

1.2　太空军演的进展情况

根据所掌握的资料，目前美国是唯一成系列、成规模地开展太空军演活动的国家。美军太空军事演习覆盖战略及战术层面，针对关键问题有所侧重开展演练活动，以进一步推动美军太空作战概念的构建、指挥控制的优化、武器装备的创新与能力建设以及联合的强化等。具体而言，一方面加强美海、陆、空、天、电、网作战力量融合演练，提升多域环境全谱威胁下遂行作战能力；另一方面正逐步将北约、北美、大洋洲的相关盟国纳入其太空作战体系，如以共享高度涉密太空信息等方式，提升与盟友在太空作战域的战术级一体化指挥与控制能力等。

2001年，美太空军事演习步入新阶段，主要以太空为假想战场、以航天资源为主要作战装备、以太空攻防为主要演练内容，这就是著名的"施里弗"太空演习。这一演习是美军专门围绕太空安全与太空作战举办的高层次战略演习，意在通过推演、研究、评估、调整太空领域相关战略、政策、学说、作战概念、交战规则、力量结构以及装备需求等重大问题。然而，由于观念过于超前，许多装备还停留在理论或验证阶段，加之对空间资产发动实际攻击会产生空间碎片或引发其他灾难事故，因此，"施里弗"演习并非实兵演练，主要是以兵棋推演、研讨交流等方式模拟太空作战指挥与太空攻防组织等。此外，该演习属于系列化演习，2001—2013年，基本上每2年举行1次；自2014年举行第8场演习以来，进一步演变为1年1次。至2020年，该演习已举办有14场，每次演习历时5天到20多天不等，主要围绕太空态势感知、太空力量增强、太空支援、太空控制、太空力量运用五大任务领域展开。

随着历史时期与环境条件的变化，"施里弗"演习的侧重点也在不断调整，总体上呈现迭代升级的态势。前五次演习讨论了太空力量在美国国防战略中的地位以及美国法律政策对太空作战的影响，检验了美军21世纪联合部队可用的太空战术、能力与技术。2009年以后，"施里弗"演习逐渐开始强调网络空间与太空一体化在支持国土防御中的重要性，并突出美国盟友、商业实体在太空与网络能力方面的关键作用，重点演练网络空间作战与太空战之间的联合能力。2017年特朗普执政以来，"施里弗"演习注重如何整合较为分散的太空机构、太空力量，在多域环境中，紧密配合开展联合作战，探索国家、盟友、商业航天如何进一步联动，以"确保美国在太空领域的绝对领导地位"。

除了美国以外的其他国家,也对太空有较高的关注。俄罗斯认识到太空在国家安全与发展中具有不可替代的作用,认为维护太空安全与太空力量的平衡是俄罗斯在国家安全方面考虑的重点问题。为维护本国航天强国地位并同美国能在某些领域抗衡,俄罗斯发布《2016—2025年俄罗斯联邦航天规划》等一系列战略规划与发展,表明俄罗斯已将加强太空力量建设筹划与指导摆在十分重要的战略位置;英国于2014年发布《国家太空安全政策》,明确了实现太空安全的四项基本政策;日本于2008年修改《宇宙基本法》,解除了航天不用于军事目的的禁令,随后以两年一版的频率持续发布《宇宙基本计划》,2020年5月,日本航空自卫队成立"宇宙作战部队",明确该作战部队未来将与美军、日本宇宙航空研究开发机构(JAXA)开展合作,从对陨石、人造卫星以及空间碎片开始开展业务,并对如何应对太空攻击展开设想;印度于2019年5月启动了名为"IndSpaceEx"的太空军事演习,印度军方、国防研究与发展组织(DRDO)、印度空间研究组织(ISRO)、印度理工学院、印度观察家研究基金会(ORF)等智库以及相关私营企业都参与其中,演习评估了印度当前具备的能力,盘点了美、俄等国军事太空资产,分析了印度在太空领域面临的威胁。2021年2月,印度国防航天局正式开始探寻增强其应对太空威胁能力的技术;2021年3月,法国举行代号为"AsterX"的太空军事演习,该代号源于法国1965年发射的第一颗人造卫星,法国太空司令部负责人米歇尔·弗里德林指出,这是法军首次举办太空军事演习,也是欧洲范围内首次太空军演,这意味着法国未来在太空军事领域将更加积极。由此可见,世界各主要强国都逐渐将举办太空军事演习作为发展太空领域自主能力,捍卫本国太空利益,保护本国国家安全的重要手段。

1.3 太空军演的主要形式

对太空军演主要形式的分析,离不开对太空作战基本样式的研判。应当认识到，太空作战本质上是为了攫取太空使用权和控制权的作战行动，太空作战往往包括进入太空、控制太空和利用太空三个层面。根据美国相关理论及实践，具体包括如下内容：一是确保本国自由进入和使用太空；二是阻止其他国家进入和使用太空；三是保护本国太空设施免遭干扰或攻击；四是必要情况下阻止其他国家使用美国太空设施；五是全面监视太空环境及其他国家的太空活动。从这五方面也足以体现太空霸权主义是美国开展太空作战的要义与核心。

依据美方观点，太空作战的主要样式包括太空支援作战、太空格斗作战、太空防御作战和太空攻击作战。太空支援作战是指利用通信卫星、导航定位卫星等太空设施设备，对地面以及太空作战行动进行支援；太空格斗作战是指利用各种类型的武器装备或手段针对太空目标开展攻防行动，以及在大气层外对弹道导弹进行拦截的作战行动；太空防御作战指综合利用各种力量使得己方太空资产免遭地方干扰、破坏的作战行动。太空攻击作战则是指利用部署于太空的各类武器，如动能武器、天基激光武器、粒子束武器、机械臂等，对太空、空中以及地面目标发动攻击的作战行动。

在对太空作战基本样式的研判中不难看出，以完全实装的方式开展太空军演，不仅在组织周期、风险控制等方面存在较大局限，而且由于开展太空军演活动会不可避免地为太空安全及太空环境带来潜在风险，也使通过实装方式开展演习在倡导和平利用太空的大背景下容易遭受国际社会质疑，产生负面言论，令国家在太空相关外交场合陷入不利境地。加之，太空军演的想定基本为未来战争中的太空对抗，部分太空攻防手段还未物化成装备。因此，太空军演主要以战略对手为假想敌，以兵棋推演、桌面战争博弈研讨或部分实装＋推演的形式，围绕各种太空对抗课题开展演习演训。

第2章　美国太空军演情况分析

2.1　美国太空军演目的意义

美国太空军演的主要特征在于开展"以太空为独立作战域的顶级作战演习",其目的基本可以概括为"验证太空学说理论,检验太空系统能力,着重演练太空力量如何在未来战争中开展作战行动,保卫国家安全"。美国不顾国际法推动太空军事化进程,持续且规模化开展太空军事演习,早已成为公开的"秘密"。在太空军事演习中,美军不断演示未来联合太空作战的战技战术,重点分析未来进入太空、利用太空和控制太空的要求,探索反击敌方先进太空能力的方法,鉴别敌方可能会限制美国及其盟国的太空能力的方法和武器装备等,表明美国积极利用太空作为未来战争的主要战场。但如前所述,太空战不同于传统的陆战、海战与空战,必然要求在太空军演方面表现出较大的创新性。

美军的太空演练主要基于战略层面与战术层面,致力于进一步完善其在太空作战领域的战略战术、转型建设、装备研发、作战运用等方面的战略与政策等。其中,"施里弗"以预测未来太空战场景为主线,着重于探索未来作战概念与规则、指挥控制以及武器发展等需求;"全球哨兵"重心则在如何快速提升美国与盟友国的联合太空态势感知能力水平,近年来更加注重基于现实世界的高精度建模与仿真演示训练;"太空旗帜"注重将战略层面的推演延伸至战役、战术层面,持续探索提升各军兵种之间以及与盟国军队之间的多域联合作战能力的有效途径。

结合美国近年来太空领域相关建设发展情况,可以推断其已将太空军演作为探索未来太空力量发展方向的重要依据,通过演习对太空力量建设发展面临的关键问题进行推演,并据此调整美国太空军事力量在战略战术、转型建设、装备研发、作战运用等方面的政策,为将来可能发生的太空战积蓄力量、做好充分准备。一是指引太空技术发展方向。通过组织实施多类型、系列化的太空军演,美军陆续催生出了太空态势感知、太空威慑战略、光速交战、作战响应太空、太空弹性体系、临近空间飞行器等一批太空作战概念和太空作战装备与技术。二是检验太空作战指挥体制和流程。自 2001 年开始太空作战演习以来,分别于 2001 年、2006 年以及 2007 年发布 3 个版本的空军《太空作战条令》,分别于 2002 年、2009 年以及 2013 年发布 3 个版本的《太空作战条令》。此外,美军还曾在 2004 年发布战役级太空对抗作战条令《反太空作战》,不断调整和规范太空作战部队和指挥机构的角色与职能,优化太空作战指挥与控制流程、程序、指令等,有力推动了美军太空力量与联合作战的深度融合。三是形成制天权概念。美军各系列反复强调太空对国家安全、军事、经济、外交等目标实现的重要性,其早在 2006 年版《国家太空政策》便已首次从国家层面强调制天权与制空权、制海权和制信息权同等重要。四是太空战理念。由于参演机构的广泛性,使得美国一系列太空演习成为灌输太空理念、达成太空共识的最佳平台,为美军强化太空作战认识起到了良好的宣传作用。

2.2　美国典型太空军演及相互关系

目前,美国太空军演以"施里弗""全球哨兵""太空旗帜"三大演习最为核心。其中，"施里弗"主要围绕太空态势感知、太空力量建设运用、太空支援、太空控制四大任务领域展开，以计算机模拟为基础，通过兵棋推演、博弈研讨模拟太空作战组织指挥，重点检验美太空军作战指挥系统、航天系统的运行状况以及航天系统与地面系统的配合能力，获取太空战略制定、装备发展需求、战场指挥人员训练等方面有价值的信息，研究和评估与太空相关的政策、战略、学说、作战概念、交战规则、装备需求以及力量结构等重大问题，为美军航天力量建设、发展和作战运用提供间接经验。通过"施里弗"演习，美国有效集成了快速轨道机动、在轨操作服务、空间远程精确打击、系统综合集成、多星协作攻防等空间作战能力。

"全球哨兵"主要通过太空态势感知桌面推演的方式开展演训，以加强美与盟国之间的联合太空态势感知能力。考虑到太空战具有爆发突然的特征，一旦在太空态势感知技术能力方面存在短板局限，会让实时确认攻击对手、太空指挥控制辅助决策等方面有一定的困难。对此，西方主要航天国家期望通过改善联合太空态势感知能力，以谋求共同安全目标。目前，美国认为"全球哨兵"已逐渐成为其与盟国在太空开展战役战术级一体化指挥控制的重要途径，其重点在于重点感知在轨运行空间物体及其运动、能力和意图，保障美国和其他国家航天活动安全，保护器太空资产免受潜在威胁。

"太空旗帜"则是一种综合性任务规划演习，也是美国为应对所谓的"太空新挑战"而实施的专项演习。美军将"太空旗帜"演习定位为常规太空军演活动，以此深入探索、发展美军太空作战理论、作战概念及战技术，提升慑战能力。具体而言，"太空旗帜"旨在为太空军事行动、潜在冲突培训作战人员的技能，提高解决问题的能力，同时让太空作战人员在对抗加剧、效果降低、运行环境受限的环境下作战，应对深思熟虑且意志坚定的对手。"太空旗帜"是继美国继"施里弗"演习后开展的新型太空战演习，反映出美军加强太空战实战化训练的新动向,进一步提升了美军太空战能力。2017年4月,美空军首次进行"太空旗帜"训练演习,空军太空司令部赞誉其开创了历史新纪元。

"施里弗""全球哨兵""太空旗帜"并称为美军三大太空军演,这三个系列演习是美军探索太空力量作战运用的重要手段,三者互为补充、有机结合,共同达成太空战场练兵目的。

"施里弗"较为关注战略层面推演,侧重于研究太空安全相关的政策、战略、学说等重大问题,同时也包括对太空战相关的作战概念、交战规则、装备需求和力量结构的研究和评估。此外,该演习参演力量也较为广泛且级别更高,除美国军方外,还包括美国国防部、联邦政府机构以及商业力量,甚至美国盟友国及国际上的商业力量等。

"全球哨兵"系列演习侧重于提高太空态势感知能力,以及为作战提供支持能力。"全球哨兵"演习内容包括培训人员预测和避免人造卫星与空间碎片之间的碰撞,以及火箭发射监测桌面演习等。演习每年大约1次,参演人员来自澳大利亚等多个国家。

"太空旗帜"系列演习注重战术层面,更强调时效性。"太空旗帜"是一种任务规划型演习,在太空域的战术层面,采用虚实结合的方式,让作战人员更加熟悉作战系统和装备,在对抗环境、装备降效和军事行动受限等环境中作战,以现有能力沉着冷静抵抗对手。"太空旗帜"演习参演兵力主要来自美国空军、陆军个别单位和一些跨部门机构,以每年2~3次的演习频率更能紧跟太空装备、作战理论和军事战略的潮流,也更为聚焦。

2.3 "施里弗"演习

2.3.1 "施里弗"演习的基本情况

为确保未来太空安全以及保持太空优势地位,自2001年,美军便采用战争推演方法启动"施里弗"高层次战略太空军演（Schriever Wargame Series）。"施里弗"系列演习以预测未来大规模战争场景为主线，通常将演习想定设置在10年之后，通过假定未来太空对抗技术发展情况，围绕双方可能采用的战术与技术进行讨论及验证。2001—2020年，美军先后举办14次"施里弗"演习，每次演习持续时间为5天到21天不等。其中，2001—2013年，"施里弗"演习频次为2年1次；自2014年第8次演习举办以后，该演习演变为1年1次。

通过对"施里弗"演习进行深入剖析，可以其想定为基础将该系列演习分为三类：

一是以应对地区冲突为背景，剑指中俄。早在1997年美国发布的《四年防务评估报告》和《国家安全战略》中就曾提出，"美军应当具备打赢两场几乎同时发生的大规模地区冲突战争的能力"。那时，如何应对地区冲突便已成为美国军事战略考虑的首要问题。"施里弗-2001""施里弗-Ⅱ"均对此有所体现，背景设定中作战对象暗指中国。但"9·11"事件的发生打乱了美国的战略部署，反恐作战重要性有所提升，应对地区冲突重要性相对有所下降。直至2006年美国在《四年防务评估报告》中提出，"中国最具同美进行军事竞争的潜力"，该系列演习又开始将作战对象指向中国。此外，2010年《四年防务评估报告》提出的"空海一体战""应对区域拒止"和"在网络空间中有效作战"等要求，2012年《国家防务指南》中"重返亚太"的宣言在"施里弗-2010""施里弗-2014"中有所反映。

二是以反恐作战为背景，提升联合作战能力。"9·11"事件的发生使美国国土绝对安全的心理遭受严重打击。2001年发布的《四年防务评估报告》要求美军"打赢长期性反恐战争"；2002年发布的《国家安全战略》指出，美国"最迫切的任务"就是"摧毁全球大范围恐怖主义组织或支持恐怖主义分子的国家"。与之相对应，"施里弗-Ⅲ""施里弗-Ⅳ"演习均基于这一背景想定。

三是以多国联合为背景，探索打造太空作战联盟途径。"施里弗-2012"正是基于此种背景，将演习设定为发生于2023年的一次名为"海盗旗"的多国部队联合军事行动，参与方包括英国、加拿大、丹麦、法国、意大利、德国、荷兰、土耳其等9个北约组织成员国和北约盟军联合部队司令部、北约联合空中力量能力中心等多个北约机构以及澳大利亚，此次演习又称为"国际太空演习"。"施里弗-2015"和"施里弗-2016"的参演国家有澳大利亚、加拿大、英国和新西兰，其中澳大利亚、加拿大和英国从2003年举办的"施里弗-Ⅱ"开始参演，新西兰则是从"施里弗-2015"才首次参加。

由于历史时期与环境条件的变化，"施里弗"演习的侧重点不断调整，总体上又表现出不断演进、逐渐升级的态势。前5次演习主要探讨太空能力在美国国防战略中的作用及美国法律、政策对太空作战的影响，检验美军21世纪联合部队可用的太空能力、战术与技术。自2009年开始，演习越发强调网络空间与太空一体化在支持国土防御中的重要性，并突出美国盟军、商业领域在太空与网络空间能力方面的关键作用，重点演练网络空间作战与太空战之间的联合能力。2017年特朗普政府执政以来，"施里弗"演习更加注重散布的各种太空机构、力量如何在多域环境中展开无缝的联合作战，探索国家、商业航天领域与盟国如何在更高层次上构架，以协同保护美国及盟友的太空利益，"确保美国在太空领域的绝对领导地位"。

2.3.2 "施里弗"演习历史演进及参演力量

2.3.2.1 "施里弗"演习的历史演进

"施里弗"系列演习由美国太空司令部的前身——美国空军航天司令部（Air Force Space Command）下属的太空创新与发展中心（Space Innovation & Development Center, SIDC）具体实施，空间创新与发展中心其前身是太空作战中心（Space Warfare Center, SWC），

1993年11月1日在科罗拉多州的施里弗空军基地成立，2006年3月1日，该中心更名为太空创新与发展中心。通过系统创新和集成创新，利用训练、测试和试验等手段，将军事航天装备集成到美军作战体系之中，提升美军信息化条件下的联合作战能力。

SIDC负责演习前的构想、演习筹划、演习组织、演习总结等。该类演习并非实战演练，而是以兵棋推演及相互博弈的方式模拟太空作战组织、太空攻击及防御，以主要假想战略对手为目标，重点是验证创新航天概念和作战理论，完善并简化空间作战流程，找出空间力量运用环节中的薄弱点，提出后续优化方法及措施，达到运用空间力量有力支援联合作战的目标。演习围绕太空威慑、太空攻防、太空力量部署与调整、太空快速反应、太空系统支持联合作战、太空与网络空间融合作战等多个主题进行，每次演习各有侧重，演习内容高度保密。近年来，其逐渐演变为国际军事演习，演习中不断纳入北约成员国和其他盟国的军事力量，其综合运用成员国提供的太空能力，为部队军事行动提供支持。

美军历次"施里弗"演习基本情况如表2-1所示。

表2-1 美军历次"施里弗"演习情况

演习代号	演习时间	演习目标	想定时间	演习场景	美国国内参与单位	其他参加国家
施里弗2001	2001.01.22—2001.01.26	围绕太空控制权展开，研究保护本国及盟国空间系统的措施及打压对手的手段，初步探索太空战的理论和方法	2017	与主要战略对手夺取太空控制权	来自空军航天司令部、NASA等政府机构和商业公司的约250名军民航天专家	无

续表

演习代号	演习时间	演习目标	想定时间	演习场景	美国国内参与单位	其他参加国家
施里弗Ⅱ	2003.02.20—2003.02.28	检验空间系统在未来军事行动中的作用,探索将太空能力整合到联合作战中,模拟验证太空控制等概念	2017	与主要战略对手夺取太空控制权	300多名军民航天专家参加,还有空军、陆军、NASA、运输部等30多个单位参与,另有商业供应商参与	加拿大、英国和澳大利亚派员参加
施里弗Ⅲ	2005.02.05—2005.02.11	探讨在战争中使用太空技术和新型装备支援联合作战	2020	全球范围内多个地区出现多起冲突,竞争对手既有恐怖分子又有国家行为者	约350军地专家参加,各军种司令部参与其中,另包括情报局及国家安全部、商业部、运输部等	加拿大、英国和澳大利亚派员参加
施里弗Ⅳ	2007.03.25—2007.03.30	验证21世纪联合部队可用的太空能力、战术和技术,检验部队组织机构,促进太空政策和交战规则发展	2025	以全球范围的作战想定和部分地区的反恐作战为背景	约440名航天专业人员,包括国防部多家机构及非国防部机构	加拿大、英国和澳大利亚派员参加

续表

演习代号	演习时间	演习目标	想定时间	演习场景	美国国内参与单位	其他参加国家
施里弗V	2009.03.14—2009.03.20	验证国家政策的执行措施，增强太空对抗情况下国家政策的决策和执行能力；探索美军与商业机构、盟国及伙伴的协同方法；研究联合环境下，改进空间作战的组织架构和联合机制，首次探索太空与赛博的结合	2019	在一次地区冲突中，美军及其盟军参战，战场空间内，多处太空能力与赛博能力遭到攻击，拒绝服务	约400名专家参加，包括战略司令部、太平洋司令部、NASA等多个作战部门和政府部门	加拿大、英国和澳大利亚派员参加
施里弗2010	2010.05.7—2010.05.27	研究与赛博能力集成，探索太空与赛博空间对未来威慑战略的贡献，研究联盟太空作战的构想，探索一体化的规划程序，保护并实施太空与赛博空间领域的行动	2022	某地区对手对美国太空与赛博空间电子系统进行毁灭性打击	约550名军民航天专家，来自美国、加拿大、澳大利亚以及英国的30个机构	加拿大、英国和澳大利亚派员参加

续表

演习代号	演习时间	演习目标	想定时间	演习场景	美国国内参与单位	其他参加国家
施里弗2012	2012.04.20—2012.04.27	探索如何利用太空为多国部队军事行动提供支持；检验太空与赛博空间防御一体化作战	2023	北约和澳大利亚在非洲对抗海盗联合行动	约270名军民航天专家，来自空军航天司令部、侦察局、地理空军情报局等30多个机构	澳大利亚和北约国家，盟国包括加拿大、英国等，法国、德国、意大利、荷兰、土耳其等首次参加
施里弗2014	2014.08—2015.02	探索并评估未来体系在拥挤、降效以及军事行动受限环境下的弹性，确定未来体系结构中的作战过程、作战概念以及战术、技术和程序的发展机遇，提供国家太空防御能力，研究未来的"反介入/区域拒止"力量体系对空间太空作战和服务需求的影响	2026	中国"反介入/区域拒止"作战	约175名军民航天专家，来自美国国防部长办公厅、参谋长联席会议办公室、相关司令部及各地政府机构	加拿大、澳大利亚和英国派员参加

续表

演习代号	演习时间	演习目标	想定时间	演习场景	美国国内参与单位	其他参加国家
施里弗2015	2015.12.11—2015.12.17	检验如何保证太空的弹性和韧性,包含军事机构、民用机构、商业部门和盟国;探索如何运用空间力量有力支撑联合作战,探索对未来能力如何运用,确保多域战情况下空间力量装备的有效性	2025	美国的战略对手在太空领域和赛博空间具备旗鼓相当的能力,其企图运用这些领域达成其战略目标	约200名军民航天专家,来自美国27个机构	加拿大、澳大利亚、新西兰和英国派员参加
施里弗2016	2016.5.19—2016.5.26	检验保证太空弹性的方法和措施;探索如何提高作战人员的作战效能,以支持他国作战;检验如何运用未来能力在多领域战中保护己方太空作战体系	2026	竞争对手在太空领域和赛博空间有旗鼓相当的能力,企图通过利用这些领域实现其战略目标	约200名来自军方和商业部门的航天专家	加拿大、英国和澳大利亚派员参加

续表

演习代号	演习时间	演习目标	想定时间	演习场景	美国国内参与单位	其他参加国家
施里弗2017	2017.10.13—2017.10.20	检验联合作战指挥控制应用框架、列装并捍卫赛博空间及空天防御能力，达到支撑全球及局部区域作战行动；通过集成"太空作战架构"，了解太空弹性及空间作战；以政府总动员的形式组织开展伙伴关系，实行协同作战；分析赛博空间和太空在多域战中的效能	2027	竞争对手在太空领域和赛博空间具有旗鼓相当的能力，企图运用这些领域达成其战略目标	约200名来自美国的27个机构的航天技术专家	加拿大、澳大利亚、新西兰和英国派员参加
施里弗2018	2018.10.11—2018.10.19	运用盟国力量慑止对手将冲突升级到太空；了解盟国加入太空和赛博作战后的弹性与作战效能；综合运用伙伴关系遂行一体化太空作战；探索作战指挥控制框架，支撑全球和地区作战；验证太空和赛博空间在多域战中的战法运用	2028	美军印太司令部辖区内某大国，利用太空与赛博空间力量，攻击美国军民用太空体系，冲突逐步扩展到全球	约350人，来自美军航天司令部等27机构	英国、法国、德国、加拿大、澳大利亚及新西兰派员参加，日本首次参与演习

续表

演习代号	演习时间	演习目标	想定时间	演习场景	美国国内参与单位	其他参加国家
施里弗2019	2019.09.03—2019.09.12	以支持美刚成立的太空司令部联合作战为目标,围绕统一指挥、无缝集成、使命分类、组织变革、作战决议计划等内容展开研究	2029	"某个假想敌国家"发起"多域战",其集成传统的陆、海、空、天、网等多个领域开展的作战行动,试图通过多域战实现多个战略目标	约350人,来自美国军种司令部及商业公司等27个单位的航天技术专家	澳大利亚、加拿大、新西兰和英国参与
施里弗2020	2020.11.03—2020.11.04	探讨如何通过协调整合战略信息并保持战略优势,运用战地信息收集利用系统,以虚拟形式验证结论,为提升联合太空能力路线图的制定提供助力	2030	针对所谓的中俄太空威胁活动	200余人	英国、新西兰、加拿大、澳大利亚、法国、德国、日本等国家参与

从"施里弗"系列演习基本情况中可以看出,其关注重点逐渐"从战略层面的航天应用向战术层面的航天应用拓展转变"。"施里弗-2001""施里弗-Ⅱ"将空间力量结构评估、作战支援能力改进等作战层面问题作为演习重点;"施里弗-Ⅲ"突出太空系统与军兵种装备无缝集成,对一体化联合作战、太空对抗以及快速响应能力进

行验证。"施里弗-Ⅳ"对未来联合空间作战的能力需求和指挥控制关系进行深入研究,在此期间,美军发布多版空间作战条例,对联合空间作战的组织体系、指挥流程、作战概念、装备技术、部队编制等方面建设起到重要指导和推动作用。"施里弗-Ⅴ"将政策因素纳入演习规划及职位设置考察范围内。"施里弗-2010"着重讨论了如何在太空与网络空间实施威慑。"施里弗-2012"验证了美国近期军事航天战略转变的具体举措,检验了多国联合太空作战能力,对美国和北约军事航天力量组织和运用具有重要的指导意义,很大程度上反映了美欧未来一段时期军事航天领域发展的动向和趋势。"施里弗-2014"探索提升国家安全太空系统内各要素的防御能力和互相支持能力的途径,以及通过利用盟国和合作伙伴的空间能力确保美国太空安全,研究"反介入/区域拒止"力量如何影响太空作战和服务。"施里弗-2015"探讨了如何整合多个太空系统和服务相关机构的活动,对未来能力加以应用,保护多域冲突下航天资产安全。"施里弗-2016"研究了增强太空弹性的方法,探索了如何优化作战人员的作战效能,评估如何在多域冲突中利用未来能力保护太空体系。

随着太空战略地位不断提升,从2014年开始改为每年举办一次,且每次演习主题都存在差异。在"施里弗-2018"中,来自美国空军航天司令部、国家侦察办公室、NASA、商务部在内的27家机构,以及英、法、日等7国代表共350人参与演习。此次演习设定为2018年美军印太司令部辖区内某大国,利用太空与赛博空间力量,攻击美国军用、民用太空系统,冲突范围逐步扩展到全球。演习目标为:一是利用盟友力量慑止对手将冲突延伸至太空;二是盟友参与太空与网络空间作战行动后的弹性、威慑及作战能力情况;三是探索综合指挥与控制框架,利用并防护空天、网络能力,支持全球及区域作战;四是确定太空与网络空间在多域冲突中的战略、战术运用;五是利用军、民、商、盟友的伙伴关系遂行一体化太空与网络空间作战。

"施里弗-2020"是该系列第14次演习，也是美国太空军自2019年成立后首次主持该系列演习。受到"新冠肺炎"疫情的影响，"施里弗-2020"的规模比往年都要小，演习分两阶段进行，第一阶段于9月开始，主要是进行"深入讨论"，由太空军作战部长雷蒙德主持，美国空军部长、战略司令部司令、太空司令部司令、网络司令部司令以及来自美国及盟国的高级政府官员与军事官员参加。参会代表就（联盟）如何通过协调与整合战略信息相互传输以获得并保持作战和战略优势提出了一些建议。第二阶段于11月进行，主要利用"战地信息利用与收集系统"（BIEC）以虚拟方式进行，主要对第一阶段形成的一系列建议进行演练及验证，所产生的结论将帮助新成立的"顶层联盟委员会"制定、落实与完善联盟在太空领域能力的路线图。此外，"施里弗-2020"首次将高度机密的太空信息数据公布给盟友国，这也是50年来首次出现此种情况，此前只有经过特别许可方能同盟友进行共享。这也侧面证明美国当前意在无缝集成来自多个盟国及合作伙伴的多域功能，以产生独特优势。更应注意的是，美太空司令部司令詹姆士·狄金森就"施里弗-2020"曾公开宣称，此次演习旨在增加国际社会对俄罗斯及中国太空活动所产生的威胁的关注。结合此前俄罗斯曾于2019年11月将"Cosmos-2542"和"Cosmos-2543"发射入轨后开展反卫星试验的情况，不排除此次演习是对俄罗斯反卫星试验的一次回应。

通过"施里弗"演习可以发现，美军太空力量运用已逐渐由战略应用向战术应用渗透，作战对象从影射中俄到明指中俄，理念上也越发关注同盟友及商业航天力量的联动逐渐向联合作战行动转变，更加重视太空系统的体系化、分布化、弹性化，以增加太空力量体系的抗毁、接替以及重组等韧性能力，从而实现非对称战略威慑，做到"不战而屈人之兵"。还应当注意的是，美军近年来重点研发的陆基中段导弹、标准-3导弹、高超声速滑翔导弹、X-37B等新型装备与武器平台很可能已经在演习中进行了测试与验证。2019年10月27日，X-37B空天飞机在轨飞行780天后重返地球，完成第五次超长时间的秘密任务。巧合的是，X-37B此次在轨飞行周期与"施里弗-2019"演习时间存在重合。尽管美军并未透露X-37B是否参与了此次演习，但考虑到两者高度重合的时间节点，不排除美军在"施里弗-2019"中利用X-37B开展了重大太空攻防作战任务的相关探索。

从演习方式来看，"施里弗"主要通过兵棋推演（Wargame）的方式开展演练，这种方式与实兵演练（Exercise）之间存在一定区别。与实兵演练相比，兵棋推演不仅组织方式更加灵活、演习后果相对可控，并且对兵力设计、战法研究等方面也具有重要指导意义。反过来说，若以实兵演练的方式对武器装备或新型技术手段进行概念验证和作战效果评估，可能会产生大量太空碎片，影响太空安全并产生严重负面国际影响。总体来说，兵棋推演是驱动美国太空军事力量发展变革的重要因素。

进入21世纪，美国太空军事力量发生了两次重大变革：一是"9·11"事件促使美国将战略重心转移到反恐战争，导致原太空司令部（SPACECOM）于2002年被撤销，职责移交给战略司令部（STRATCOM），太空作战任务重点变为支援联合作战；二是随着中俄两国太空实力不断增强，加之"施里弗"等演习大力推动，美国逐渐将战略重心向大国竞争转变，这也促成了美国太空军的独立与太空司令部的重新成立。20年来，美国太空军事力量从"战略司令部主战，空军、海军、陆军、国防部支援机构主建"的建设运用模式逐渐变革至"太空司令部主战、太空军主建"，这一转变也离不开兵棋推演的推动。

结合"施里弗"演习的具体情况，可以得出其在以下方面产生了重要作用：

促使美国太空军独立。2009年和2010年,"施里弗"演习开始研究太空能力需求和太空力量结构的备选方案,探索太空作战体系结构的存在问题及优化方法。演习得出,美国太空作战力量存在建设管理分散、部门职能责任交叠、新技术转化运用周期长等问题,难以应对其他国家太空能力快速发展给美国繁荣安全带来的威胁。认识到这一点,以美空军航天司令部(AFSPC)司令杰伊·雷蒙德为首的人士大力推动建设独立太空部队。为实现这一目标,其通过确立太空为独立作战域、渲染中俄两国威胁、在研究报告以及新闻宣传等场合论述太空部队分散建设会带来的问题等方式来争取总统、国会以及美国民众的支持。2017年,美国太空军进入实质建设阶段,雷蒙德在第33届太空年会上表示,太空是与陆、海、空、网并行的联合作战域。美国众议院军事委员会战略部队小组委员会主席麦克·罗杰斯呼吁借鉴和参考空军建设历程打造独立太空军。2018年,美国国防部发布《国家安全太空机构组织和管理结构最终报告》,提出以组建独立太空军为目标,分两阶段完成改革计划。2019年12月20日,以特朗普签署《2020年国防授权法案》为标志,美国太空军正式成立,继陆军、海军、空军、海军陆战队以及海岸警卫队之后,成为美国第六大军种。

引领太空能力体系建设。2001年,通过演习美国得出要着力推动太空装备建设;2003年,演习证明太空能力建设不能拘泥于快速发射能力,而是一项系统工程;后续演习中,美国论证了太空弹性的相关概念、方法、作用等,不仅促进了2018年《太空作战》联合条令"太空任务保证"(Space Mission Assurance)概念的提出,还促使美国于2019年成立的航天发展局(SDA)建设弹性、抗毁的新一代"国防太空架构",并预测这将引领美国太空军2030年之前的太空装备发展趋势。

建立完善太空领域指挥控制机构。2010年,"施里弗"对联合太空作战中心、多国联合太空特遣部队以及航天委员会三种机构作了初步考察，得出必须立刻着手建立联合太空作战中心，作为一体化军事机构来指挥联盟太空力量。演习结束后，美国便立即启动了建设联合太空作战中心筹建工作，并决定对多国联合太空特遣部队和航天委员会的政策和运作概念作进一步论证、发展以及评估。2017年，特朗普宣布重建国家航天委员会（NSC），负责向总统提出国家航天政策与战略的建议，在政府机构和各部门间协调政策以整合资源，确保美国在太空领域的最大利益。2021年，拜登宣布保留国家航天委员会，这也是兵棋推演推动兵力设计的有力证明。

综上所述，近年来"施里弗"已更加注重太空军与其他军种、美国与盟国情报机构之间的联系，融合太空力量与陆、海、空、网、电各个领域力量，提高作战效率，强化不同领域间的协作与促进关系。未来，"施里弗"将进一步推动美军太空与地面装备的创新发展，并将继续延续融合各军种优势，进而提升多域环境全谱威胁下作战能力的思路，推动美国太空力量的纵深发展。

2.3.2.2 "施里弗"演习的参演力量

"施里弗"演习参演人员范围非常广泛，军方人员包括战略司令部下属负责军事航天任务的空军航天司令部、陆军航天与导弹防御司令部、海军网络与空间作战司令部，以及国防部相关局室、功能司令部、联合战区司令部等单位的现役官兵和退役将领。非军方人员包括四类：国务院、国家安全局、国家航空航天局、国土安全办公室等多个单位的官员；太空相关工业部门和商业公司的人员；太空相关专家及学者；英国、加拿大、澳大利亚等多个盟国代表。

具体而言，通过对"施里弗"演习各种力量进行系统梳理，"施里弗"演习参演力量按重要程度可以分为以下六种：一是美军各军种，包括陆军、海军、空军中与太空作战密切相关的力量；二是国防部下属办事机构、业务局及作战司令部；三是美国联邦政府机构；四是美国盟国；五是北约；六是美国国内外的商业力量（图2-1）。

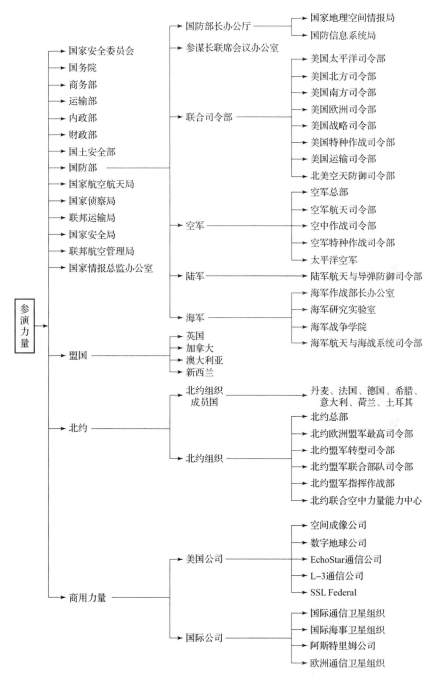

图 2-1 "施里弗"参演力量

事实上,"施里弗"演习的参演力量也在根据每次演习的目的和内容有一定的调整。从结构角度而言,"施里弗"已逐渐形成以空军、太空军为主导,其他军种、国防部、联邦政府机构、盟国、商业力量固定参与的模式。其中,各军种、国防部、作战司令部中涉及太空力量运用的部门、商业航天公司是主要参演力量。参演盟国相对固定,目前主要为英国、加拿大、澳大利亚和新西兰,北约仅参加了"施里弗-2012"演习。目前,"施里弗"逐渐将北约、北美、大洋洲的相关国家纳入太空作战体系,以打造"太空利益共同体",目的是将太空系统职能分散到盟友国家并进行数据共享。此外,美国还将进一步联合包括国际通信卫星组织、数字地球公司、国际海事卫星组织、欧洲通信卫星公司等在内的各大商业公司,进一步扩大了太空作战体系的规模,凸显了其分布式军事空间体系的形成,可从多个方面威慑挑衅者。

2.3.3 "施里弗"演习主要特点

纵观"施里弗"历次演习基本情况,可总结得出其具有以下特点:

演习导向注重超前谋划。严格来讲,目前人类社会尚未发生过真正意义上的太空战,因此,美军对太空作战的构想和预演均是基于对潜在威胁的认识及预判。"施里弗"演习场景均设定在未来10年以后,并且预设了届时太空对抗技术的发展情况和敌我双方的作战战术。例如,2001年首场"施里弗"演习将演习设定在2017年,以台海地区发生战事,美国紧急动用太空力量进行援助为背景,假定红蓝双方都拥有大功率微波卫星武器、微型卫星武器、地基激光武器,可干扰目标卫星通信、导航等信息传输,烧毁目标卫星电子设备,致眩或致盲卫星光学设备。在此基础上,蓝方还拥有能够快速响应、重复利用的空天战机,不仅能随时升至地球轨道部署新的卫星或者修复在轨卫星,还可以对敌方激光武器等要害设施进行打击。立足当前美国力量建设情况，回顾此次演习设定，可以看出"施里弗"演习设定并非凭空想象，其是基于太空技术发展情况进行的科学预测，具有较强的现实性和前瞻性。

组织方法注重兼收并蓄。在梳理"施里弗"演习参演力量过程中已经明确，该演习参演力量非常广泛，除分散在各个军种的太空力量以外，还涵盖了国防部、联邦政府相关部门、商业航天公司，乃至盟国有关机构等。参演人员包括现役军官、退休将领、政府官员、空间问题专家、商业机构以及盟国的官员等，这些人员在演习中都扮演着不同的角色，如现役高级军官扮演军事领导人、退休将领扮演高级官员或顾问等。

演习内容注重跨域融合。在太空战运用手段方面，近年来美军跨域融合意识表现得愈发强烈。早在2009年举办的"施里弗 V"演习中，美军已经认识到网络空间和太空结合非常紧密，两种力量的一体化在国土防御中是非常重要的。在2012年的演习中，美军设置了"攻击者通过黑客手段消耗对手卫星带宽，令其无法为用户提供服务"的特殊情况，表明美军已逐渐开始有目的地探索和检验两种力量在作战行动中的融合运用。2017年以来，在"多域战"概念被美军大力推动的背景下，"施里弗"演习更加注重太空力量同陆、海、空、网、电各域的整合能力，利用太空、网络空间、地面力量等多域力量的组合，提高战争效率，强化不同领域之间的相互依存、相互促进关系。

装备运用注重技术创新。太空系统是开展太空作战行动的基础，可以说，开展演习活动的主要目的之一就是促进太空系统的发展和新型技术的运用。因此，早期演习主要旨在检测太空系统的安全性和可靠性，运用到的太空系统包括微型干扰/侦察卫星、地基激光武器、空天飞机、导弹、网电攻击装备等。后续演习活动增加了天基激光系统、更为先进的航天侦察系统、微小卫星系统、先进的导弹防御系统、微波武器和赛博武器等。美军还在演习中引进临近空间飞行器，低动态的飞行器具有飞行高度高、效费比高、所受威胁小、易于更新和维护等特点；高动态的飞行器具有机动性能好、突防能力强、应用范围广等特点，可以为太空系统提供优势互补。此外，考虑到太空系统的军民两用特点突出，美军认识到，商业卫星在现代战争中将发挥越来越重要的作用，在盟军空间战场能力降低和被拒止时，可以利用商业太空系统来维持盟军太空能力，因此非常重视未来商业卫星的军事应用。在2001年的"施里弗"演习中，美国围绕如何争夺国外商业卫星的使用权进行了重点演练。在海湾战争中，美军依靠商业卫星完成了近四成的军事通信任务。当前，美国国防部已经与商业空间运营商建立了有效的联系，特别是支持美国国家安全活动的商业太空通信系统和商业卫星遥感系统运营商。

演习效果注重贴近实战。历次"施里弗"演习均力图在最大限度内贴近实战，演习选择有代表性且可能性较大的作战地域、作战环境以及作战样式，对未来太空作战的模式、概念及所运用的技术开展演练，为美军太空力量在战时迅速形成作战能力及转型开辟了通路。此外，美国充分利用了外空条约规定滞后、违约制裁措施不清等漏洞，精心策划规避国际空间法约束，以确保演习演练活动时间尽可能早、频度尽可能多、规模极可能大，从而为其维护太空霸权扫清障碍，但这也客观上加速了太空的军事化进程。

总而言之，"施里弗"系列太空作战演习在美军太空军事力量的发展中发挥了不可替代的作用。近年来，"施里弗"演习更加注重基于美军各军种指挥部、美国与盟国情报机构，融合太空力量与陆、海、空、网、电各领域作战能力，利用不同领域作战力量的结合，提高战争效率，提升不同领域间的协作关系。未来，"施里弗"将借鉴往期演习的经验教训，不断推进深入，进一步推动美军太空与地面装备的创新，并将继续沿着融合陆、海、空、太空与网络部队的优势，提升多域环境全谱威胁下的作战能力。

2.4 "太空旗帜"演习

2.4.1 "太空旗帜"演习的基本情况

"太空旗帜"演习（Space Flag）始于2017年4月，该演习以空军"红旗"军演为蓝本，通过多种通信手段连接分布在不同地区、不同作战环境中的作战力量，开展实时的战役与战术级演练，这标志着美空间力量建设已开始从战略支援向攻防实战拓展，同时也意味着美备战太空已经步入实战操练阶段。

"太空旗帜"演习以波音公司的网络中心战解决方案为基础，通过遍布全球的建模、仿真、能力分析网络站点以及仿真实验室，实现跨区域的连接和互操作，其核心节点包括加利福尼亚州和弗吉尼亚州的两个波音集成中心（BIC），以及圣路易斯的模拟作战中心（VWC）。其中，波音集成中心提供强大的作战视觉显示和能力展示功能，而模拟作战中心可以执行大范围、实时、人机闭环的作战模拟，二者相互连接，不仅可以利用模拟仿真、人机交互等方式，在现实环境下构建虚拟战场场景，而且可以通过复杂的沉浸式学习体验，使训练人员实时参与到虚实结合的演训和作战场景中，提高其在真实战场环境中的应对能力（图2-2）。

图2-2 美军第1太空作战中队执行卫星操作任务

此外，根据相关报道，美空军还计划在位于新墨西哥州普拉亚斯市的信息战训练基地举行"太空旗帜"演习，并将首次以信息战为演习重点，提供包括实弹射击和实弹飞行在内的实战训练设施服务，以改进信息战战术，强化美军网络电子战和电磁频谱能力。

2.4.2 "太空旗帜"演习历史演进及参演力量

2.4.2.1 "太空旗帜"演习历史演进

"太空旗帜"演习由美国空军太空司令部组织，由美国空军分布式任务作战中心开发、计划和实施。"太空旗帜"最大特点是聚焦战术、作战层面的训练。演习由以往战略层面的高层指挥决策人员虚拟兵棋推演，延伸到了战役、战术层面的太空基层作战人员实战演练。根据演习的角色划分，"太空旗帜"演习参演兵力分为蓝方、红方和白方三方。蓝方担任防守一方，针对可能发生的太空作战场景中红方施加的威胁，采取有效对抗措施。演习还会随时间和形势的变化不断丰富作战场景和作战想定。

2017年4月17—21日，美国空军太空司令部（AFSPC）组织了首次"太空旗帜"训练演习，代号为"SF17-1"，同年8月举办了第二次"太空旗帜"演习。首次演习借鉴了美国空军"红旗"军演的战斗机飞行员对抗模式，以训练和提升太空作战人员应对太空军事冲突以及开展军事行动的能力，参演部队包括太空作战中心、国家太空防御中心和第527太空侵略者中队。与"施里弗"采取兵棋推演，注重情景想定和战略预判有所不同，"太空旗帜"注重太空战术及技能的实战化训练，是聚焦战役和战术层面的训练演习，致力于提供接近真实环境的对抗训练，使太空作战人员更好地适应未来作战形式。近年来，"太空旗帜"演习规模不断扩大，参演人员不断增加，已逐渐成为覆盖全军的演习训练。该演习丰富了美太空军演的形式，有利于美军提升其太空实战操作能力，一方面体现了美军对实战化训练的重视，另一方面也反映了美军对当前太空战略安全环境变化的担忧。美国希望通过军演帮助太空作战人员尽快适应当前真实太空环境下的作战压力，这项演习也成为美国国防部最重要的太空作战演习之一（表2-2）。

表2-2 "太空旗帜"演习情况

序号	时间	演习力量	主要内容
1	2017.04.17—2017.04.20	联合太空作战中心、国家太空防御中心、第22太空作战中队、第50太空联队（蓝方）、第527和第26太空攻击者中队（红方）	在竞争、降效和作战有限的领域中实现作战优势，发展空间系统维护和操作所需的作战技能以及战术、技术和程序（TTP）
2	2017.08.22—2017.08.25	国家太空防御中心、联合太空作战中心、第5C和第460太空联队（蓝方）、第527和第26太空攻击者中队（红方）、第50作战大队、第50网络作战大队、第460作战大队和第310作战大队（受训单位）	
3	2018.12（为期两周）	蓝军由空军太空司令部第50和第460太空联队组成。对抗部门包括来自"施里弗"空军基地地空战司令部的第527和第26太空攻击者中队	演习目标是使美军能够在竞争、退化和行动受限的环境中取得并保持太空优势；让战术作战人员实现有效协同，在太空这一全新作战环境下，学习如何作战并保护太空资产
4	2019.04	第21、第50、第460和第310太空联队的现役和预备空军，空军国民警卫队，海、陆军、国家侦察局、国家太空防御中心和联盟太空作战中心	在空间目标识别、反卫星武器、轨道威胁、地面干扰和定向能武器等空间威胁下获取与保持空间优势。

续表

序号	时间	演习力量	主要内容
5	2019.08.12 — 2019.08.16	首次有澳大利亚、加拿大、英国联盟伙伴加入	继续扩大各兵种联合以及与联盟伙伴的合作,实现多域联合联盟,开发新型太空防御战术
6	2019.12.09 — 2019.12.20	第21、50、460和310太空联队的现役和预备役空军人员,以及空战司令部、陆军、海军和国家侦察办公室。	
7	2020.08.10 — 2020.08.21	2020年7月临时成立的太空训练和准备航天团的空间域态势感知、空间电子战、导弹预警、卫星通信部门,第527与第26太空攻击者中队	在轨道上移动空间资产以应对威胁等

根据美国《2018财年授权法案》,美国国防部长将"太空旗帜"设定为年度常规太空战军演,借此深入探索、发展美军太空作战理论、作战概念及战技术等,以提升美军空间力量的慑战能力。自2018年10月1日起,"太空旗帜"增加到每年3次。"太空旗帜"演习的参与人员通常包括蓝方、红方与白方,各方均具有不同的任务集。

● 蓝方模拟作战人员在每期所设定的不同的空间威胁下获取并保持优势;

● 红方在独立的房间模拟敌方,并对蓝方行动作出反应,以模拟现实中太空域存在的挑战;

● 白方人员通常来自国家侦察局、国家太空防御中心和联盟太空作战中心等,负责演习规划、指导、技术支持以及演习控制等,提供关键的演习任务规划意见。

2019财年,美军开展3次太空旗帜演习,SF19-3将首次邀请联盟伙伴参演,美军希望通过扩大与联盟伙伴的合作,使太空旗帜演习成为多域联合演习。"太空旗帜2020"演习进一步融入空间域态势感知、空间电子战、导弹预警、卫星通信技术，开展太空防御演练。

由表1-2可知，"太空旗帜"演习重在利用美军空间力量单元，开展实用的太空作战红蓝对抗能力验证演习。"太空旗帜"演习主要用于探索、发展太空作战理论、作战概念及技战术等，提升美国太空力量的慑战能力。在SF19-2中，蓝方模拟获取和维持太空优势，演习了应对太空目标识别，直接上升反卫、定向能等武器，处理来自地面、空间轨道等的多种威胁。红方为进攻方，通过模拟潜在对手的能力和战术来扮演假想的敌人。白方为演习控制方，规划演习任务，实施技术指导和演习控制等。此外，美空军计划于2021年在位于新墨西哥州普拉亚斯市的信息战训练基地举行"太空旗帜"演习，并将首次以信息战为重点，提供实战训练设施服务，包括实弹射击和实弹飞行，以改进信息战战术，提高美军网络电子战和电磁频谱能力。

2.4.2.2 "太空旗帜"演习参演力量

首次太空旗帜演习（SF17-1）于2017年4月17—21日举行，第二次太空旗帜演习（SF17-2）于2017年8月2日开幕，持续24天。演习模拟了充满冲突、体系退化、能力受限（CDO）的太空作战环境，以对抗的形式帮助太空作战人员尽快适应强度加剧的太空作战，有效应对假想敌，发挥战术执行能力，增强对抗作战经验。两次演习地点均为位于科罗拉多州的波音幻影工厂虚拟作战中心。分布式作战任务中心太空分部的（Distributed Mission Operations Center - Space，DMOC-S）美空军第705作战训练中队代表美国空军太空司令部对两次"太空旗帜"训练演习进行想定制定、任务规划、想定推演执行。

以前两次"太空旗帜"演习为例：SF17-1主要为中队层级集成演练，参演人数共有46人。参演单位中，空军第50太空作战大队下辖的第1、第2、第3、第4太空作战中队担任蓝方；第527和第26太空攻击者中队扮演假想敌，担任红方；第22太空作战中队、国家太空防御中心和分布式作战中心太空分部担任演习的白方。美军第1太空作战中队执行卫星操作任务，如图2-3所示。

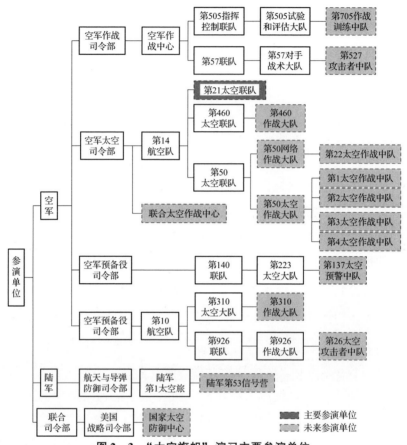

图2-3 "太空旗帜"演习主要参演单位

SF17-2演习对象涵盖陆军、空军和战略司令部，参演范围扩大，演习对象由中队级拓展为大队级。参演单位中，主要由第50作战大队、第50网络作战大队、第460作战大队和第310作战大队担任蓝方；由第527和第26太空攻击者中队扮演假想敌，担任红方；由国家太空防御中心、联合太空作战中心、第137太空预警中队和美国陆军第53信号营作为演习的白方，在训练想定中增加实战背景，并为参训人员提供指示。

"太空旗帜"演习参演兵力主要来自美国空军,少量来自陆军个别单位、美国国防部、联邦政府等一些跨部门机构,按角色分为蓝方、红方和白方三方。其中,蓝方一般包括美空军第 50 太空联队、第 460 太空联队以及第 310 太空联队,第 50 太空联队负责指挥和控制现有卫星以及执行发射和轨道任务;第 460 太空联队负责天基导弹预警、来袭导弹防御、技术情报和卫星指挥与控制等;第 310 太空联队负责卫星发射、早期入轨和在轨运行期间的跟踪、遥测和控制。红方一般包括美国空军第 26 太空攻击者中队和第 527 攻击者中队,负责在试验和训练演习中,模拟假想中的敌人对美军天基系统及天基应用系统的威胁,主要实现方式是针对 GPS 和卫星通信等进行干扰。白方人员主要来自跨部门机构,包括国家侦察局、国家太空防御中心和联盟太空作战中心等单位,负责制订演习计划,提供指导或技术支持,并对演习实施控制等(表 2-3)。

表 2-3　美"太空旗帜"演习参与方与职能分工

角色	参加单位		单位职能	演习任务
蓝方	第 50 太空作战大队	第 1 太空作战中队	第 50 太空作战大队辅助 60 多颗卫星的指挥和控制,以及发射执行和早期轨道任务。第 1 中队辅助 SBSS、ATRR、战术星-3、ORS-1 卫星的管控;第 2 中队辅助 GPS 卫星的管控;第 3 中队负责国防卫星通信系统、宽带全球卫星通信系统的管控;第 4 中队负责受护的军事卫星、先进极高频通信卫星的管控	扮演蓝方,针对红方引入的威胁,演练可能发生的太空作战想定,第 460 和第 310 大队为第 2 次参加演习
		第 2 太空作战中队		
		第 3 太空作战中队		
		第 4 太空作战中队		
	第 460 太空作战联队		负责天基导弹预警、导弹防御、技术情报、卫星指挥控制等。	
	第 310 太空作战联队		卫星发射、早期入轨和在轨操作的跟踪、遥测和指挥	

续表

角色	参加单位	单位职能	演习任务
红方	第26太空攻击者中队	负责试验和训练演习中模拟敌方对天基系统和天基应用系统的威胁，主要针对GPS和卫星通信进行干扰	扮演红方，通过模拟潜在对手的能力和战术扮演假想敌
	第527攻击中队		
白方	第705训练中队	制定、集成和交付模拟的空中、太空和网络作战环境，支撑空军开展联合作战训练与测试试验；其所在的分布式太空任务作战中心（DMOC-S）是美军唯一能够为作战人员提供太空建模和仿真的设施	演习方案的制定、规则和执行；DMOC-S在第一次演习中作为白方
	第22太空作战中队	运行和维护遍布全球的远程跟踪站和相关通信系统，包括空军的卫星控制网	第1次演习中作为白方
	联合太空作战中心（JspOC）	战略司令部太空军事任务的指挥和控制系统，对遍布全球的联合太空军事力量进行部署，将空间力量融入全球军事作战活动	在第2次演习中通过混合虚拟现实技术，在演习场景中加入现实世界环境
	陆军第53信号营	负责位于德国的宽带卫星运行中心业务，监控宽带卫星星座的载荷	
	国家太空防御中心（NSDC）	由国防部、情报界等联合形成的跨部门太空作战中心	第1次演习中作为白方。在第2次演习中通过混合虚拟现实技术为演习场景加入现实世界环境

2.4.3 "太空旗帜"演习主要特点及发展趋势

"太空旗帜"演习呈现出如下特点：一是参演力量涉及多军兵种以及盟国相关机构，参演人员包括高级太空作战人员，海、陆、空军国民警卫队，国家侦察局以及澳大利亚、加拿大以及英国等联盟伙伴；二是为备战各种形式冲突，太空作战人员被赋予一系列动态场景，进行全方位、多角度的训练，蓝方作战人员被赋予一致的基本任务，从而确保各军种能够无缝过渡，高级太空作战人员在整个演习过程中就如何改进威胁响应向作战人员提供咨询意见；三是演习中假定的作战环境涵盖空间目标识别、反卫星武器、轨道威胁、地面干扰和定向能武器等空间威胁，以进一步加强美军实现多域联合作战联盟，开发新型太空防御战术，获取和保持太空优势的作战能力。

"太空旗帜"演习主要发展趋势：一是能够适应地缘政治以及对手的变化。美天军高层指挥官指出，其以往的工作主要聚焦支撑中央司令部，对太平洋司令部作战准备工作不足，需要对太平洋战区潜在的战争风险未雨绸缪；二是演习人员和规模持续扩大，主要受训对象（蓝方）由营级扩大到团级，再到师级，使得更多的太空作战人员能够预先置身战场前沿；三是演习训练的基础设施逐步丰富，将增加环境、威胁、作战场景以及武器系统的建模与模拟等；四是训练方式方法更加多元化，综合运用 LVC 训练，即实兵演练（Live）、虚拟模拟（Virtual Simulation）和构造模拟（Constructive Simulation）。

通过分析可知，"太空旗帜"演习愈发重视多国家、多兵种之间的联合作战，更加注重基于空间态势感知、空间电子战、导弹预警、卫星通信等的太空攻防作战。与"施里弗"相比，该系列演习更注重从战略层面推演延伸到战役、战术层面的演练，以实现太空实战化训练，高保真的模拟与仿真是该"太空旗帜"演习的根本所在。

2.5 "全球哨兵"演习

2.5.1 "全球哨兵"演习的基本情况

太空领域参与主体的日趋多元,使得太空领域的竞争也越发激烈。"太空已成为对抗激烈的作战域"这一论断得到美国军方和部分政府官员的认同,也对美对太空安全形势的看法和美太空安全战略的发展走向产生了至关重要的影响。美军也以这一认识为基础,围绕太空作战开展了一系列改革,以应对日益严峻的太空安全形势,对以空间态势感知为首的空间能力提出了更高的要求。

美认为,在全球化太空领域竞争日益激烈的背景下,仅仅依靠本国的空间态势感知能力已不足以满足太空备战的需要,需要联合各个盟国,才能形成有效支撑。因此,近年来,美非常重视空间态势感知方面的合作,主要通过与盟国互惠的空间态势感知协议等方式,打造空间态势感知领域的国际联盟,以期依托盟国提供更多的空间态势感知资产及装备,从而增强空间态势感知体系弹性,大幅提升空间态势感知能力水平。

为强化以美为首的国际空间态势感知联盟的协同能力和总体实力,确保能够在太空作战中获得全面、及时的情报支持,自2014年起,美联合盟国启动了空间态势感知相关演习活动。

"全球哨兵"演习聚焦开展战术层面演训活动,围绕空间态势感知能力的应用需求,联合多个盟国及商业实体开展了多次演习。"全球哨兵"太空演习通常在弗吉尼亚州萨福克的洛克西德·马丁中心举行,通过"桌面空间态势感知推演"的方式加强美国与盟友之间的联合空间态势感知(SSA)能力。

"全球哨兵"系列演习侧重于提高空间态势感知能力,以及为作战提供支持能力。全球哨兵演习内容包括培训人员预测和避免人造卫星与空间碎片之间的碰撞，以及火箭发射监测桌面演习等。演习每年大约1次，参演人员来自澳大利亚等多个国家。"全球哨兵"空间态势感知桌面演习由美国战略司令部负责开展，该司令部是美国国防部九大作战司令部之一，负责全球战略任务安排，包括战略威慑、太空军事行动、网络军事行动、联合电子战、全球打击、导弹防御、情报监视与侦察、对抗大规模杀伤性武器。美国战略司令部负责规划与政策的指挥官认为，"全球哨兵"演习已成为美国及其盟国在太空领域开展战术战役级一体化指挥与控制的重要途径，重点感知在轨运行空间物体及其运动、能力和意图，保障美国和其他国家航天活动安全，保护其太空资产免受潜在威胁。

"全球哨兵"为系列空间态势感知桌面推演，主要依托计算机模拟支持系统，通过使用分析工具、数据库和空间态势感知仿真软件，预测和避免人造卫星与空间碎片之间的碰撞，以及火箭发射监测，增强联盟空间态势感知情报支援指挥协同，提高空间态势感知能力，以及为作战支持能力。通过预警演练，探测导弹发射目标并进行跟踪，与以大型相控阵雷达为主的陆基雷达系统互相配合，实现对发射区域和来袭方向的全面覆盖，对陆基洲际弹道导弹可提供优于25分钟的预警时间。同时，依然面临快速有效分析敌方意图、定位并识别目标、跟踪目标直至实现预期目的、评估战场毁伤情况等瓶颈问题。从演习的初衷来讲，主要针对太空战爆发突然、难于实时确认攻击发起对手、太空态势全面感知技术能力不足、太空指挥控制辅助决策能力不够、人工智能技术应用困难等问题，集成该领域太空力量和指挥体系。

2.5.2 "全球哨兵"演习历史演进及参演力量

2.5.2.1 "全球哨兵"演习历史演进

"全球哨兵"演习主要依托计算机模拟支持系统，通过使用分析工具、空间态势感知模拟仿真软件以及数据库，开展人造卫星与空间物体之间的碰撞预测与规避、火箭发射监测等演习演练，以强化空间态势感知与作战支持能力（表2-4）。

表2-4 "全球哨兵"历次演习情况

序号	时间	参演情况	主要目标
1	2014.04.22—2014.04.26	46人，澳大利亚、加拿大、法国、德国、英国和美国参与演习，日本作为观察国	确定提高盟国太空作战中心之间的合作水平和互操作性，能否改善各自和联合的空间态势感知能力对作战的支持能力
2	2015.10.26—2015.10.30	52人，澳大利亚、加拿大、法国、德国、英国和美国参与演习，日本正式参与演习	确定在盟国太空作战中心之间共享分析资源和数据产品能否改善各自和联合的空间态势感知能力对作战的支持能力
3	2016.09.21—2016.09.30	澳大利亚、加拿大、法国、德国、日本、英国和商业实体参与演习，意大利作为观察国	改进国家层面和联盟层面的空间态势感知战术、技术和程序（TTP）
4	2017.09.20—2017.09.29	英国、日本、法国、德国、美国、澳大利亚、加拿大以及商业实体参与演习，意大利正式参与演习，西班牙和韩国作为观察国	测试"联合太空作战中心"（FedSpOC）的一体化指挥与控制能力，并利用其为跨国太空合作提供信息，改善空间态势感知能力，谋求共同太空安全
5	2018.09.19—2018.09.28	美国、澳大利亚、加拿大、法国、德国、意大利、日本、韩国、西班牙、英国和商业实体	针对空间态势综合感知训练，以提高卫星跟踪信息的质量与可用性
6	2019.09.23—2019.09.27	美国与澳大利亚、加拿大、法国、德国、意大利、日本、韩国、西班牙及英国参演，巴西、荷兰、挪威、波兰、罗马尼亚与泰国作为观察国	开展和评估现实世界的实地实验，并提供建模与仿真演示，通过识别工具与数据共享，加强对空间环境的认识，促进太空安全与国际合作

在历次"全球哨兵"演习中，各参与国均设立了空间作战中心，以指挥和控制本国的空间态势感知装备，而美国则在不断加强其与盟国在空间态势感知方面的合作，以强化其与盟国在太空领域的战役与战术级一体化指挥及控制能力。

通过总结，可以得出"全球哨兵"旨在耦合空间力量及指挥体系，主要围绕空间态势感知活动，针对太空战爆发突然、难于实时确认攻击发起对手、太空指挥控制辅助决策能力缺乏、人工智能技术应用困难等问题，开展演习演练。演习的行动包括共享分析资源和数据产品，改进态势感知策略、技术和程序，推进空间态势感知装备的一体化指挥和控制测试等。

"全球哨兵"的持续开展，已然证明了空间态势感知能力对航天大国的重要程度。在2018版《空间联合作战条令》中，空间态势感知被美军列为十大空间能力领域之首。其中，关于空间态势感知的表述为："空间态势感知是空间物体和太空作战所依赖的作战环境（包括物理、虚拟、信息和人性维度），以及实施或准备实施太空作战的所有实体的要素、活动和事件等所必须掌握的基础性、动态性和预测性知识和特征"。该作战条令还指出，空间态势感知依赖于美国和合作方卫星系统的状况、对各国空间活动开展情况的掌握、对太空作战域的分析以及对威胁意图的了解等事项。

以"全球哨兵"演习组织实施情况为基础，结合美空间态势感知的发展历程，可以推断未来美空间态势感知的发展趋势。早期空间态势感知的重点是感知在轨运行空间物体及其运动规律，保障美国空间活动安全；当前及未来一段时间内，空间态势感知的重点将转变为感知在轨运行空间物体及其运动、能力和意图，保障美国和其他国家航天活动安全，保护美国和盟国的空间资产免受潜在威胁。同时联系目前美已与澳、英、法、日等19个国家，欧洲航天局等以及70余个商业公司签订了空间态势感知数据共享协议的客观情况，可以推断美未来将进一步推动"全球哨兵"演习纵深发展,并加快与盟国在太空领域开展战术级一体化指挥与控制的步伐。

2.5.2.2 "全球哨兵"参演力量

美组织开展空间态势感知演习的构想源于2011年1月1日发布的《国家安全太空战略》。2012年8月,美国战略司令部司令罗伯特·凯勒明确了组织国际空间态势感知演习的指示。2013年7月,美国战略司令部开始筹备第一次空间态势感知演习。2014年4月,美国战略司令部在弗吉尼亚州萨福克市洛·马公司的创新中心开展了第一次空间态势感知演习,此次演习被命名为空间态势感知桌面演习(SSA TTX)。

2014年4月举办的空间态势感知桌面演习共有46名参演人员,分别来自美国、澳大利亚、加拿大、法国、德国6个国家,美将此次演习定位为一个验证平台,通过这次演习活动检验其关于空间态势感知的构想是否能够支持其空间态势感知能力的建设、理念的发展以及相关政策的制定。

第一次空间态势感知桌面演习结束不久,美便于2014年11月开始筹备第二次演习,经过近1年的准备,于2015年10月26—30日组织了第二次演习。与第一次相比,第二次演习的规模有所扩大,参演人员由46名增加到52名,并邀请了日本作为观察国。此外,第二次演习还在以下方面作出了改进:一是在演习场景方面,由数据驱动的场景变为由参演人员驱动的交互式场景;二是在可视化方面,由太空态势控制面板变为由模型仿真驱动的分析工具;三是在联合重点方面,由太空态势感知传感器数据的共享变为分析资源和数据产品的联合共享;四是在人员要求方面,第一次演习是直接向参演人员推送太空突发事件,而第二次演习则要求参演人员从给定的太空形势中提取数据,进行数据信息共享,分析评估当前态势,并制定切实可行的行动方案。

此后，美每年都会组织空间态势感知桌面演习，截至2019年，已经开展了6次空间态势感知桌面演习。2017年，美将该系列演习由空间态势感知桌面演习更名为"全球哨兵"（Global Sentinel）演习，不仅反映了美对联合空间态势感知的重视，同时也表明了美在空间态势感知领域的野心。

"全球哨兵"系列演习由美国战略司令部负责组织实施，美国战略司令部是美国国防部九大作战司令部之一，负责全球战略任务部署，范围涵盖导弹防御、监视与侦察、联合电子战、全球打击、对抗大规模杀伤性武器以及战略威慑等在内的各类军事行动。美国战略司令部负责规划与政策的指挥官认为，"全球哨兵"已经成为美及其盟友在太空领域发展战役与战术级一体化控制能力的重要途径。

通过梳理"全球哨兵"演习的组织实施情况，可以明确该系列演习国际化程度非常高。英国、澳大利亚、加拿大、法国、德国自2014年首次参加演习后，便从未缺席。更加重要的是，该演习通过"由观察国转变为参演国"的方式，逐渐将更多的国家纳入参演国的行列。在2019年举办的"全球哨兵"中，除了上述五国之外，日本、意大利、韩国、西班牙也在参演国之列，而巴西、荷兰、挪威、波兰、罗马尼亚与泰国作为观察国出席。

2.5.3 "全球哨兵"演习主要特点

从演习的行动来讲，共享分析资源和数据产品，改进态势感知策略、技术和程序，推进空间态势感知装备的一体化指挥和控制测试，提升合作水平和互操作性。"全球哨兵"演习具有以下特点：

（1）聚焦新质力量的增量作用。太空不受地域制约，在任意一个角落发起的行动可立即攻击全球范围的目标，达到传统陆海空作战很难达到的深度和广度。手段灵活，兼有"软""硬"杀伤武器，可实施包括欺骗、干扰、拒止、降级和摧毁等"可逆性"和"非可逆性"攻击。同时，确保美太空领域威慑、提升太空体系弹性。

（2）突出为可能发生或未来发生事态的"绸缪"准备。以兵棋推演和博弈研讨的方式，模拟太空作战组织指挥、攻防行动太空作战。演习的持续时间一般为 5~21 天，主要预测和应对未来 15~30 年前后的太空战争，以应对地区冲突、反恐等。

（3）快速调动盟友和商业航天资源能力。通过设定的太空作战行动，培育、影响进而塑造盟友甚至伙伴方对太空安全的理解和认知，研究如何有效指挥军、民、商、盟等由不同利益相关方组成的复杂体系，使盟友和伙伴方"自主"地按照美方意志统一行动。近年来，美陆续与盟友、伙伴方、商业公司等签订 100 余份太空态势数据共享协议。此外，通过不断增加演习参与者，将英、澳、加等国人员纳入联盟太空作战中心参与常态化运行等，企图构成太空领域的利益共同体，并不断强化美在太空安全领域的主导权。

（4）注重成果转化。注重军方作战概念落地，注重宏观战略政策与军方条令的论证与完善，注重国家和军队多层面的战略衔接，深化在轨态势感知、目标导航和在轨机动流程和技术，深化盟国对太空交通管理的政策认同，助推太空交通管理和态势感知共享系统建设与数据协议标准落地。

2.6 美太空军事演习成果及影响分析

组织开展太空军事演习是美军探索空间力量作战运用较为直接有效的途径，纵观其发展历程可知，美太空军事演习已经逐渐构建起覆盖战略、战役以及战术三大层面的体系架构，在广泛的实践下，也形成了许多重要成果，将对美军在太空成为战场的背景下，赢得战争、保持太空战略优势发挥重要的支撑作用。

2.6.1 美太空军事演习主要成果

2.6.1.1 验证空间态势感知能力

如前所述，空间态势感知能力毫无疑问是空间力量建设的重中之重。强大的空间态势感知能力可使对手慑于被侦察以及被惩罚报复，而不敢贸然发动攻击；而态势感知能力的缺乏，会使得空间环境和空间目标态势难以掌握，也必然会妨碍拒止性报复行动的实施，这些都足以说明良好的空间态势感知能力本身就可以产生威慑效果。

通过以"全球哨兵"为主的太空军事演习，美军对本国空间态势感知能力水平作了进一步检验。美军认为，尽管其当前已经具备走在世界前列的态势感知能力，但因空间目标监视网探测器数量、探测能力以及地理分布等因素限制，本国空间态势感知能力仍然存在以下问题：一是太空监视系统的覆盖范围不足。在役的美国空军太空监视系统只能在空间目标穿过波束时才能被探测到，如果目标在其他时间变轨，就可能出现探测空白。另外，美国空军空间监视系统对一般空间目标重复监视的时间间隔长，不能满足美军的需求。同时，该系统中的深空探测雷达数量不足、性能也不高，对深空目标的探测能力存在较大缺陷。二是太空监视系统的探测效果不好。当前，美太空监视系统存在开展太空监视活动间隔过长，对卫星机动、碎片分解等事件反应缓慢，探测器灵敏度不足，微小目标探测监视能力弱的局限。三是太空监视系统的处理能力较弱。具体而言，美认为当前本国太空监视系统目标特性的获取能力不足、空间态势信息解译能力较弱、空间态势感知任务分配流程不够灵活。

对此，美将主要通过以下方面提升本国空间态势感知能力：一是加强空间态势感知系统建设，一方面是对已有设备进行升级，另一方面是加快研制新型探测器；二是提升空间态势感知保障能力，做好空间态势感知网络中探测器的维护和升级以及信息集成工作；三是强化空间态势感知指挥控制，构建以网络为中心的、面向服务的一体化指挥与控制体系架构，推进联合太空作战中心任务系统升级改造。

2.6.1.2 增强空间系统弹性能力

2013 年，美国空军太空司令部发布《弹性和分散太空体系》白皮书,在该白皮书中,"弹性"被定义为,"一个系统体系在面对故障、环境挑战以及敌对行动时能够继续提供所需能力的本领",并提出了太空弹性理论。近年来,在自变量日益增多且对空间资产安全威胁日益增大的背景下,"弹性"更是已经成为美太空安全能力评价的新指标。事实上,考虑到空间系统面临着许多潜在威胁,在很久之前,美国空军太空司令部就开始特别强调分散的作用,具体而言,是将天基任务、功能或者传感器分散到一个或者多个载具、平台、轨道平面或者多域的多个系统之中。

在太空演习中,美军利用比以往更多数量的卫星或微小卫星群分散承担多种任务,大大降低了敌方攻击所带来的损失,太空弹性理论在减损方面的作用再次得到了验证。具体而言,美军践行太空弹性理论的途径包括:一是采用备用星方式,实现功能快速恢复;二是采用分布式多卫星技术,增加空间系统弹性;三是采用快速响应发射,及时开展卫星补网和重构,抵消个别空间系统的毁伤降效不利影响;四是采用抗干扰技术,增强卫星工作的稳定性和有效性;五是配置冗余备份信息链路,增强空间系统信息传输的抗毁能力和信息传递的连续性;六是提高星上自主处理分发和地面数据处理分析中心的工作能力和运行效率,提升空间系统的信息处理共享效益和实时性。

除此之外,美军还在演习中演练了利用临近空间飞行器增强空间系统作战支援能力、微小卫星群快速建立等,验证了保护、增补与替换空间系统的手段,目前美既可以通过对已部署空间系统进行变轨、机动、变更,也可以通过快速响应发射卫星,实现太空重组,大大提升了卫星遭袭后的快速重组能力,令敌人不敢轻举妄动,为美在太空安全方面形成有效威慑起到重要支撑作用。

2.6.1.3 发展有效太空攻防技术

美深刻认识到,在太空安全形势日益严峻的背景下,世界顶尖水平的太空攻防技术是确保本国太空安全最为优先的事项。当前,美通过组织开展太空军事演习，明确了应当予以重点发展的先进技术。

太空防御技术方面。一是发展变轨机动技术。美国大多数现役卫星都具有较强的机动变轨能力，可通过改变轨道高度和倾角，逃避敌方反卫星武器的发现、跟踪和攻击。美在太空军事演习中也对飞行器轨道转移以及卫星轨道调整等项目进行了多次验证。二是发展伪装隐身技术。如在卫星表面覆盖吸波材料，并配置眼帘、光闸、护盾、过滤装置、防电子干扰装置、眨眼装置等对抗方法，实现防敌侦察监视以及回避攻击等。三是发展护卫卫星技术。通过释放若干诱饵卫星或杀手卫星，利用这些替身卫星撞击或摧毁敌方的卫星及反卫星武器等，化解对方的攻击行动，保护关键空间目标。

太空进攻力量方面。一是发展可逆性打击力量。美多次在太空军事演习中，采取可逆性打击方式摧毁对手卫星，具体包括欺骗、破坏、干扰、拒止、降级等。可逆性攻击主要由定向能武器实施，包括用于太空作战的高能激光武器、粒子束武器和微波武器等。二是发展动能摧毁武器。美一直在进行动能反太空系统武器的研制试验，如20世纪80年代就开始发展舰（机）载反卫导弹系统、天基动能武器等，并通过"智能卵石""克莱门汀Ⅱ"计划等进行验证，2012年研发的"上帝之杖"天基动能武器系统的撞击动能更是足以同核武器相媲美。三是研制太空航天航母。太空航母可将现有的空间系统从以支援作战为主扩展至直接作战，是美国实施1小时全球快速打击和量体裁衣式威慑的重要太空武器，一旦投入实际运行将极大增强美太空威慑实力。目前，美正积极打造可搭载定向能武器、动能武器、卫星有效载荷等各类空间系统的太空航母。

2.6.1.4 构建联合太空作战力量

早在空间力量发展之初，美军将其视为核威慑体系的重要支持部分，导弹预警、侦察监视在美对苏联/俄罗斯核力量进行制衡方面发挥了不可替代的作用。然而，随着核威胁程度的降级以及空间力量运用水平的提升，空间力量已经形成了独立的威慑力量。此外，由于计算机网络在联合作战中的地位不断提升，且空间系统和网络系统都具有快速攻防、全球到达和战斗力倍增器等共性优势，太空与网络紧密交织，美跨域融合方面的意识越来越强。

如前所述，美军在2009年和2010年组织的"施里弗"演习中就意识到网络与空间力量一体化在国土安全防御中的重要性，并对在太空和网络空间可能发生战争的慑止途径、太空与网络空间的作战融合等重要问题开展了演训演练。在2012年举办的同系列演习中开始有目的地探索、检验空间力量和网络力量的作战融合，例如，在演习中设置"攻击者用黑客手段消耗对方卫星带宽，使其不能为合法用户提供服务"的特殊想定。

2017年以来，在美军大力推动"多域战"概念的背景下，美军"施里弗"太空战演习更加注重太空力量同陆、海、空、网、电各域的整合能力，利用太空、网络空间、地面力量等多域力量的组合，提高战争效率，强化不同领域之间的相互依存、相互促进关系。"施里弗"太空演习的内容已经由战略层面逐渐向战役战术层面渗透；演习空间也由太空向临近空间和网络空间拓展；作战形式由信息支援保障逐步升级为作战攻防。从利用卫星协助进行战略决策开始，演习逐渐分为战略、战役和战术三级，后期聚焦战术层面解决具体问题。演习从单一的太空空间拓展到太空、临近空间和网络空间的综合集成。演习内容的深化和拓展，体现出美军对太空战演习的重视，把太空作为其在信息时代称霸世界的战略制高点。

此外，从近年来美国出台的一系列国家安全及军事相关战略报告和联合作战条令中可以看出，美国已将核威慑、太空威慑和网络空间威慑整合为新的三位一体战略威慑力量，力图发挥战略支撑作用，并开展太空军事演习，全面检验并提升常规作战能力和多域远程体系作战能力，确保超强的军事优势。

2.6.1.5 形成军民商融合的模式

美军认为，军民融合是指把国防科技工业基础同更为广泛的民用科技工业基础结合起来，从而组建一个统一的国家科技工业基础的过程，需要把军事转型放在社会转型的大背景下来筹划实施，以促进国防系统同经济社会其他系统接轨、相容、互动发展。

以此核心思想为基础，美军在多次太空军事演习中，均对与盟友、国际组织、商业卫星公司打造联盟等问题开展了模拟及研讨。从作战保障角度看，自海湾战争以来美国发动的多场战争中，均大量依赖民用和商用卫星系统来保障作战。美国白宫和军方认为，有选择性地与盟国或他国结成太空伙伴关系，将空间系统职能分散到与美国友好国家或商业集团的空间系统中，并进行数据异地存储备份和共享，建立太空利益共同体，可以从多个方面威慑挑衅者，降低对手单次攻击所能获得的利益，同时获取美国实施报复性打击时盟国和中立方的国际支持，增加美国在太空领域的影响力，确保本国太空安全稳定可控。

这一点在美太空军事演习中也有所体现。例如，为解决商业航天力量的使用权和控制权问题，美军在"施里弗Ⅱ"明确军民商航天力量需要以正规方式开展合作，并提出可以通过建立民用航天运作中心，实现空间数据信息共享；认识到军民商航天力量协作存在很大问题，美军在"施里弗Ⅲ"中针对如何协调整合国家情报部门和商业卫星资源，以实现在冲突中更好地协作以提升联合作战能力进行了推演；"施里弗Ⅳ"演习的目的之一就是探索实现美军、盟军以及商业部门协同作战的多种渠道；"施里弗2010"重点演练了盟国和商业伙伴在太空战和网络战方面发挥的作用，并研究了应如何促进提供太空支持的机构之间的协同；"施里弗2012"演习旨在优化美军与国际伙伴以及私营公司之间的协同合作，探索了在对抗条件下空间系统能力恢复的途径，并将商业航天系统和支持作战的工业伙伴纳入协作反卫；"施里弗2014"强调通过与商业系统及盟友共担责任的方式来增强太空体系的弹性;"施里弗 2015"侧重于演练整合利用情报机构、非军事机构、商业机构和盟友的能力,识别如何增强太空弹性。

2.6.2 美太空军事演习主要影响

通过组织开展太空军事演习,美军检验了空间力量的发展情况和作战应用,取得了较为丰硕的成果,并且在支撑美太空安全战略制定、促进美太空威慑力量发展、推动美军事太空转型等方面产生了重要影响。

2.6.2.1 支撑美太空安全战略或政策制定

尽管组织开展太空军事演习因涉嫌引发新一轮太空军备竞赛而饱受争议,但美军从未打算停止演习,反而大力推动太空军事演习向常态化、系统化的方向迈进。目前,美太空军演已经逐渐成为美"制天权"思想的直接体现,并对美国家太空安全战略或政策的制定产生了重要影响。

以"施里弗"为例,"施里弗Ⅲ"结束后,美国国防部制定的《空间科学与技术新战略》很快获批通过,成为美军发展与运用空间力量的有力指导;"施里弗 2010"结束后,美空军决定在空军太空司令部设立网络战中心,并组建专门从事网络空间作战的第 24 航空队,加快推进太空与网络空间一体化作战;"施里弗 2014"结束后,美随即便公布了新的《国家安全战略》,明确表示,"针对其他国家攻击美空间系统的行为,美已经具备了相应的预警和确定其属性的能力,对此美将开发相关技术、战术,以挫败和威慑此种企图,同时将采取措施加强美关键空间系统的弹性"。

此外,伴随着"施里弗"演习的发展,美军陆续发布与修订了 8 版空间作战条令,条令的每次发布与更新,都充分吸收了演习的经验和成果,深化调整了空间力量的作战应用,并对下一次演习的组织实施和指挥流程形成了有益指导。表 2-5 为"施里弗"演习同美军空间作战条令修订的对应关系表,从表中也可以清晰地得出,"施里弗"与美空间作战条令之间是相互促进的关系。

表2-5 "施里弗"演习与美军空间作战条令颁布与修订的时间关系

"施里弗"演习相关内容和目标	相关条令修改事件
2001年1月,"施里弗Ⅰ"强调需要重新认识现代和未来战争,特别是计算机网络和空间战,初步对太空战理论和方法进行了探索	2001年11月,美国空军添加修改《空间作战》条令,阐述了"空间力量增强"作战行动,并首次提出空间作战的训练方式。2002年8月,参联会颁布《空间作战联合条令》,首次明确了美国空军力量的组成、职责划分等,并详细描述了空间力量增强的五种任务量
2003年2月,"施里弗Ⅱ"演习,继续检验和探索新型太空系统、太空学说、作战概念和条令等以增强美国的航天能力	2004年8月,美国空军颁布《空间对抗条令》补充《空间作战》条令,规定所有内容围绕"空间控制"展开,从指导思想、理论、目标任务、指挥控制、装备运用、作战实施、信息支援等方面对空间对抗理论进行了阐述
2005年2月,"施里弗Ⅲ"演习围绕太空系统的快速反应、进攻性对抗、杀伤链决策反应、作战支援与控制等展开	2006年11月,美国空军修订2001版《空间作战》条令,空间作战的原理性介绍大幅减少,详细描述了空军作战的指挥控制体制,并规定了空军作战的执行,训练内容大幅减少
2007年3月,"施里弗Ⅳ"演习要求在全球环境下检查太空作战、检验组织机构,验证为联合部队提供支撑的能力	2009年1月,参联会颁布《空间作战》条令修订2002年颁布《空间联合作战条令》,大幅减少空间作战原理性描述,着重阐述空间力量如何帮助实现联合作战的战争原则;规范了空间力量的指挥控制体制和空间作战计划的制定过程
2010年5月,"施里弗2010"演习强调,美国应制定赛博空间疆域的集体安全方案,包括盟国空间能力的共享	2012年6月,美国空军修订2006版《空间作战》条令,对部分部门的职责进行了改动,形象阐述了空间作战的全部任务领域,对空间作战的任务进行了调整

续表

"施里弗"演习相关内容和目标	相关条令修改事件
2012年4月,"施里弗2012"演习强调,需加强与北约等盟国的空间合作	2013年5月,参联会颁布《空间作战》条令修订2009颁布《空间作战》条令,将空间态势感知调整为第5个领域,吸收非国防部力量,以缓解自身能力不足
2017年10月,"施里弗2017"检验联合作战指挥控制应用框架、部署并捍卫赛博空间及空天能力,达到支撑全球范围及区域作战行动;并探究赛博空间和太空在多域战中的效能	2018年4月,参联会颁布《空间作战》条令取代2013版,强调对赛博空间作战核心活动的描述,并详细阐述了赛博任务部队和赛博空间系统指挥控制与规划的相关内容

美国前总统特朗普强力推动太空军发展并将"巩固美国在太空领域的绝对优势地位"作为美国优先战略方向,也与"施里弗""太空旗帜"和"全球哨兵"等系列太空演习带来的宣传效应和强大信心有关。2021年12月1日,美发布《美国航天优先事项框架》,该文件是拜登政府治下国家航天委员会首次会议召开前发布的,也是新政府为航天政策打下的首个印记。文件分两大类阐述了美政府的航天政策优先事项,在"保持强健而负责任的美国航天事业"部分中明确要"保卫国家安全利益,使之免遭范围和规模日益增大的空间和空间对抗威胁",并强调要同步推动民用、商用和国家安全航天活动的发展,而这一点显然与美在太空演习活动中得出的结论是一致的。

2.6.2.2 促进太空作战能力与太空威慑力量发展

如前所述,持续组织开展太空军事演习,不仅是美检验太空作战能力的重要平台,同时也是美展现空间力量,慑止太空挑衅,谋求相对优势,维护太空霸权的重要手段。通过演习,美对太空信息系统、作战指挥系统、武器平台系统的协同配合以及空间系统体系下天基系统和地面系统的协同配合等问题,作了更加深入的探索和检验。

以"施里弗 2010"为例，其核心目的在于考察如何在太空和网络领域形成威慑，探讨如何整合各种规划过程，运用"全政府参与"的综合方式在多个空间领域中实施行动。此次演习还希望展现国家战略态势和决心，有效协调开展强大的多国联盟行动，必要时夺回太空和网络领域主动权。

演习场景设置在 2022 年，假设对一个意料之中的挑衅作出反应，一个地区级对手瘫痪了美国某关键盟国的网络和太空运行系统，推演由此展开；而随着冲突的激化，危机升级至国家高层决策机构，甚至蔓延至包括本国政府和盟国在内的所有部门，跨国机构领导人会晤并商讨如何反击和慑阻未来冲突的对策，探讨如何开展多国协调来取得最佳效果。

"施里弗 2010"纳入了网络和太空两大现代化战争关注的重点领域，整合了相关要素，为美军加快推动太空和网络能力的集成和运用，以及提供形成有效威慑的正确选项发挥了积极影响。而在后来的"施里弗"演习中，又涌现出天基激光系统、天基雷达系统、微型卫星系统、临近空间飞行器、赛博攻击武器等新概念武器，这些新概念系统大多都早已被列入美国国防高级研究计划局的研究计划，并且已经产生了许多高价值的研究成果。在激光武器方面，美军已经拥有具有实战能力的激光武器、电磁微波武器，目前是否已经向太空部署尚难确定，但至少已经具备通过陆基、海基干扰以及致盲卫星的能力。由此可见，太空军演对推动美空间力量建设、提升联合作战能力和强化太空威慑具有显著作用。

2.6.2.3 促进美军向弹性和分布式军事太空体系转型

通过太空军事演习，美军认识到其空间资产十分脆弱，一旦受损或遭毁，其现代联合作战能力势必大打折扣。因此，美军十分重视空间资产的弹性，并加速推进向分布式军事空间体系转型。2007 年 4 月，美国国防部正式向国会提交《快速响应空间》报告，明确提出以

"快速发射战术小卫星"为核心的"快速响应空间计划",该计划旨在应对美国卫星系统面临的太空威胁,确保战时能够在短时间内快速、经济、高效地补充美国的军事卫星群。此外,还正式成立了快速响应空间办公室,其基本任务是,为满足联合部队作战对按需空间支持和重构的需求,组织研发低成本、快速响应的有效载荷、平台、空间运输和发射系统。这使得快速响应空间技术发展进入了快车道,也标志着美国快速响应空间计划在国防部统一领导下正式、全面地启动了。

2013年8月,美空军太空司令部发布《弹性与分散空间体系白皮书》,该白皮书首次正式提出"太空弹性"概念,明确"弹性"是指体系面对系统故障、环境挑战、敌对行动时能够持续提供能力的本领。该白皮书还指出,为应对潜在对手的太空威胁,要以结构分离、功能分解、多轨道分散等方式,将现有卫星星座和空间系统体系结构改造成富有弹性的"分布式空间系统",谋求更强的韧存性。

2018年,美国《国家太空战略》将"弹性、重构、防御"作为减缓太空威胁的三种措施,该战略文件明确提出弹性太空体系通过提升空间系统防御力和重建力,确保空间力量能够在可承受风险下遂行作战任务,可以有效提升太空作战的威慑力和战斗力。

2020年11月,美太空军司令发布《太空作战规划指南》,提出美国需要一支能够慑止冲突、有弹性且敏捷的太空军,当前太空作战的首要任务是构建一个能够承受攻击、确保自身能力、在中长期内随时重组的弹性架构,以便既能在和平竞争时拥有持续性优势,也能在冲突或者战争中取得持续性优势。

可见,"弹性"已逐渐在空间战略层面以及多领域战役战术层面形成"闭环",其中美《国家安全战略》《国防战略》等多次强调弹性问题,正是牵引美太空领域建立并完善弹性架构的主要动力。

2.6.2.4　促使美国空间对抗思维和实践发生重大变化

如前所述,美太空军演的参演力量逐渐趋于广泛,这也为美通过太空军演灌输太空理念、达成太空共识提供了机会。根据演习内容，也可推断出美军的关注点也在逐渐从本国空间系统建设发展向控制太空、操控他国空间系统转变。

以演习结果为重要依据，美国白宫于 2010 年 5 月出台《国家安全战略》文件，该文件指出目前许多国家都拥有通过动能或非动能的手段攻击空间系统的能力，这对美空间力量建设形成了巨大威胁，曾经被美军视为"私人领地"的太空，已经变得愈发"拥挤且充满对抗与竞争"，为有效应对此种局面，美军将逐渐改变其在太空领域的思维和实践模式，主要手段之一就是持续组织并开展太空军事演习。

通过"施里弗""全球哨兵""太空旗帜"等演习，美军陆续催生出"太空威慑战略""空间态势感知""快速响应空间体系""太空弹性体系""临近空间飞行器"等一系列太空作战概念、装备及技术。

此外，随着我国空间能力水平的不断发展，美逐渐将我定位为"有能力与其在太空领域展开竞争的战略对手"。为在开展空间活动方面陷我于孤立境地，在太空作战方面对我形成围堵之势，美逐步将北约、北美、大洋洲的相关国家纳入其太空作战体系，还联合包括国际通信卫星组织、数字地球公司、国际海事卫星组织、欧洲通信卫星公司等在内的各大商业公司，进一步扩大了分布式太空作战体系的规模。

第3章　其他国家太空军演情况分析

3.1　日本太空军演情况

对日本太空军演情况的深入分析，需要紧密联系该国的历史背景。日本作为二战的战败国以及被写入《联合国宪章》的"敌国"，根据《波茨坦公告》，不仅军队需要完全解除武装，还不得保有可供重新武装作业的工业，可以说被剥夺了独立的军事能力。尽管日本政府曾试图淡化相关历史事件对当代日本发展的潜在影响，但是很显然以《波茨坦公告》为代表的一系列兼具历史依据和法理依据的国际文件，仍然为日本的发展带来了不可磨灭的痕迹。

事实上，在早期，根据驻日"联合国军司令部"的相关要求，日本的航空航天活动是受到严格禁止的。然而随着国际形势的不断变化，在朝鲜战争期间，相关禁令在美国的授意下得到解除。1952年4月，《旧金山对日和平条约》恢复了日本的主权，也为日本航天活动的起步及发展打开了大门。

最初，在包括国际政治环境在内的各方面因素的作用下，日本对复杂性、敏感度极高的航天领域一直是抱着谨小慎微的态度。尽管如此，日本在航天领域的发展却不可谓不迅速。1970年2月，日本将

"OSUMI"号发射入轨，这是日本的第一颗人造卫星。该人造卫星的成功发射，也让日本成为第四个拥有自主发射人造地球卫星能力的国家。从成功试验超小型固体火箭，到成功自主发射人造地球卫星，日本仅用了15年时间。

日本在航天领域的自主研发可以说是"出道即巅峰"，然而在巅峰过后由于受到美国施加的外部压力，加上本国技术研发困难、研究经费短缺等内部局限，日本政府决定将发展路线从自主研发转向技术引进。1969年7月，美日两国签订《日美宇宙协力交换公文》，该文件规定美国对日本出售不涉密的液体火箭、民用卫星等技术、设备及零件等，作为交换，日本禁止将航天技术及产品向第三国出口，这也为美日两国后续的合作关系埋下了一颗种子。

众所周知，美日两国的合作关系是一种相对广泛的合作关系，在经济、政治、文化等多个领域都有所体现。两国在航天领域的合作关系虽然曾经受到两国经济关系波动的影响，出现了相对局限的情况，但也从未损害两国合作关系的基础。

当前，美国凭借技术、人力和其他资源领域享有的优势，在同日本在航天领域的合作中占据了主导地位，"美主导日从属"的格局逐渐形成，两国的合作内容也更加细化具体。

首先，美国负责为日本培训航天人才。2019年4月15日，《日本经济新闻》报道，日本防卫省计划于2022年度组建监视太空的新部队，命名为"宇宙作战部队"，编制为20人。日本宣称，该部队将负责探测不断增加的太空碎片、可疑卫星活动，并与美军共享情报。按照日方计划，到2023年，宇宙作战部队将达到120人，这便对人员培训方面产生了更大需求。据悉，相关工作已经在美国空军科罗拉多州的基地逐渐开展起来。

其次，深化太空态势感知与信息共享合作。安倍晋三在2020年国会演讲时表示美日两国太空态势感知系统将在2023年实时共享他国卫星信息，覆盖了从空间碎片，到其他国家通过反卫星导弹、激光致盲、通信干扰等手段弱化美日两国卫星的行为。未来，美日两国的合作或将向包括有效利用太空系统在内的导弹防御系统延伸，以弥补传统导弹防御系统在应对高超声速武器方面的局限。

最后，美将日本纳入特定航天计划，实现两国航天资源整合。2019年9月，美国国家航空航天局（NASA）负责人邀请日方参加重返月球计划，得到了日本宇宙航空研究开发机构（JAXA）的热烈呼应。安倍表示，日本应当通过在美登月计划中发挥出实际作用来体现"存在感"，并进一步推动美日两国合作纵深发展。现有消息表明，日本已经确定参加该计划第一阶段的任务，为美"Gateway"空间站提供设备、燃料，以及为月球表面信息数据共享技术提供支持。JAXA曾提出为"Gateway"空间站二期工程提供"居住功能"。二期工程将在2024年初步实现重返月球的目标后实施。日本由此成为宣布将参与重返月球计划的第二个主要航天国家。

通过对日本航天活动的综合分析，可以看出对国防安全环境的评估是日本构建航天战略体系、制定航天政策措施、明确航天工作任务的决定性因素之一。在国际力量平衡逐渐变化的当下，部分日本政治势力认为周边环境形势，尤其是亚太地区的紧张局势对日本进步发展形成了较大阻碍。并且在世界各国大力推动航天事业的背景下，日本也逐渐认识到一旦在航天领域，尤其是在军事航天领域落了下乘，其在其他领域的进步发展也会受到很大影响。这也表明，"外层空间是重要的作战域"这一观念已经逐渐在日本生根发芽，其绝不会放松对"制天权"的追逐。

因此，在这一背景下，日本对外开展的航天合作，尤其是其与美国的合作，军事和情报色彩愈发浓厚。20世纪90年代，美日两国缔结了几项小型空间政策协定。1995年签署的《美国和日本关于相互免除为和平目的探索和利用空间合作的责任的协定》涉及与航天政策有关的法律问题，但对美日合作关系的实质没有实际影响。1998年，两国签署了《美日全球定位系统合作联合声明》，对两国在外层空间合作的意向做了进一步明确，甚至提出未来将使两国卫星导航系统保持较大程度兼容。结合当时国际社会更多地还处于"有效利用外层空间能为地面作战行动、战略决策制定提供重要情报及依据参考"的层面，这一声明的军事性质可以说是十分浓厚了。

如果说这些文件仍然停留在具体问题层面的合作之上，未能让美日两国在航天领域形成较为广泛的合作，那么朝鲜导弹问题就是推动两国军事合作向前大迈步的重要契机。日本在美国的"授意"下，以对朝鲜导弹活动进行监视的名义，发射了多批IGS卫星，并将相关情报信息同美国政府互通共享。特朗普政府在位期间，十分重视外层空间的军事利用，日本也对此积极跟进，这一点在日本在航天领域的预算及重点任务中有所体现。

根据日本2021财年航天预算文件草案，为了有效应对全球航天竞赛，日本计划2021财年创纪录地拿出4 496亿日元（约41.4亿美元）的预算来开展航天活动，该预算与上一财年相比增加了23.1%。

该预算案涉及11个府省厅规划中的航天活动，包括为JAXA提供514亿日元（1.72亿美元），用以参加前文提到的重返月球计划。预算案还拟拨款189亿日元开展H3运载火箭项目，而前文提到的IGS情报收集卫星计划得到80亿日元经费。

此外，日本打算对宇宙作战部队规模进行扩充。虽然预算文件中并没有对该项任务总预算进行披露，但是其表明该部队会进行结构调整，并逐渐着手开展各类外层空间活动规划和实施工作。

该航天预算将有接近一半（2 124亿日元）拨给JAXA所在的文部科学省。在514亿日元拟用于参与NASA重返月球计划的经费中，有370亿日元将用来研制HTV-X新型空间站货运补给飞船，另外还有约61亿日元将用于研发月球"Gateway"所需技术。月球"Gateway"

是拟建在月球轨道上的一座小型空间站，意在充当由太阳能供电的通信中枢、科学实验室、短期居住舱以及漫游车等机器人设备的等候区。

预算文件还指出，在花费34亿日元研制"月球调查智能着陆器"（SLIM）的同时，JAXA还将投入28亿日元与印度空间研究组织（ISRO）联合开展"月球极区探测"（LUPEX）项目。该项目的目标是在2023年对月球南极实施探测。

除了用189亿日元开展H3火箭项目，文部科学省还将投入50亿日元提升日本的技术竞争力，包括用45亿日元研制"工程试验卫星"（ETS）9，用2亿日元开展未来航天运输系统研发工作，并用3亿日元开展能理顺微型卫星研制周期的技术。

文件显示，内阁官房航天预算额为800亿日元，仅次于JAXA，排在第二位。文件称那些经费将全部用在"IGS研制和运行"上，但未做进一步解释。自2003年以来，日已在IGS计划下发射了十余颗光学和雷达侦察卫星。最近一次发射是在2020年，所发的是"IGS-光学7号机"。该计划是在朝鲜1998年发射飞经日本上空的"大浦洞"1导弹后启动的，由内阁直接控制。

防卫省航天预算额排在第三位，为553亿日元。这些经费有很大一部分将供日本自卫队用来与美国合作开展空间态势感知（SSA）能力建设工作，目标是在2023年全面建立起这项能力。具体而言，防卫省打算在新财年投入288亿日元，以开展在轨物体跟踪和位置预测工作。

在《日本防务焦点》网站上的一篇文章中，防卫省称日本的中期防务计划要求采取步骤来"确保在从平时到武装突发事件的各个阶段掌握空间利用优势"。规划中的步骤包括建设空间态势感知系统来保证空间的平稳利用，提升情报收集、通信和定位等各项空间疆域利用能力，建设能通过电磁空间的综合利用来瓦解对手C^4I（指挥、控制、通信、计算机和情报）的能力，以及致力于同 JAXA 等相关部门和美国等相关国家加强合作。

此外，根据日本文部科学省 2020 年 8 月 30 日发布的 2020 财年预算申请文件，航天预算申请额 2050.89 亿日元，同比增长 3%。主要包括：第一，351 亿日元用于 H-3 运载火箭研制及首次发射，13.9 亿日元用于"艾普斯龙"小型运载火箭能力升级，分别比 2019 财年预算申请增加 3.1%、减少 13.7%；第二，188.7 亿日元用于研发"先进光学卫星"（ALOS-3）和"先进雷达卫星"（ALOS-4），同比增长 89.8%；第三，23.4 亿日元用于合作构建太空态势感知系统，同比增长 5.6%；第四，11 亿日元用于太空碎片移除技术验证项目，同比增长 83.3%；第五，578.42 亿日元用于升级承担国际空间站运输任务的飞船和相关技术验证项目；第六，40 亿日元用于发展航空发动机、低噪声超声速飞机研制等。文部科学省航天预算主要针对日本宇宙航空研究开发机构的航天航空装备研制计划，占国家航天预算比例最高。

除了预算文件外，日军同美军较为密切的协同关系也值得注意。日军非常注重与美军建立密切的协同关系，意在进一步提高日美两军联合作战的能力，通常采取联合训练、参观见学以及赴美培训等方式。因此，日本在太空部队成立伊始阶段便选择与美太空军展开密切的协作。美日两国相继成立太空部队后，日本积极邀请美太空军教官来日指导，并派遣军官赴美国学习，深化合作。日本防卫省为太空作战中队监视太空状况做了大量的前期准备工作，包括与美太空军共同设计太空态势感知系统以及向美军派遣人员就建立太空态势感知系统开展交流。

前文"全球哨兵"历次演习情况表已经较为直观地表明了日本在美"全球哨兵"演习中的角色转变，在 2014 年 4 月的演习中，日本仅仅是该演习的观察国，2015 年后已经成为该项演习的正式参加国，甚至在 2016 年后的演习中都扮演了重要角色。

2018 年 10 月，美国"施里弗"太空战演习在亚拉巴马州马克斯韦尔空军基地举行，日本首次参加"施里弗"系列演习。演习设定的背景是，美国印太司令部防区内的美国太空和网络领域遭到来自地区大国的挑战。在这样的背景下，美军深入挖掘日本在太空领域发挥的作用，使日本成为保卫印太地区太空资产的关键因素。结合 2019 年 11 月美国副总统访日期间，日美达成通过托管有效荷载加强空间安全领域合作方案，可以预见，今后双方还将继续开展太空军事演习。

3.2　印度太空军演情况

以美国为首的西方军事强国在开展外空武器技术试验之前，已制定形成了一套相对完善的应对外空规则和国际舆论反应的主要策略，这也使得其规避了外空规则的种种约束，转移了国际舆论的焦点。然而，与西方国家相比，印度在这一方面显然经验略显不足。2019 年 3 月 27 日，印度开展了太空反卫星导弹技术试验，便由于尚未谋划有效的应对预案，在试验结束后便受到了国际舆论的谴责以及来自强国的遏制等多重压力，外交层面陷入了非常被动的境地。

美国等西方国家以"印度的试验与其倡导的和平利用外空精神不符""试验产生的空间碎片污染太空环境""试验不够透明"等为理由，对印度进行了猛烈抨击。美国声称印度反卫试验所产生的 400 多块空间碎片会威胁到国际空间站的安全。根据 NASA 的报告，此次试验后，空间碎片撞击空间站的概率提升了 44%。美国军方在第一时间就对印度此次试验表示高度关注，并将对空间碎片的移动轨迹和可能造成的损害进行跟踪及评估。美国代理国防部长帕特里克·沙纳汉警告说，使用像印度所试验的反卫武器，可能会产生大量空间碎片进而在太空引起混乱。美国内布拉斯加州林肯大学外空法专家冯德庞克教授指出，尽管目前没有任何具有强约束力的国际规则禁止产生空间碎片，但严格意义上来说，此种试验已经违反了1967年《外空条约》，在该条约下，开展试验的国家有通知其他国家试验相关情况的义务，然而印度却没有履行此种义务，这不符合美印两国在航天领域的合作精神。英国也对此次试验提出反对，表示"在太空中，即使是与微小物体相撞也可能造成灾难性的后果"。英国广播公司称，一些倡导军备控制的人士认为，反卫星技术将在未来有可能发生冲突时，使印度具备摧毁敌国卫星的能力。该试验很可能会加剧国际局势紧张，从而引发军备竞赛。俄罗斯表示，印度试验产生的太空垃圾会推迟俄罗斯货运飞船的发射，导致国际空间站无法正常运转，威胁国际空间站的安全。各种负面报道主要集中在指责印方信息发布迟缓、威胁国际空间站及制造大量空间碎片等，这些报道勾勒出印度军队正在竭力进行军力扩张、具有空间野心以及信息不透明等外界印象，印度政府仿佛成了破坏世界和平的罪魁祸首。多国夸大影响，声称印引发军备竞赛，印成为众矢之的。

印度外空技术试验对印度的外空主张、倡议行动、外空竞赛、太空安全以及外空合作等方面产生了的负面效应。

印度的外太空主张遭到质疑。印度的反卫星试验受到了国际舆论的批评，同时，印度主张反对外空武器化的可信性也受到质疑。印度驻华盛顿大使馆发言人表示印度反对外空武器化，"印度无意参与太空军备竞赛，我们一直主张太空开发只能用于和平的目的"。但印度开展试验后，美国消费者新闻与商业频道（CNBC）却评论说"如今印度已表明意图，它拥有太空力量。如有防御需要，印度也会动用太空力量。"那么印度如今的行为就无法让大家相信其是真的主张反对外空武器化。

印度的倡议与行动形成反差。印度主张的"外空活动透明"和"建立信任措施"的倡议与其实际行动形成反差。印度可以通过信息交换、展示、通报、磋商和专题研讨会等方式达到外空活动的透明，并建立起信任措施。然而，美国声称印度于 2019 年 2 月 12 日进行的第一次反卫星导弹试验经历了严重的失败，导弹在飞行 30 秒之后失控爆炸。随后，印度降低了反卫星试验的难度，包括降低卫星轨道高度等，最终试验取得了初步成功。但是，实际上印度对第一次失败的反卫试验进行了隐瞒，仅在第二次试验后对外公布了试验效果，说明其并没有做到其主张的"外空活动透明"。相反，美国却做到了"外空活动透明"，美国在 2008 年事先向裁谈会通报后，才开始实施卫星摧毁行动。印度的行为与美国的行为形成反差，与其所主张的倡议也形成反差，导致印度在国际上的信誉度下降，更加不利于本国开展军事对抗准备。

引发太空竞赛的再次激化。印度反卫试验可能会引发新一轮的外空军备竞赛。早在 2008 年，美国也摧毁过失控卫星，而这次试验本质上很可能是就是一次反卫试验。一些学者批判说，对于"外空非武器化"，最直接的威胁就是反卫星试验。目前，美、中、俄、印都已显示出具有反卫星试验的能力，而"外空非武器化条约"草案中却没有规定是否可以进行反卫星试验。这样一个重要的疏漏必然会给各国开展军备竞赛带来法律依据，各国加紧开展外空试验势必也会对印方的利益和安全产生威胁。

太空安全遭到严重的威胁。印度此次开展的反卫试验是在低轨进行的，所产生的空间碎片也都停留在低轨位置，会严重威胁空间活动的安全。空间碎片的问题从 60 年前人类开始探索外空时就已经存在。目前，轨道上存在的 10 厘米以上的碎片有上万个，它们大多数都与印度无关，而美国产生的碎片却占据了其中的 41.6%。印方表示，美国才是全世界试验太空武器最多的国家，也制造了目前太空中大部分空间碎片。因此，印度认为美方没有立场对其进行指责。但即便如此，也不能认为印度反卫试验及试验造成的大量空间碎片是合理的。印度此次行为直接导致日后开展各种太空试验时，不会得到任何国家的支持，这反而制约了其自身的太空活动和空间技术发展。

太空国际间合作受到影响。美国对于印度的反卫星武器试验反应强烈，美国智库呼吁全球共同抵制印度的商用火箭发射项目，认为印度不仅从火箭商业用途中谋取不正当利益，还严重威胁了全人类和平利用外层空间的共识，应当停止此类项目。此外，美国行星公司严厉指责了印度的反卫星试验，认为太空原本是全人类的和平空间，然而印度的这种做法很有可能会扰乱太空飞行器的飞行轨道，威胁太空飞行器的安全。该公司是印度最重要的航天合作伙伴之一，如今它的态度也显示出其也许会停止与印度的合作。多名美国外空专家不约而同地认为，美印民用外空合作项目将难免受挫，这些民用项目成了印度测试卫星杀手的主要受害者。虽然美印民用外空项目的合作会帮助印度提高太空军事能力的可能性是很低的，但美印之间的合作还是会出于政治因素而被喊停，没有人愿意与一个被视为有能力威胁美国低轨卫星的国家合作。

3.3　英国太空军演情况

英国政府于 2021 年 9 月 27 日发布了业界期待已久的一份航天战略文件，阐述了要把英建设成为全球重要航天强国的规划，但却废除了其一直用来确定进展情况的一项关键指标。

这份《国家航天战略》文件确立了英在航天领域的五大总体目标，包括推动航天经济增长、推行太空中要有"开放而稳定的国际秩序"的价值观、支持研究和创新、捍卫国家利益以及利用太空来应对气候变化等国家和全球性挑战。这些目标要靠四大支柱来支撑，即促进英航天产业成长、加强国际合作、建设科技"超级大国"以及发展具有韧性的航天能力和服务。

2021 年 9 月，被任命为英国政府科学大臣的弗里曼在英国航天大会上讲话时说，"作为这项战略的核心，我们认识到并明确指出，我们将此视为全球新航天经济竞赛的一部分，而英国有一些非常强的强项，我们希望能加以发挥。"

他还强调了合作的作用，包括同欧洲合作，虽然英国已退出欧盟。他说，那些合作将主要通过欧空局以及"多项其他计划"来进行，"只有通过国际合作，我们才能挖掘出这一伟大行业的全部潜力，而那要从我们所在的欧洲开始。"

此类合作面临的一个近期问题是英将在"哥白尼"对地观测卫星计划中扮演何等角色。"哥白尼"是欧空局和欧盟的一项联合工作。2020年12月签署的最终脱欧协议允许英国继续参与该计划，但英欧双方还须就哪种参与制定出具体实施协议。

弗里曼说，"英国或许已离开了欧洲政治联盟，但我们并未离开欧洲的科学、文化和研究群体"；"我们要确保在退出欧盟后，我们将成为那一研究群体中更为强大的一员"。他称"哥白尼"是那一战略一个"至关重要"的组成部分，但并没有细说有关英国继续参与该计划的协议会在何时制定出来。

该战略文件也没有就支撑那些目标的政府计划经费问题说太多。弗里曼指出，一份全面的政府开支审议报告将在10月份出炉，会给出更多的细节。他说，"我再次向你们保证，如果不是想全力以赴，我们就不会在此时发布这项战略。"

战略包含了10个"重点领域"。英国政府称，这些领域代表了其将集中资源来加以利用的"影响力最大的机遇"，包括小卫星发射以及促进太空可持续性和利用航天技术来实现运输系统现代化。

那些目标以及文件其余部分都未给出用来评判进展情况的太多量化指标。战略要求英国成为小卫星发射服务的"主要供应者"，并处于对地观测的"前沿"，但基本上只字未提如何衡量英国在那些目标的实现方面取得了多大的成功。

在随后的一场分组会上，有听众指出该战略中缺少了英国政府几年来一直在推行的一项衡量指标,即 2030 年要在全球航天经济中占居 10% 的份额。商业、能源与产业战略部航天主管埃文登说,这一省略是有意而为之。她说,最初那项 10% 的指标是老早前确定的。她说:"我们认定需要以一种更成熟的方式来衡量英国航天产业各部门成长情况,而单一标题式的增长目标太过简单粗放,在某种程度上易受外汇汇率反复无常和其他因素影响,扭曲英国取得强势增长的总体面貌。"

她说,政府相关部门正在研究制定一系列"目标、志向和指标",以确定为实现那些目标所取得的进展情况。但她没有就那些目标会在何时制定出来给出更多信息。

根据该航天战略文件,在 2019 年 2 700 亿英镑的全球航天经济总量中,英国航天产业占了 164 亿英镑(210 亿美元),市场份额为 6%。不过,文件暗示英正落后于原定 10% 的目标:它预测全球航天经济 2030 年前将以每年 5.6% 的速度增长,而英国航天经济近年来的年增长率是 4.7%。

泰雷兹·阿莱尼亚空间英国公司首席执行官斯坦尼兰在分组会上表示,英国航天能力的提升有一定的迫切性。他说,"我们已然落到世界其他国家后面";"要是在步伐上不超过它们,那我们将永远也赶不上。"

此外,根据《航天新闻》2021 年 7 月 22 日报道,美国天军一位发言人 7 月 22 日证实,天军官员已开始同英国政府就在英国建设一座深空雷达站的可能性进行磋商。

美国天军打算建设称为"深空先进雷达能力"(DARC)的一个传感器网络,用来跟踪静地轨道以远的在用卫星和碎片。DARC 项目是 2017 年由美国空军启动的。天军称其为一个全天时、全天候的天域感知地基雷达系统。

美国天军最近就该系统设计方案向工业界发布了招标文件,未来数年可能会建设多达三座雷达站，其中一座将建在美国本土，另两座则会建在世界其他地方。据《卫报》报道，英国皇家空军参谋长、空军上将威格斯顿最近赴美，就相关规划进行了磋商。他称英国对该项目以及把一座雷达站放到英国都"很有兴趣"。

那位天军发言人称，眼下还没有做出相关决定。他说："我们最近启动了与英方的试探性磋商，以确定'深空先进雷达能力'建设方面的潜在合作机会。"他说，DARC 将设三座分散在世界不同地方的场站，"将为迈向能慑止侵略的一项有韧性的太空事业发挥关键作用"；"DARC 计划办公室正在同时开展全部三座场站的选址工作，但暂时还没有最终敲定其中任何一座的位置。"

第二篇
国外太空安全战略研究

第4章　太空安全概述

如前所述，太空现已成为国家的"高边疆"，太空活动已不仅是国家意志和战略意图的重要体现，同时也是拓展国家利益的重要保障，而太空安全更是已经成为国家安全的重要组成部分。

当前，随着航天技术的发展以及大国利益竞争的不断加剧，太空从一个良性的领域，逐渐被重新定义为是一个可能被包括战争在内的所有人类活动触及的领域。尤其是在大国关系和全球安全环境剧烈变化的背景下，太空已经成为国家级竞争和战略对抗的关键领域，围绕夺取太空战略制高点的国际化竞争日趋激烈。

太空作为人类活动的新疆域，正面临地外小行星、空间碎片、军事对抗等威胁，太空安全关系着全人类共同利益。自人类太空时代开创以来，太空安全问题逐渐引发关注，并由于美苏冷战而被赋予了军事化意味。冷战结束后，美俄太空军事竞赛有所减缓，但太空武器技术验证与轨道资源和频谱资源的争夺并没有停止，这促使太空安全与治理在法理层面、技术层面有所发展。进入2000年以后的新时期，人类太空活动急剧增多，在太空"一超多强"的整体格局下，太空安全问题再次引发国际社会的普遍关注，且视野已从近地空间安全拓展至深空，从太空物理域拓展至信息域和网络域。为应对太空安全威胁，需要加强太空安全理论及相关技术研究，积极应对所面临的挑战，共同推动构建一套符合全人类共同利益的国际太空安全治理体制。

4.1 太空安全的定义

目前，国际上关于太空安全没有统一定义。2014年，英国政府首次发布《国家空间安全政策》，将空间/太空安全定义为"安全、可靠、可持续地获取空间能力，有充分的抗毁能力应对威胁与灾害"，其实质包括两种空间安全，即空间生存安全与空间发展安全。2020年，加拿大等国出版的《太空安全索引》将太空安全描述为"安全、可持续地进入和利用太空，并免受来自太空的威胁"，这里的威胁主要是指由人造卫星解体产生的空间碎片。

在国内，一种观念认为，太空安全是指国家在太空活动过程中，可自由、安全地往返太空并合理利用太空，或者在需要时按照自己的意图控制太空，而不受或有能力免遭自然或人为因素的干扰或破坏。也有观念认为，太空安全是指太空资源的开发与利用、空间力量的生存与发展等利益不受侵犯和损害的安全状态，不仅包括空间资产安全、空间行动自由，还包括空间控制能力。新版《中华人民共和国国家安全法》对太空安全有如下论述："国家坚持和平探索和利用外层空间……增强安全进出、科学考察、开发利用的能力，加强国际合作，维护我国在外层空间……的活动、资产和其他利益的安全。"综合各方观点以及长期研究工作，我们将太空安全定义为：国家能够合理利用太空资源自由地进行太空活动，灵活应对各种可能的威胁和破坏，有效维护太空利益的一种良好状态。

结合太空安全的定义，下面从太空资源、太空活动和威胁环境3个主要维度阐述对于太空安全的理解，如图4-1所示。

太空资源包括太空资产、轨位资源、频谱资源等。太空资产是进行一切太空活动的载体，主要涉及各类型应用卫星、试验卫星、空间

图 4-1 太空安全的内涵

实验室等。轨位资源涉及太空资产在太空中的部署问题，对太空资产的合理开发与利用起到至关重要的作用。频谱资源是太空资产选择何种频段、构建何种信息链路的关键因素。

太空活动首先包括自由地进出太空，这是进行其他太空活动的基本前提。其次包括充分地利用太空，具体包括遥感监视、通信中继、导航定位、科学应用等活动，是太空活动的核心内容，直接发挥应用效益。最后，太空活动包括有效地控制太空，面临到太空、在太空、过太空、从太空的各种威胁，采取相应的控制手段将威胁控制在有效范围内。

威胁环境是一切可能对太空活动和太空资源造成干扰或破坏的因素的统称。威胁环境主要包括自然威胁、人为威胁两大类别。自然威胁包括宇宙辐射、高能带电粒子、空间碎片等空间环境所造成的威胁。人为威胁主要表现在两方面：一方面是人类日益发展的太空活动导致太空变得日益拥挤，轨位和频谱资源变得更加珍稀，太空资产间的无线电干扰问题变得更加突出；另一方面是太空军事化、武器化，使太空活动面临严重的对抗威胁。

4.2 太空安全的发展现状

4.2.1 大国间太空战略竞争加剧

太空巨大的战略价值也唤起了国家间的竞争。太空强国纷纷出台太空战略、政策与发展计划，打造太空能力，争夺太空主导权。美国

"星球大战"的倡导者格雷厄姆说过："在整个人类历史上，凡是能够最有效地从人类活动的一个领域迈向另一个领域的国家，都取得了巨大的战略优势。"人类发展史反复证明，谁控制了新领域、新空间，谁就能取得战场优势，赢得战略主动。当人类进入航海时代，海洋和海上通道的重要性凸显，海权往往决定着国家的前途和命运。当进入航空时代，大气空间成为战略制高点，制空权成为决定战争胜负的关键。随着信息时代的到来，太空的重要性日渐突出，制天权成为夺取信息优势、赢得信息化战争的关键。在这一背景下，太空强国都在不遗余力地发展太空力量，展开对太空主导权的争夺，其结果将对未来世界格局产生深远影响。

一方面，强国出台太空战略、政策与法规，进行太空力量发展目标、发展重点和政策指南的顶层设计。美国一直高度重视太空在国家安全中的战略作用，将其称为国家安全"重心中的中心"，其核心目的就是以绝对太空优势确保全球霸权。为此，从20世纪50年代起，美国历届政府都高度重视太空战略政策与法规制定，从顶层设计上确立太空力量的发展目标、发展重点和政策指南，等等。特别是近年来，美国发布太空相关的一系列战略、政策与法规，2010年，美国白宫颁布新版《太空政策》；2011年，发布《国家安全太空战略》；2012年，发布《国防部太空政策》；2018年，发布《国家太空战略》；2020年，美国国防部发布《国防太空战略》等。这些战略与政策明确提出美国将致力于确保全球太空领导地位，以强大的太空军事能力保持制天权，建立有效的太空威慑并确保空间稳定。美国还不断完善各层级配套的太空法规体系。法规体系的顶层是确立开发利用太空所有行为的基本法，中层是由政府相关部门制定太空相关领域的政策制度，底层是由航天相关部门制定本行业、本领域的具体政策、标准、制度和规范。以美国全球定位系统（GPS）法规体系为例，顶层有《美国法典》，中层有政府行政命令，底层有部门规章文件。通过制定各层级配套的政策与法规，使太空力量建设有法可依、有章可遵。俄罗斯也高度重视太空在国家安全与发展中不可替代的地位和作用，认为维护太空安全与太空力量的平衡，是俄罗斯国家安全考虑的首要问题。为寻求保持航天强国地位并在某些领域与美国抗衡，俄罗斯重视太空力量建设的顶层筹划与指导，出台了《2016—2025年俄罗斯联邦航天规划》等一系列战略规划与法案。英国在2014年发布了《国家太空安全政策》；日本早在2008年就修改了《宇宙基本法》，解除了航天不能用于军事目的的禁令，另外还每两年便发布新的《宇宙基本计划》；加拿大也发布了《航天政策框架》，明确了航天活动的核心原则。各强国制定太空战略和政策的目的非常明确，即获取太空利益，发展自主太空能力和争夺太空主导权。

另一方面，强国不断完善太空力量体系，打牢太空能力基础。根据美国在2018年发布的《太空作战》，美国正在建设太空态势感知、太空控制、导航定位授时、侦察情报监视、卫星操作、太空运输、导弹预警、核爆探测、卫星通信、环境监测十大太空能力，并不断完善太空态势感知力量体系、太空信息支援力量体系、太空作战响应力量体系、太空信息攻防力量体系和太空运用力量体系等。同时，加大航天工业基础设施建设，打牢太空发展基础。根据俄罗斯颁布的《2030年前及未来俄罗斯航天活动发展战略》，为确保俄罗斯航天技术处于世界先进水平，巩固其在航天领域的领先地位，未来将发射新一代格洛纳斯导航卫星，发展面向重点地区的导弹预警卫星等。而欧洲太空力量建设强调多国合作、弥补短板，重点发展电子侦察卫星和导弹预警卫星，2018年，欧洲伽利略全球导航系统已全面运行。日本太空力量建设则强调与美国合作、固强补弱，重视发展覆盖本土和周边的导航卫星星座"准天顶"（QZSS），还计划与欧洲伽利略系统合作，实现全球覆盖，与美国合作发展太空态势感知能力等。印度是新兴航天大国，已初步建立由7颗地球同步轨道卫星组成的印度导航系统，且正在推进载人航天、反导体系等建设。

4.2.2 太空武器化进程难以阻挡

太空技术在诞生之初便与核战略紧密联系在一起，不论是侦察、通信还是预警卫星，均为增强核威慑提供能力支撑。自海湾战争以来，美国地面作战部队对天基信息系统的依赖程度逐年增长，天基资产在联合作战中发挥效能倍增器的作用。可以说，太空军事化已经既成事实，它是以军事为目的或具有为军事服务性质的各种利用或穿越空间或直接在空间发展和部署太空军事力量的一种趋势。虽然外层空间法明确禁止在外层空间（包括轨道和各天体）部署大规模杀伤性武器，但是并未严格限制太空武器的使用。

冷战时期，美国和苏联共进行过53次反卫星试验，当时太空武器化的进程整体可控。近年来，美国将主要精力从反恐行动转向新一轮大国竞争，特朗普政府时期陆续发布《国家安全战略》《国防战略》《国家太空战略》《国防太空战略》等文件，目标直指中俄，提出了全面遏制中国的发展战略和行动纲领。为了巩固全球霸权，维持太空优势地位，保证军事科技领先中俄等竞争对手，美国不断推动太空武器化加速走向不可遏制的程度。2019年8月3日，美国正式成立太空司令部，同年12月20日正式组建独立天军，之后《天权》《太空作战规划指南》等军事条令相继出炉，这表明太空已成为新的作战域。截至目前，美国已开展多次军事演习，并在轨试验GSSAP、EAGLE态势感知飞行器以及X-37B空天飞机，严重威胁全球太空资产安全。

除美国外，俄罗斯、日本相继成立太空部队，法国、英国、德国成立太空司令部，印度开展地基动能反卫试验。总体来看，各国综合实力有差别、太空利益有分歧，难以形成有约束力的国际外空规则体系，从而导致太空武器化不受控。法理约束的缺失将使得太空走向对抗和斗争，并不断升级，为人类和平利用太空蒙上阴影。

4.2.3 太空拥挤加剧导致环境恶化

太空虽然广袤，但是能满足应用需求的轨位和频谱等资源是稀缺的，人类活动加剧频谱环境和空间碎片环境恶化。应用卫星通常部署在地球同步轨道、太阳同步轨道以及 300~1 200 km 轨道高度的地球低轨道，而通信频段以 C（4~8 GHz）、Ku（12~18 GHz）和 Ka（27~40 GHz）为主。随着人类航天技术的发展，具备火箭发射能力的国家已经由冷战时期美苏两个超级大国扩展到 10 余个，并且越来越多的商业航天公司参与到运载发射和卫星研制中，直接导致了在轨卫星数量的激增。据统计，人类在轨活跃卫星超过 4 000 颗，从第 1 颗到第 2 000 颗用了 61 年，而从第 2 000 颗到第 4 000 颗仅耗时 2 年。当前高轨轨位资源已十分紧张，低轨高密度互联网星座卫星正爆炸式增长，这就使得太空安全环境日益恶化，即太空轨道越来越拥挤、卫星频率变得稀缺。截至 2021 年 2 月，可探测的空间碎片已接近 9 万个，由碰撞、爆炸、解体等原因导致的空间安全事件使得空间碎片数量呈指数级增长趋势。模型预测显示，30 年后将出现轨位饱和，空间资源枯竭；70 年后在地球低轨道将发生链式撞击效应，指数级增长的空间碎片将覆盖整个地球。

4.2.4 地外小行星撞击威胁长期存在

历史上小行星撞击地球事件频繁发生，多次导致地球环境灾变和生物灭绝。6500 万年前，一颗直径约 14 km 的小行星撞击地球被认为是导致恐龙灭绝的主要原因。1908 年，一颗直径大约 30 m 的小行星在通古斯上空爆炸导致周边 2 000 km^2 的地面生态环境被焚毁。2013 年 2 月 15 日，一颗直径大约 17 m 的小行星在俄罗斯车里雅宾斯克地区上空 90 km 处发生爆炸，共造成 1 600 余人受伤，1 000 多间房屋受损。据统计，每年发生的小行星飞掠地球事件高达 110 次，朝地球落下的地外物质达到 500 万吨，世界各地发现的较大陨石坑有 140 多个，类似于通古斯大爆炸事件数十年便发生一次。相关建模分析表明，直径 140 m 左右的小行星撞击便能造成国家级灾难，直径 1 km 的小行星撞击将造成全球性灾难，甚至导致人类灭绝。小行星撞击已引起全球广泛关注，各国际组织建立了以地面望远镜为主的监测体系，推动小行星防御技术发展。目前，直径 1 km 以上的小行星已经基本被发现，暂时没有发现可对地球造成全球性威胁的较大小行星，但是深空环境演化难以预测，小行星威胁将长期存在，一旦发生可能影响人类存续。

4.3 太空安全面临挑战

太空安全治理涉及全人类共同利益，然而当前世界各国对太空安全认知理解不一且技术实力水平不同，太空强国的战略竞争和太空军事化发展给本已非常脆弱的太空安全带来更大的风险与不确定性，太空安全面临前所未有的新挑战。

4.3.1 美国谋取太空霸权将引发新的空间脆弱性

冷战结束不仅戏剧性地改变了全球安全形势，也结束了太空军备竞赛一定程度被遏制的局面。从表面上看，航天技术的快速发展及其大量用于军事领域，是太空安全受到威胁的主要驱动因素，而两极结构的解体使美国成为唯一的超级大国，其力量的上升、野心的膨胀和对太空绝对霸权的谋取才是太空安全面临的真正威胁与挑战。如果这一情况得不到有效控制，将导致太空安全更加脆弱和不稳定。

美国一直将太空视为其核心利益和实现全球霸权的关键，其单方面谋求绝对优势的太空战略与政策将可能引发新的空间脆弱性。2017年，美国《国家安全战略》中提道："美国将无障碍地进入太空和在太空中自由操作作为一项核心利益。任何针对我们太空体系核心组成部分的有害干扰或攻击，将直接危害到美国的核心利益，美国将按照自身意愿选择时间、地点和方式予以谨慎回击。"美国时任总统特朗普在 2019 年 8 月太空司令部成立仪式上宣称,"太空对于美国的防务至关重要,成立太空司令部就是为了维护美国对这个'终极高地'的统治。"美国寻求太空霸权的意图,将可能迫使其他国家为确保自身太空资源的安全而不得不采取相应措施。美国这一做法可能引发太空新的不稳定。

4.3.2 美国将太空作为独立作战域并加快太空军事化步伐

以往太空一直被认为是对联合作战进行支援的领域,而现在太空已被美国和北约定义为独立作战域。以这一战略与作战思想为牵引,美国大力推进太空军事化建设。一方面,建立独立太空军。2019 年 2 月,特朗普总统以备忘录形式签署了"第 4 号太空政策指令"(SPD-4),明确太空军的任务和职能等重大问题。2019 年 3 月,美国国防部正式启动"太空军"五年分阶段建设程序。2019 年 8 月,美国成立太空司令部(第 11 个联合作战一级司令部),实现太空作战集中指挥、统一管理。2019 年 12 月,美国正式成立第六军种——太空军。另一方面,加强太空演习演练。美国太空演练分战略和战术两个层次。战略层次是"施里弗"太空演习,2001 年至今,美军先后举行了 13 次"施里弗"太空演习。通过演习,美军进一步丰富和完善了太空威慑战略、太空作战条令、太空作战力量运用、太空发展策略等领域的能力。战术层次是"太空旗帜"演习,自 2017 年起至今已完成 7 次。其与"红旗"军演同级,更为关注战役战术训练,演习太空作战的任务规划和作战管理等。另外,美军的任何一次联合演习都加入太空要素与内容,为应对潜在太空冲突作好充分准备。

美国加强与盟国太空合作打造空间联盟。美国非常重视与盟国的太空合作,以美国主导的多国空间联盟体制基本形成。美国在 2011 年《国家安全太空战略》和 2012 年《国防部太空政策》中提到,适当公布机密信息,增加盟友使用美国太空信息的机会;美国与盟友共同制定太空联合作战条令,增强盟友对美国太空系统的可操作性等;国防部要提高系统的可操作性,将太空系统提供给盟友,最大限度地扩大战场优势。美国与盟国太空合作的主要途径是,让盟友共享其太空态势感知能力;在"施里弗"太空演习中与盟友进行太空联合行动;与盟国合作研发天基系统等。总之,通过建立空间联盟,从更深层次上拉拢盟国,使盟国对其产生依赖,确保潜在对手不能使用盟国的太空能力,从而划清阵营。

4.3.3 日益恶劣的太空环境治理成为国际性重点问题

随着航天活动剧增,正在塑造新的太空安全格局,太空特别是近地空间环境正面临逐步恶化的风险,包括碎片急剧增多、电磁频谱环境更加拥挤、对抗等方面。随着以低轨高密度星座为代表的一系列星座计划进入实质性建设阶段,由于低轨航天器数量急剧增多而导致的航天发射安全、太空轨道交通安全、网络安全、信息安全、电磁频谱安全再次受到各国重视。然而,由于当前外空法的发展滞后,使得多个航天应用领域存在"法外之地",对近地空间环境治理提出了很大挑战。例如,在2019年9月,欧空局"风神"气象卫星具备同美国"星链"第44号卫星的碰撞风险,由于美国拒绝进行轨道机动,最终由欧空局卫星实施了机动规避,表现出权责规定缺失的现状;又如随着"星链"等巨型星座发展,其可能对高轨通信中继卫星链路产生2.4%时间百分比的干扰效果,表现出既定协商机制缺失和权责规定缺失的现状。

日益恶劣的太空环境增大太空资产受损的风险。太空是一个高真空、微重力、强辐射的自然环境。人类太空活动的增加正在给太空环境造成严重程度的污染。这种污染不仅包括航天活动带来的化学、生物和放射性污染,还有人造太空垃圾的污染,比如,失效的航天器、太空碎片等,且这种污染日益严重。根据联合国外空科技小组委员会的报告,目前外层太空碎片正以每年10%的速度增加。这些太空碎片危害巨大，可能碰撞运行中的航天器，并通过二次碰撞造成碎片扩散。2009年2月，美国在轨通信卫星铱星-33与俄罗斯"宇宙-2251"报废卫星在西伯利亚上空790 km相撞，导致约2 000块可追踪碎片和大量无法追踪小碎片的产生。随着更多潜在的碰撞事件发生，可能造成更多的碎片，导致在低轨道造成"多米诺骨牌效应"。由于太空发射活动正逐年上升，太空垃圾也越来越多，未来太空撞车概率将更高。据法国太空科学家分析，为保证其在轨卫星的运行安全，每年这些卫星平均要做3~4次躲避性操作。特别是低轨道航天器，处于碎片较为集中的地区，更容易受到太空碎片的撞击。在这种太空环境下，各国航天器均面临太空碎片的威胁。

4.3.4 国际太空军备控制谈判难以形成共识

太空军事技术的不断发展和扩散，对太空军备控制带来了严峻挑战，使得太空形势不可避免地走向对抗。太空军备控制致力于全人类共同利益，遏制纯空间武器的研发、生产，并控制军民两用太空武器技术的武器化使用，避免人类进入外空武器竞赛和陷入"修昔底德陷阱"。以美、俄、印为首的航天大国不计后果的太空军事行为为外空军控蒙上一层阴影。据分析，低轨500~1 000 km轨道高度的失效卫星再入大气陨落的时间为10~50年，轨道高度高于2 000 km的失效卫星则需要数十万年，可以认为不会陨落。由此可知，太空武器可对外空环境产生灾难性破坏。此外，太空军备控制必须面对人类共同利益和国家利益等现实矛盾，当前各国在外空的利益诉求、权力格局尚远未达到可进行军控谈判的"鞍点"，国际太空军备控制发展格局仍不明朗。

4.3.5 小行星防御技术发展面临很大的不确定性

虽然人类已经完成了"深度撞击""隼鸟采样"等小行星抵近、碰撞和采样活动，但小行星防御技术仍面临很大的不确定性，距离实际应用仍有很大差距。近地小行星观测监视和编目方面，虽然有46个国家向国际天文协会授权的小行星中心提供小行星观测资料，但大约95%的数据来自少数几个组织和团队。因此，虽然人类在面对小行星撞击时的生存利益诉求相同，但在实施层面，技术、资金等实力差距将影响航天权力的建构关系，从而导致合作机制复杂化。例如，技术实力较强的国家，可能以小行星防御技术转化为空间武器技术为由，拒绝一些对手国家的参与，因而形成技术壁垒。长期来看，人类在合作和竞争中共同推动小行星防御技术进步。

4.4 维护太空安全的路径

当前维护太空安全存在两种思路：寻求自身绝对安全和实现长久共同安全。我国积极倡导以国际太空合作推动构建人类命运共同体，强调和平利用太空、反对太空武器化是实现太空安全的根本途径。

面对日益升级的太空竞争和太空安全新威胁，世界各国更加关注太空安全问题。目前，就防止外空武器化、确保空间安全，主要有两种思路：一是为寻求本国太空绝对安全而不惜以牺牲其他国家的安全为代价，反对就太空武器化展开谈判。有关国家认为，自身比其他国家更依赖太空，必须实行本国优先，发展其独一无二的空间能力保证其安全，反对和抵制任何可能对其发展太空能力形成约束的条约。很明显，有关国家的态度是与世界上大多数国家倡导的空间和平利用、防止外空武器化和避免外空军备竞赛背道而驰的。二是倡导太空长久共同安全，以国际太空合作推动构建人类命运共同体，反对外空武器化和外空军备竞赛，主张通过国际合作解决有关国家的空间安全关切，增进太空的安全与稳定。这一思路符合所有国家的共同利益，是实现太空安全的根本途径。

2018年11月，习近平主席在致亚太空间合作组织成立十周年大会的贺信中指出，"外层空间是人类共同的财富，探索、开发和平利用外层空间是人类共同的追求。中国倡导世界各国一起推动构建人类命运共同体，坚持在平等互利、和平利用、包容发展的基础上，深入开展外空领域国际交流合作"。将"人类命运共同体"理念拓展到太空，以太空领域国际合作推动构建人类命运共同体，契合全球太空安全和发展的需求，顺应了历史规律，具有持久的生命力，也是解决太空现有矛盾、构建太空共同安全机制的正确出路。

为应对太空武器化的危险，中国积极致力于推动国际社会谈判缔结相关国际法律文书，并与有关国家在日内瓦裁军谈判会议联合提出了关于新的外空条约的工作文件。2008 年，中国、俄罗斯共同向联合国裁军谈判委员会提交《防止在太空放置武器和对外空物体使用或威胁使用武力条约》（PPWT）草案，提出"禁止在外空试验、部署和使用任何武器、武器系统或其组成部分；禁止在陆地、海上和大气层试验、部署和使用任何用于太空作战的武器、武器系统及其组成部分；禁止对太空物体使用或威胁使用武力；禁止帮助和鼓励其他国家、集团或国际组织参与被该条约所禁止的活动等"。但是，美国以"缺乏有效的核查机制"为由拒绝了该草案，导致太空军备控制进程受挫。

第5章 太空安全战略

"战略"一词狭义上是指备战、进行战争和缔造和平的艺术与科学；广义上是指国家依据具体的战争形势或者和平环境追求所作出的实现基本目的的全局性努力。在现代和当代，它逐渐深化为更高层次上的概念，即把握"手段和目标之间经过深思熟虑的关系"，据此综合性地认识、动员、协调和使用政治、经济、军事、外交、精神文化等各类手段及其资源基础，以实现相应的目标。

随着太空安全观逐步成为共识，世界主要大国正加紧论证太空建设与太空作战理念、检验现有太空作战能力、推演未来太空作战行动，不遗余力地打造核盾牌之后的太空盾牌。

5.1 太空领域的竞争与威胁加剧

美国之所以大力推行太空武器化，目的就是谋求全面军事优势。其他大国为抵消这种优势，防止其单边军事冒险主义，必定采取相应措施。太空武器化不仅增加太空碎片，妨碍未来人类利用和探索太空，而且也给未来太空商业化、"太空2030议程"等带来诸多不确定性。总体而言，太空武器化更大的危害莫过于破坏国际战略平衡与稳定。

5.1.1 发展新型反导体系

俄罗斯维持战略反导系统并组建新的反导系统。其一，在加里宁格勒州部署难以拦截的"伊斯坦德尔-M"战术导弹，应对美国在东欧部署的反导系统。其二，部署S-500防空反导系统。该系统是一种防空天武器，能对导弹、在轨卫星和在大气层飞行的弹道导弹进行拦截。另外，俄罗斯维持战略反导系统，这是一个携带核武器的反导系统。正如前述，携带核武器的反导系统本身就是反卫星武器。俄罗斯利用新型地基反卫星导弹（简称"Nudol"）进行直升式反卫星试验，本身就是验证反导技术。俄罗斯也在谋求高超声速飞行器。2016年11月，俄成功进行了高超声速飞行器试验搭载于重型洲际弹道导弹"萨尔马特"。2018年12月，俄罗斯成功测试了20倍声速的具备核能力的飞行器。

美国认为中国发展了至少两款高超声速飞行器，并在2020—2025年部署。这种高超声速飞行器从地面发射后，与火箭助推器分离，然后再入大气层进行无动力高速飞行，其速度高达5～10马赫。高超声速飞行器在进入大气层后，通过小型助推火箭发动机修正方向，并且可以进行机动，躲避反导导弹的拦截。

美俄等国发展包括高超声速飞行器在内的反导系统，无疑会引发新一轮反导系统的军备竞赛。2017年7月，美国与澳大利亚联合进行了一次高超声速飞行器试验，飞行器速度高达8马赫。近几年，美国投资高超声速飞行器的资金逐年增加，从2017财年的8 600万美元增加到2019财年的2.6亿美元；美国国防部表示在2019年年底之前，至少进行两款高超声速飞行器的试验。俄罗斯的此类计划正稳步向前发展。目前，日本也在研发两款高超声飞行器。

2005年，印度宣布正式启动导弹防御计划，准备在5～6年内形成实战能力，跻身只有美国、俄罗斯和以色列组成的"反导系统俱乐部"。自2006年11月以来印度的多次试验成功，证明印度具有太空防御能力。2011 年 3 月的助推段的反导拦截试验，是"弹道导弹防御系统历史上一座重要的里程碑。"印度导弹防御技术已经"成熟"，2019 年 3 月的反卫星试验就是明证。

如果听任这种局势发展下去，将不利于国际安全。2016 年 6 月，中俄两国元首明确谈到，"反导领域的形势发展尤其令人担忧。单方面发展并在世界各地部署战略反导系统的非建设性行为，对国际和地区战略平衡与安全稳定带来消极影响"。

5.1.2 加剧太空军备竞赛

组建反导系统，提升反导能力，离不开卫星，尤其是军用卫星的帮助。根据美国忧思科学家联盟提供的数据，目前太空在轨卫星 2062 颗，包括 432 颗军事卫星，其中美国卫星总数与军事卫星分别为 901 颗和 176 颗，俄罗斯为 153 颗和 93 颗，中国则为 299 颗和 99 颗。更重要的是，一些国家正在研发反卫星的卫星。正如前述，美国一直猜测中俄拥有共轨式反卫星的卫星。俄罗斯杜马表示，要重启冷战时期苏军的反卫星武器，并发展新的反卫星武器，对抗美国的反导系统，让美国的核威慑力归零。

最近几年，美国一直鼓噪中俄两国反太空能力给美国卫星与国家安全造成了巨大"威胁"。2019 年 2 月，美国国防部发布报告称，中俄两国发展多样化的反太空能力与武器，给美国太空资产带来了巨大的安全"挑战"，美国太空优势几乎丧失。2019 年 4 月，美国众议员吉姆·库珀（Jim Cooper）在战略与国际研究中心发布的《太空安全威胁评估》的前言中写道，因为"美国不是反太空技术的领导者"，"太空珍珠港的风险与日俱增。然而，这场战争不会持续多年。相反，太空战将在其开始的那天就会结束。如果我们没有卫星，我们将很难重新集结军队和进行反击。我们甚至不知道是谁袭击了我们，只知道我们是聋子、哑巴、瞎子和废人。"作为回应，美国政府尤其是特朗普政府成立太空司令部，计划组建太空军，明确把太空作为战场

（warfighting domain），用包括太空军力在内的"致命军力"，在选择的时间、地点、方式与领域对任何太空威胁进行有效回应，慑止、打败潜在对手。

美国希望通过太空武器化谋求太空霸权，但没有想到的是，其他深空探测国家也仿效之，以其人之道还治其人之身。有些国家根据本国的实际情况重启或从零开始研究部署反导系统和太空武器，反制美国的太空霸权企图，如前所述的某些国家拥有反太空武器就是生动的写照。因此，正如2016年《中俄两国联合声明》所说的那样，"某些国家研制的'全球即时打击系统'等远程精确打击武器，可能会严重破坏战略平衡与稳定，引发新一轮军备竞赛。"2019年6月，中俄两国《关于加强全球战略稳定的联合声明》也谈到，"美相关行动，特别是其战略反导系统的发展以及在全球不同地区和外空部署计划持续对国际和地区战略平衡、安全稳定造成严重消极影响。"

5.1.3　大幅增加核战风险

卫星作为核威慑的帮手，提升核威慑能力的首个实践来自古巴导弹危机。在古巴导弹危机期间，美国敢于采用核战争边缘策略讹诈苏联，在于美国发射的"发现号"（Discovery）侦察卫星侦察到了苏联的导弹实力还不足以摧毁美国本土。因此，侦察卫星发挥了战争价值，"稳定了即将发生战争的局势，并且防止美国因为计算错误而陷入战争之中"。核战风险有可能因为预警卫星的不完善而发生。1995年1月25日，俄罗斯老化的早期预警卫星侦察到来自挪威的火箭发射，但是其军方不能确定火箭的特征、目的地，差点误发核导弹进行回击。因此，攻击军事卫星，尤其是预警卫星可能造成核战风险。"如果美国部署天基导弹防御拦截器，摧毁俄罗斯早期预警卫星，并使之没有核攻击的预警系统。因此，正是因为美国太空武器的存在，使得俄罗斯战略扳机手指发痒"。兰德公司也谈到，如果对预警卫星进行攻击，太空威慑失效，核战的风险大大增加。为应对不测，普京总统明确表示，俄罗斯不排除实施先发制人核打击。

与此相对应的是，核裁军与核军控进程受阻。因为太空武器化和反导系统增加核战的风险，在缺乏具有法律约束力禁止太空武器化和反导系统的情况下，各国对削减核武器持谨慎态度。目前，尽管俄罗斯遵守美俄《削减战略核武器的协定》，但是在美国相继退出《反导条约》《中导条约》之际，俄罗斯削减核武器的步伐减缓，并且力图在数量上保持对美国的优势。2019 年 7 月，俄、美部署的核武器数量分别为 1 461 枚和 1 365 枚。

太空武器化不仅妨碍核武器数量的削减，而且加速了核力量的现代化。俄罗斯部署能突破美国反导系统的白杨－M、"亚尔斯"RS－24 陆基洲际弹道以及潜射的"布拉瓦"等洲际弹道导弹。目前，俄罗斯正在研制新型洲际弹道导弹，即公路机动的"边界"洲际弹道导弹和"萨尔马特"（Sarmat）重型洲际弹道导弹。"萨尔马特"可以携带 10 枚较大核弹头，或者 16 枚较小的弹头，爆炸当量达到 800 万吨，射程超过 10 000 km，也可能携带高超声速飞行器，因此被称为"撒旦Ⅱ"。除研制、部署能突破反导系统的洲际弹道导弹外，俄罗斯力求洲际弹道导弹发射的多样化。俄罗斯已经重新启用 2005 年退役的铁路导弹作战系统，增加俄罗斯洲际导弹突防反导系统、反太空武器的能力，"作为对美国的'即时全球打击'计划作出的潜在回应"。随着美俄彻底退出《中导条约》，俄罗斯加紧研制携带核弹头的新导弹成为必然。俄罗斯总统普京和国防部长绍伊古明确说明了这一点，俄罗斯到 2021 年必须研发新导弹，包括高超声速飞行器和巡航导弹。2019 年 8 月，俄罗斯试射火箭失败引发的"核事故"猜测，可能与核动力巡航导弹有关，也可能为"锆石"导弹增程测试热核发动机。如果属实，这说明俄罗斯确实在研发新导弹或改进现有导弹。

美国的反导系统与太空武器化对中国的威胁更大。中国的核武器数量与运载工具远比俄罗斯和美国少，因此，中国努力使核力量现代化。美国认为中国已经有多款洲际弹道导弹，包括东风－31 和东风－31A、东风－51 和东风－51B 洲际弹道导弹。美国政府于 2019 年公布的《导弹防御评估》报告认为，中国的洲际弹道导弹数量大约为 90 枚。中国进行核力量现代化，引起美国不安，这也是美国《导弹防御评估》报告提出提升导弹防御质量与数量，并计划部署天基导弹拦截器的重要原因之一。

太空强国的太空武器化更加激起了无核国家获取导弹与核武器的愿望，并希望用导弹与核武器来抵消其军事劣势。限于技术能力，一些国家利用非对称手段打击美国及其盟友、盟国的地面目标，而不是美国的太空资产。美国的前沿部署力量及其盟友和盟国则给这些国家提供了"标靶"。朝鲜谋求导弹核武器的决心，并没有因为美国政府的强硬态度而打消，反而更加坚定。在特朗普政府的极限施压中，伊朗毫不示弱，除了表示要重启核浓缩铀外，不屈服美国压力，还频繁试验导弹向美国示威。

在这种情况下，美国也要大力维护并升级现有的核弹及运载工具和平台。奥巴马政府 2016 年提出，在未来 30 年，美国政府将花费 10 000 亿美元投资战略核力量的现代化，包括研发制造新巡航导弹、洲际弹道导弹、战略核潜艇、远程轰炸机，以及实现核武器生产设施和核指挥系统的现代化。特朗普政府拾起奥巴马政府的核现代化计划，并制造新型小当量核武器，用于实战。根据美国国会预算局（CBO）2017 年 10 月的报告，从 2017 财年到 2046 财年，这些项目要花费 12 000 亿美元。如果美国政府完成上述计划，美国将拥有傲视全球的战略核力量。

从以上分析可以看出，太空武器化不仅激起了其他国家发展导弹与核武器并使之现代化的愿望，而且增加了美国的安全危机感。太空武器化安全困境较太空安全困境更为严重。如果说打击太空资产不会导致重大人员损失的话，那么核武器攻击地面目标则不只是简单的物资损失。此外，太空武器化还加速了核武器的扩散。随着核武器国家数量的增加，也给全球核裁军与核军控增加了难度。

从演习看美国太空安全战略变化。"太空旗帜"训练演习体现了美军对于太空实战化训练的重视，反映了美军对于太空资产防御的迫切需要。当前太空安全环境变化给美军带来了巨大忧虑，"太空旗帜"演习的根本原因在于美国太空安全战略的巨大变化。

太空能力赋予美国及其盟国空前的优势。维持美国从太空中获取的利益，是当前美国国家安全的重要部分。美国认为，当今美国太空架构正在成为美国军事力量的"阿喀琉斯之踵"，潜在的太空威胁被美方忽略已久，现今日益增长的太空威胁已经迫在眉睫，如图5-1所示。美国认为其敌对方拥有先进的资源和手段以打击美方卫星，攻击手段不局限于动能反卫星导弹（ASAT），还包括诸如干扰、致盲、网络攻击等电子攻击手段。

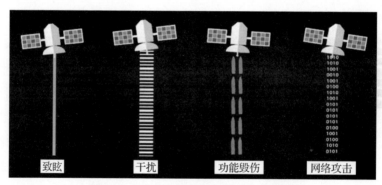

图5-1　美方认为当前面临的太空威胁

布什政府及前政府实施的太空控制政策将美国推向了国际舆论不利的一面，并且刺激了敌对方发展反制美国太空资源的能力。各国展示太空反制战力使美国政府忧心忡忡，时刻可能出现的"太空珍珠港"事件无疑是美国安全的致命弱点。美国认为必须改变太空战略才能确保其太空领导权。

美国在2011年出台的《国家安全太空战略》认为太空环境面临

拥挤、对抗、竞争趋势。《国家安全太空战略》在原则中强调要负责任开展太空行动，和平探索使用太空，声明美国将采取多种措施保护美国和盟国的太空系统。美国的安全战略目标中表明需要加强太空的安全，保持和增强太空给予美国的国家安全战略优势。为达到上述战略目标，美国意图采取以下措施：预防和慑止对支撑美国国家安全的太空基础设施的侵犯；准备在恶劣的环境中作战并战胜任何进攻。美国认为，太空威慑而不是先发制人的全面军事打击是确保美国太空资产安全的最佳方式。

虽然其太空战略由"控制太空"转为"领导太空"，但美方谋求太空霸权的实质并没有改变。企图建立太空新秩序，保持美国太空优势，维护美国的太空权益仍是其安全战略的核心利益。美国太空威慑战略意义在于保护美国太空系统的安全，而"太空旗帜"训练演习无疑是增强美国太空威慑能力，维护太空安全的最佳手段之一。

美军对太空战争"不可避免"的认识抬头。美国时任总统特朗普明确"太空是作战域"，表明上述认识已经是美国官方主流意见。历次"施里弗"演习都是在设定红、蓝双方太空能力基本对等的情况下进行对抗，假定红方拥有一定的太空集成设施和太空攻防能力，均以遭受红方空间突袭为想定，演习成果极大地促进了美国空间威慑的形成。近期值得警惕的是，"施里弗"多次以我为假想敌展开太空战演习，千方百计遏制我发展壮大，我与美发生太空军事对抗的风险进一步上升。

全方位备战太空战美国大招频发。美国了重组国家航天委员会，将军民商航天活动统管提升到国家战略层面，通过统筹协调政策规划、合理调配资源，确保美国在航天领域的优势地位，加快推进"确保己方使用，拒止敌方利用"的空间对抗战略。在军事航天力量建设上，美国空军已设立负责太空事务的副参谋长，开始建设独立的军事航天部队。美军对太空战的部门职责划分特别重视，追求"无缝无重"，避免重复建设、推诿扯皮、需求落空。同时，加快太空武器装备研发、调整组建空天一体部队、创新发展空天作战理论、争夺制定太空规则的主导权、军民融合深度促进航天技术发展。

多域一体化联合作战成为主流样式。美军分别在第3次和第5次"施里弗"演习中，将近地空间、网络空间纳入太空作战演习，太空、网络、临近空间的综合集成在方向上完全正确。空间态势感知、空间控制、导航定位与授时、情报、监视与侦察、卫星通信、环境监测、导弹预警、核爆探测、太空运输、卫星运行等能力缺一不可。军民商以及国家联盟的能力补充非常必要。更加注重通过空间系统体系化、分散化等措施，增强体系抗毁与防护能力，实现不战而屈人之兵的战略威慑。美军慑战一体的作战运用模式正逐步形成，控制太空的目的正逐步达到。

太空时代无限可能垂青有备者。谁拥有更为强大的空天力量，谁就占据了赢得战争胜利的主动。太空训练演习已由信息支援向太空防御作战侧重。美国航天力量在近几次局部战争中得到广泛应用，积累了利用军、民、商卫星支援陆海空军事行动的作战经验。美军后续的太空训练演习将会更加聚焦高端对手、更加注重基础条件建设、更加强调部队联合参与、更加侧重战术层面的太空攻防作战。随着演习的逐步成熟，美军事行动场景、威胁、环境以及武器系统的建模仿真也更加真实。

5.2 美国太空战略转型及其影响

进入太空时代以来，美国将经略太空视为实现其安全、技术、经济、国际地位等目标的重要手段之一，制定与发布太空相关政策，实施太空项目，不断塑造、完善和实施其太空战略，以维持美国的太空霸权地位。

特朗普政府在4年任内公布了《太空政策指令》（Space Policy Directive)、《国家太空战略》(National Space Strategy) 等多份文件，重启国家太空委员会 (National Space Council)，推动交通部联邦航空管理局更新有关太空发射与再入的监管规则，重组商务部太空商业办公室 (Office of Space Commerce)，建立太空军等，积极推动美国太空战略在经济、安全、商业、太空探索等方面的大幅转型，使其实战性、进攻性与复合性经略的特征不断凸显。在拜登赢得大选后，有研究者对特朗普政府时期制定的太空战略的延续性表现出担忧，认为拜登政府将逆转特朗普政府的"新锐改革"。但出乎意料的是，拜登先后对《阿尔忒弥斯协议》(Artemis Accords)、太空军、国家太空委员会及其用户咨询小组等特朗普政府的太空战略遗产——进行背书。白宫发言人珍·普萨基 (Jen Psaki) 也明确表示，太空领域是极少数拜登政府与其前任保持政策一致的领域。事实上，从长时段来看，特朗普所力推的太空战略转型虽然激进色彩浓厚，但其内核却是对此前美国太空战略转型之势的继承与发展。

5.2.1 美国太空战略演变

美国虽然在第二次世界大战结束后开始利用 V-2 火箭进行太空技术的研发工作，但是真正意义上的系统经略太空应以 1958 年通过的《国家航空航天法案》(National Aeronautics and Space Act of 1958) 为起点。该法的通过首次定义了美国开展太空探索与利用活动的目的，并指令成立特定的政府机构负责实施不同的行动，其中还罗列出主要手段以及可资利用的国内资源等。

为确保太空行动自由，美国明确提出，一旦对手想要限制其这种能力，不惜使用武力打击对手太空资产。冷战后的首份美国《国家太空政策》(1996 年 9 月颁布)，明确提出保护关键的航天技术设施和运行中的航天器；为确保美国在太空的活动自由，并剥夺对手的这种能力，美国必须发展控制太空能力。2006 年和 2010 年小布什政府和奥巴马政府颁布的《国家太空政策》都强调这一点，在慑止对手对美国太空资产发起攻击失败的情况下，美国要打败对手，并剥夺对手使用太空的能力。2018年3月，特朗普政府公布的《国家太空战略》强调美国将在选择的时间、地点、方式与领域对太空威胁进行有效回应，慑止、打败潜在对手，维持美国太空霸权。美国正在推进的独立太空军建设就是把政策宣示落到实处的一个具体表现。

作为国家对太空的整体认知，太空战略理念是指国家对太空的战略定位、战略目标、太空力量构成等方面的信念集合，贯穿于太空战略的酝酿、塑造、实施及其转型的整个过程。自1958年以来，美国太空战略领域先后出现了"新边疆"（New Frontier）、"高边疆"（High Frontier）与"最后的边疆"（Final Frontier）三种战略理念。

5.2.1.1 "新边疆"战略理念与"阿波罗"时期

1957年10月4日，苏联用洲际弹道导弹改装的运载火箭，将人造卫星"斯普特尼克1号"（Sputnik-1）送入地球轨道，成为人类历史上第一个将人造航天器送入太空的国家。苏联的成功使美国感受到了直接的冲击效应。美国国内掀起了对苏联进入太空的激烈大讨论，认为苏联卫星技术的快速发展给美国带来巨大的挑战：一方面，苏联人造卫星的越顶飞行及这些技术所隐含的军事应用潜力，如同"达摩克利斯之剑"高悬于美国上空，对美国国家安全形成"直接威胁"；另一方面，苏联成功实现了人类首次卫星发射，这一巨大的太空技术成就推动苏联的国际地位与国家威望急速攀升，严重挤压了美国的国际影响力。

为缓和苏联太空技术进步带来的冲击，时任总统艾森豪威尔于1958年4月要求美国国家安全委员会讨论太空相关议题，并先后发布了《美国外太空政策》（U.S. Policy on Outer Space）、《美国国家航空航天法案》等，成立了美国国家航空航天局（National Aeronautics and Space Administration，NASA）和国家航空航天委员会（National Aeronautics and Space Council，NASC），宣称美国将以公开的方式推进太空科学进步和民用太空的探索与开发，试图以此挽回美国所谓的"民主国家国际威望"。然而从实质上，艾森豪威尔并不认可民用太空活动对美国的重要意义。他不仅认为美国国家航空航天局等级不宜过高且不应占据过多的经费预算，甚至希望在其离任之后解散国家航空航天委员会。1961年4月，苏联首次成功地将人类送入太空，艾森豪威尔忽视民用太空活动的政策缺陷逐渐暴露。在苏联冲击与美国国际地位下滑带来的双重恐惧下，肯尼迪于1961年5月25日发布《总统就国家紧急需求致国会联席会议特别信函》(Special Message by the President on Urgent National Needs to a Joint Session of the Congress)，请求国会支持其载人登月计划，并为其提供充足的经费支持，即1962年太空预算为5.31亿美元，并在未来5年内增加70亿~80亿美元。1962年9月，肯尼迪在莱斯大学演讲时公开表示，美国将在20世纪60年代末实现载人登月并成功返回地球的目标，即著名的"阿波罗计划"(Apollo Program)。

以"阿波罗计划"为标志，历经艾森豪威尔与肯尼迪两任总统而形成的"新边疆"理念正式成型，并在"阿波罗时代"逐渐丰富与完善，成为20世纪50—80年代初美国经略太空的核心指导信念。具体来讲，"新边疆"战略理念有丰富的内涵：其一，"新边疆"理念将太空视为未被开发的"人类处女地"，其潜力有待敢于创新和探索的美国人来开发，这在舆论与大众心理上扭转了美国落后于苏联的颓势，更在美国掀起了太空探索与冒险的热潮；其二，美国政府应在太空活动的开展中占有绝对的主导权，因为太空作为全新且充满未知的领域，对其进行探索需要复杂且系统的工程来支撑，只能由美国政府主导开展太空探索活动，正如肯尼迪1962年在莱斯大学演讲时所宣称的，"选择登上月球并做其他的事情，并不是因为其很容易，而是因为其很难"；其三，在冷战背景下，对"新边疆"的探索成功与否决定了美苏的国际地位与国际威望，因此，美国的太空探索活动以成功和技术先进为最高目标，"技术优先地位"高于一切；其四，在"保成功"的战略需求与"高经费投入"的国内环境下，"新边疆"理论以安全为核心，相对忽视具体项目本身的经济性原则；其五，也是最重要的，"新边疆"理念在军事上坚持将太空作为人类"庇护所"（Sanctuary）的定位，在这一理念的引导下，美国先后推动了《部分禁止核试验条约》（Partial Test Ban Treaty）、《外层空间条约》（Outer Space Treaty）等多边条约的签署，并签署了保证美苏有序竞争的双边协议，如美苏《关于减少爆发核战争风险的措施的协定》（the Agreement on Measures to Reduce the Risk of Outbreak of Nuclear War）等。除此之外，"新边疆"战略理念在太空的军事应用上更强调对太空的侦察、监视、通信、定位等具体功能的开发与拓展，以实现对潜在威胁方核武器动向及其军控协议的实施情况的实时监控，保证"相互确保摧毁"（Mutual Assured Destruction）原则的效力。

5.2.1.2 "高边疆"理念与太空应用化转向

20世纪70年代，美国太空战略面临新的发展趋势。一方面，随着"阿波罗计划"的热度消退，美国用于太空的政府预算大幅减少。尼克松政府将"后阿波罗"太空项目预算削减到每年35亿美元，只有"阿波罗计划"高峰期的1/4。此后，美国太空预算逐年减少，鲜有大幅增长，美国太空活动因此不得不考虑经费收紧的现实。另一方面，随着太空技术的应用逐渐拓展到医学、纺织、生物、通信、传媒等领域，太空相关技术行业溢出效应逐步凸显，太空的利用潜力初现。在这"一推一拉"的力量中，美国太空战略中的探索意识逐渐让位于利用意识，而对"威望与地位"的追求也逐渐让位于对美国的安全、经济、科技等更具实用性意义的太空目标。

1978年5月11日，卡特政府发布了美国首个《国家太空政策》（National Space Policy），对美国自艾森豪威尔政府以来的太空政策进行全面评估，首次集中阐述美国太空政策所遵循的基本原则，如"和平使用太空""太空无主权"等。除此之外，该政策进一步发展了1958年通过的《美国国家航空航天法案》中"重视太空探索活动"的提法，明确阐释了美国的太空政策目标是"太空探索与利用"，突显出美国太空活动的实用化转向。

里根赢得大选后，在过渡时期组建了由美国国家航空航天局前局长、伦斯勒理工学院校长乔治·洛（George M. Low）任主席的美国国家航空航天局过渡小组。该小组在1980年12月向当选总统里根提交了《有关国家航空航天局的过渡小组报告》（Report of the Transition Team for the National Aeronautics and Space Administration），认为美国的领导地位和优势在不断缩小，主要原因是：其一，苏联已经在太空中建立了有人值守的空间站，能够满足其经济、军事、外交等需求；其二，随着卫星通信领域的商业化发展，发射需求大幅增长，已经达到美国无法充分满足的程度，导致很多美国国内卫星生产与运营商转向欧洲寻求发射服务；其三，日本、法国等国家从电视直播、对地观测等技术中的获益增加，导致美国在这些领域的市场份额下降。鉴于此，该份报告建议重新审视1961年以来美国国家航空航天局的项目与发展方向，并在此基础上建议，美国未来任何太空项目都应具备明确的实用性，并且符合特定的目标与方向。根据这份报告，里根政府在1981年先后发布《太空运输系统》（Space Transportation System）、《空间站》（Space Station）、《国家太空政策》（National Space Policy）等多份文件。自此，"高边疆"战略理念正式成型，此后又经布什、克林顿、小布什、奥巴马多位总统不断完善。至今，"高边疆"战略依然在美国太空战略的制定中扮演着重要的角色。

"高边疆"理念将太空作为一个诸如大陆、海洋与领空的独立物理领域，旨在促进由太空活动产生的相关技术在安全、经济、社会等领域的全方位应用。首先，太空活动本身的性质推动了美国综合经略太空的战略理念的转变。太空活动具有高技术、高投入、高风险、高效益和长周期的特点，要利用太空实现国家的经济、政治等目标，不仅需要在天基资产的获得与运营方面投入大量国家资源，而且需要配备大量昂贵的地面设施、优秀的技术人才群体，以维持这些天基资产的运行和数据开发。从 20 世纪 60 年代末到 80 年代初，美国在太空领域面临着高额的经费支出与巨大的项目风险，这就需要推进太空与更多的行为体和领域挂钩，提升太空在国际与国内、安全与经济等方面的多方位融合，从而实现成本与风险分担的目的。其次，太空技术在非军事领域的应用和发展，特别是在卫星通信、广播等领域的应用和发展，也推动了美国实现全方位的太空战略转型。从具体执行层面来讲，"高边疆"战略理念提倡推动民用价值较高且较为成熟的太空技术私有化与商业化，以最大限度地实现太空技术的实用化与效益化。最后，也是最瞩目的，是"高边疆"战略理念将太空的军事利用推向前所未有的高度。里根政府推出"战略防御倡议"（Strategic Defense Initiative，也称"星球大战计划"），将其作为打破核僵局、夺取对苏军事优势的最重要手段之一。随着太空资产对军事力量"倍增"（multiply）与"使能"（enable）的效用极大凸显，以及对情报部门的天基数据赋能，太空战略在美国安全战略中的地位极大提升，由此也促使美国全面审视太空的地位。

5.2.1.3 "最后的边疆"理念与太空内开发

21 世纪以来，美国的太空利用与开发已进入以太空商业化和私有化为主要形态的"太空 2.0"时代。在新的太空时代，太空技术更新换代加速；参与行为尤其是私人行为体数量激增；私人资本快速涌入；新管理与生产技术的引入带来太空相关活动成本的降低和生产效率的大幅提升。最重要的一点是，太空对于发展与改善人民福利的效用极大凸显，不仅在军事、情报、气候等领域提供了难以替代的数据支持，而且在物联网、卫星通信等领域直接为人类日常生活提供便利，成为当今不可或缺的赋能来源。与太空的重要性形成鲜明对比的是，美国太空经费缩减，太空项目启停摇摆不定，由苏联带来的压力激发的太空开发热情也随着苏联的解体而愈显牵引无力。因此，美国急需找到新的突破口，以引领"后冷战"时代的美国太空战略走向。"最后的边疆"战略理念就是在这一背景下应运而生的。

"最后的边疆"战略理念的核心内涵，是推动美国政府的角色由主导者与利用者向管理者与守卫者转变。具体而言，主要表现为三个方面。

第一，支持以商业化和私有化推动太空探索的产业化，并最终实现商业行为体主导的太空产业的发展与繁荣。缘起于20世纪80年代的美国太空商业化与私有化源流，经40余年的演变，加之互联网、物联网、人工智能、3D打印等领域力量的汇集，已经成为太空领域动能最强的新兴力量。与之相伴，由太空私有化与商业化推动的太空技术创新加速、生产周期缩短、产品模块化与精细化、航天器小型化与功能分散化等，实现了太空技术从"精稳准"到产业化的太空利用的转化。与之相伴，由太空技术产业化转向而产生的"太空经济"力量，推动了以美国国家航空航天局为代表的传统政府太空主导机构从垂直化的主导结构向扁平化的管理与伙伴结构转化。

第二，"最后的边疆"理念推崇以新的市场开发与培育引领新一轮美国太空探索，其中最为热门的当属20世纪90年代集中涌现的太空旅游、太空采矿、太空能源、太空制造等新兴市场概念。为培育相关市场潜力，美国的太空战略对新兴太空市场保持较大的宽容度，并快速跟进法律保障措施。2015年美国国会通过的《美国商业太空发射竞争力法案》（U. S. Commercial Space Launch Competitiveness Act）首次定义了政府宇航员，使美国公民和企业开采、利用太空资源的行为合法化，明确表达了鼓励太空发射商业化的立场，这些都是对太空旅游、太空采矿等新兴市场的法律护持。与之相呼应，2020年12月9日，白宫公布的《美国国家太空政策》（National Space Policy of the

United States of America）明确表示，"将追求太空资源的开采和利用"，而且"要将人类活动拓展到深空"。这与2015年的《美国商业太空发射竞争力法案》中的立场一脉相承，标志着美国国内法正式承认太空采矿是美国公民的一项"权利"。

第三，作为"最后的边疆"理念的自然延伸，美国一方面推动太空向作战域定位的转化，积极争夺以地球轨道资源、"拉格朗日点"（Lagrangian Points）为中心的地月带等具有枢纽意义的战略位置，以期取得太空作战与防卫的优势；另一方面，以特朗普为代表的太空"鹰派"积极推动太空威慑从单一领域向跨领域拓展。2020年12月美国政府发布的《美国国家太空政策》明确表示，"对美国及其盟友的太空系统的攻击，将会受到来自美国选择的任一时间、任一地点、任一方式和任一领域的报复"，尤其是"任一领域"的表述，意指美国可以通过威胁，在任何领域——陆地、空中、海上、网络、太空——进行报复，以此将潜在的太空冲突转移回传统的作战领域，即那些美国享有优势和经验的领域，从而降低美国未来可能面临的战略系统风险，从能力与意愿上强化美国的太空威慑。

5.2.2 美国太空战略转向的原因及影响

5.2.2.1 美太空战略转型的动因

美国太空战略的转型并非无源之水、无根之木，其本质是在一以贯之的内在逻辑引领下实现的适时调整。通过辨析美国太空战略转型中的"变"与"不变"可以发现，美国太空战略转型是美国的逐霸本性、太空技术发展的自身规律、太空民主化转型、美国对其能力与威胁的评估这四种动力协同推动而成的。

第一，美国的逐霸本性是贯穿于其太空战略转型的内核动力。不论是技术引领还是效用引领，抑或是规则、产业与军事的多面引领，美国太空战略的本质始终是对太空霸权的护持，其内在逻辑是维持和提升美国在太空全领域的相对与绝对优势。具体来讲，美国的逐霸本性在太空战略以及转型中主要表现为扩张性、护持性与例外主义。首先，美国太空战略中的扩张性主要表现为对新领域、新技术、新市场的快速而持续的敏感性。以商业发射领域为例，欧洲空间局（European Space Agency）于1979年成功发射了其自主研制的"阿里亚娜"（Ariane）火箭，并于1980年成立阿里亚娜公司（Ariane Group）以提供国际商业发射业务，这也成功开启了国际商业发射这一新兴市场。在逐霸本能的驱动下，美国迅速反应，于1984年通过了《商业太空发射法案》（Commercial Space Launch Act），致力于推动美国国内太空发射的私有化与商业化，从而培育美国本土商业太空发射能力，以抢占国际商业发射市场。其次，美国对其霸权护持的需求促使其在太空领域本能地采取保护性措施。20世纪50—70年代，卫星通信实现快速商业化，推动了法国、德国、意大利等国的通信卫星生产与运营产业激增，对当时美国在通信卫星行业的国际市场构成较大冲击。美国利用其占垄断地位的发射能力，打压欧洲与日本等国的卫星通信发展，并在20世纪70年代先后单方面违约，拒绝搭载两颗法国通信卫星。再次，美国的霸权本性所表现出的例外主义特征，推动其从国际太空机制的塑造者转变为破坏者。目前，联合国体系下运行的《外层空间条约》（Outer Space Treaty）、《营救协定》（Rescue Agreement）、《登记公约》（Registration Convention）等国际条约，奠定了国家进行太空活动的基本行为准则。但是，美国先后以推行太空领域实战化、划定太空资源开采所有权的方式，公开或隐晦地违背"和平利用太空""太空无主权"等国际原则，并对外宣称它这样做"是为了维护美国的国家安全"，为其霸权例外主义背书。

第二，与任何高新科技一样，新兴太空技术会经历从理念到实践、从技术到产业化的发展历程。新兴或颠覆性的太空技术，从破土而出到发展壮大，将会经历两次关键跨越——从技术理念到技术成型，再到技术转化为应用能力。美国大多数太空技术从技术理念到技术成型的发展阶段，主要集中在 20 世纪 40—70 年代。在这一阶段，载人飞行、太空发射、卫星制造、天基多用途载荷等纷纷涌现，美国太空战略的主要目标以探索和技术孵化为主。20 世纪 70 年代至 21 世纪初，美国的传统太空技术逐渐趋于成熟，但是囿于相对资源的缺乏与发展方向的摇摆，美国依然停留在对传统太空技术的精进阶段。从 2009 年开始，在全球金融危机的影响下，美国开始鼓励太空私有企业的发展，以此为受金融危机重创的资本寻求市场突破，这推动了太空商业化引领的太空产业化。由此可见，美国太空战略的演进不仅受实践的推动，而且与太空探索本身的深入与太空应用的拓展进程相一致。

第三，随着太空技术的成熟与太空商业化的推进，太空民主化的趋势开始显现，进而推动了美国太空战略的转型。在美国国内，太空商业化极大地提升了新兴商业太空私企的整体地位。最为著名的太空私企太空探索技术公司（SpaceX），在美国太空发射、载人、卫星星座建设、卫星互联网等领域拔得头筹。美国国家航空航天局于 2021 年 4 月 16 日宣布，将选择太空探索技术公司作为其唯一的月球着陆系统（Human Landing System，HLS）合同商，合同价值高达 29 亿美元。虽然由于其他两位竞争者向美国政府问责署（Government Accountability Office，GAO）投诉，导致合同暂停实施，但这从侧面印证了美国太空私企的崛起。太空私企的崛起及其带来的民主化效应，不仅推动了美国政府部门角色、采购与研发模式的转型，而且推动了美国太空开发主导权从垂直化向扁平化与合作化的方向转化，使政府的太空战略和政策制定逐渐纳入商业行为体的声音。2017 年 6 月 30 日在美国国家太空委员会下成立的以副总统为主席的用户咨询小组，就是最明显的例证。

在国际上，随着国际太空技术不断扩散，太空国家数量激增，太空民主化趋势凸显，全球太空实力分布逐渐呈现出更加分散、复合与网络化的格局。这就意味着,美国要实现太空主导权,采取垄断与孤立的手段已经不合时宜,与其他国家和商业行为体进行合作才是强化其优势的手段。因此,2018年特朗普政府发布的《国家太空战略》、2019年美国国家情报局公布的《美国国家情报战略》(National Intelligence Strategy of the United States of America)和国防部国防情报局(Defense Intelligence Agency)发布的《太空安全面临的挑战》(Challenges to Security in Space)等多份文件都强调,当前衡量一国太空实力的主要标准不是太空技术的有无,而是能与多少国家或商业行为体实现合作。

第四,美国对自身太空能力及其面临的威胁进行的评估与反思,是推动其不断实现太空战略调整与转型的实践动力所在。首先,美国太空战略转型基于其对自身能力与政策的评估和反思。在太空发射领域,从可消耗一次性运载火箭到航天飞机,再到重回可消耗一次性运载火箭,直至可回收运载火箭,这些发展的背后是美国对其太空战略实施效果的评估与反思。其次,美国太空战略转型基于其对新兴太空技术与力量的评估。从集中精力开发地球轨道,到政、商分工利用地球轨道和深空探索,都是美国太空战略对美国现有资源与战略目标在实践中的回应。随着商业领域小卫星星座、太空采矿公司与可回收太空发射实力的增长,美国逐渐在资源、法律、规则上向这些领域倾斜。在小卫星星座建设领域,美国联邦通信委员会(Federal Communications Commission)开始充当美国卫星运营商争取频谱与轨道资源的急先锋,不仅批准了"星链"(Starlink)、库伊珀(Kuiper)等大型卫星星座的申请,而且在此后力排众议,允许"星链"更改有关卫星高度与倾角的申请。安全上,低轨小卫星星座由于其数量大、分布范围广、补充替代快,加大了对手实施故意攻击的难度,其在应对卫星故障和反卫星攻击时,具有更强的抗毁性,能够提高军事太空系统的弹性。这一新兴太空技术与产业资源恰恰为美国克服太空资产的脆弱性缺陷找到突破口。有鉴于此,美国在2019年前后开始提出"下一代太空系统架构",试图以"弹性"(Resilience)建设为主要目标,克服由太空脆弱性带来的战略与安全挑战。其中,最为瞩目的当属美国国防部太空发展局、国防部高级研究计划局(Defense Advanced Research Projects Agency,DARPA)与空军研究实验室联合开发的"黑杰克"(BlackJack)项目。该项目利用低轨小卫星星座低延时、架构分散、成本低、制造周期短、修复迅速等特点,试图以较低成本建构一套集定位、导航与授时(PNT)、通信、星载处理、导弹预警系统为一体的高性能军用卫星星座。

总体而言,美国的太空战略转型既是美国对其霸权地位一贯护持的本性使然,也由太空技术本身的发展规律和太空技术民主化趋势协同推动,更是美国持续地对其太空战略进行评估与反思的实践回归。

5.2.2.2 美太空战略转型的影响

从中长期来看,不论美国是民主党还是共和党主政,其太空战略的推进尽管风格可能不同,但总体上仍将保持很强的延续性。美国作为世界上民用太空活动预算支出最多的国家,也是最大的太空经济体。其太空战略的推进与转型,将对国际太空合作产生深远影响,并对中美关系以及中国航天的国际化造成冲击。这具体表现在以下几个方面:

第一,美国进行太空战略转型,是为了应对太空发展过程中遇到的阻碍,体现了其对本国太空发展战略环境的认知转换。受太空技术创新与跨技术融合等因素的影响,太空领域持续涌现新技术和新参与者,也会催生新的太空市场。然而,从20世纪70年代末以来,太空国际立法鲜有进展,无法对新兴领域和技术实现有效规制与管辖,这就导致太空领域出现大范围的治理盲区。因此,美国的太空法律和太空活动在某种程度上为国际太空行为提供了先例。所以,美国太空战略推进所产生的示范效应,在某种程度上塑造了国际太空合作的环境。然而，美国以国内法律为解释文本，以维护国际安全为借口，逐渐实现对当前太空国际法的突破。这势必会带来太空国际制度的变革，并最终波及中国及其太空国际合作。另外，美国的太空战略转型以保持其太空领导地位为引导，力图推进商业与民用太空活动，以激活美国的太空经济，进而巩固美国在太空经济中的优势。但是，随着太空行为体增多和太空活动愈加频繁，太空环境保护、太空碎片减缓、太空交通管理等太空治理的难度和复杂性不断加大。美国作为最大的太空经济体，在太空治理领域却迟迟未有行动，甚至成为国际社会构建多边治理机制的主要障碍之一。从 20 世纪 80 年代以来，美国以"限制了美国自由进入与利用太空的权利"为由，先后表示反对在联合国等多边平台已经取得大部分国家共识的协议，包括《防止在外空放置武器、对外空物体使用或威胁使用武力条约》（Treaty on Prevention of the Placement of Weapons in Outer Space and of the Threat or Use of Force Against Outer Space Objects）等，让国际社会在太空治理领域的多边机制建设努力多次归零。不断恶化的太空环境与迟缓的太空治理行动之间形成了巨大的张力，给太空安全与可持续发展带来更严峻的挑战。

第二，加速太空的军事化与武器化。随着太空领域的军力赋能与倍增效应凸显，国家在安全和经济上对太空以及太空资产的依赖程度越来越高，太空资源的脆弱性越来越明显。美国宣布太空为"作战域"（Warfighting Domain）并随之组建太空军的做法，触动了各太空活动参与国敏感的神经。一方面，美国快速推进本国所谓出于"防御"目标的军事、军力和军备建设，容易引发其他国家对美国的恐惧；另一方面，其他国家会效仿美国所谓的"最佳实践"，争相开展与太空安全相关的项目和活动。以欧盟为例，迫于美国加速进行太空军事化与武器化的压力，2019 年新任领导团队上任以后，欧盟进行了机构调整，以更好地管理太空相关活动，并在其太空经费总体削减的情况下提升了欧盟的太空活动预算。这也体现了欧盟对美国加速太空军事化与武器化的疑虑和担心，以及在太空技术与防卫上的自主性倾向。此外，法国、意大利、日本等国也先后宣布"效仿"美国，设立本国的太空军事力量及太空作战指挥机构，太空军备竞赛呼之欲出。在美国紧锣密鼓地布局本国太空防御战略之时，2019年3月27日，印度宣布成功完成反卫星试验，击落了一颗运行轨道高度300公里左右的卫星。一面是美国对其天基资产脆弱性的担忧，另一面是其他国家对美国天基资产带来的常规军事力量削弱效应的担忧，两者之间张力的凸显已演变成为各国备战太空背后的政策与政治逻辑。

第三，对华对抗与遏制意图凸显。首先，美国加强了对华卫星出口管制。以1999年美国政府发布的《关于美国国家安全以及对华军事及商业关系的报告》与《1999财年国防授权法》（National Defense Authorization Act for Fiscal Year 1999）为标志，美国收紧了其卫星出口政策，将美国国产以及含有美国技术的卫星及其相关技术与部件作为"军火"，受《美国军品管制清单》（United States Munitions List）控制。美国的"严苛版"卫星出口政策致使美国国际利益受损，国际市场份额大幅缩水。美国于2014年放松了相关出口管制，但依然坚持对中国的"卫星零接触"政策。其次，中国逐渐成为美国假想的"头号敌人"之一。特朗普政府2020年6月发布的概要版《国防太空战略》（Defense Space Strategy）认为，目前太空已经进入大国竞争时代，美国最大的"威胁"来自中国与俄罗斯。在实战层面，"施里弗"（Schrieffer）太空演习加重了在东亚区域的演习比例，尤其是在"施里弗-8"演习中，将演习假想敌设定为太平洋某大国，具有明显的针对性。与此同时，美国继续在相关项目上排斥中国，并在舆论上抹黑中国。在中国"嫦娥"系列探月项目顺利推进之时，美国于2019年正式提出"阿尔忒弥斯计划"，以实现其重返月球并在月球上建立持续存在的基地这一目标，并认为此举是为了对抗中国在月球的

"军事化意图"。2020年10月13日,美国还拉拢英国、日本、澳大利亚、加拿大、意大利、卢森堡签署了《阿尔忒弥斯协议》(Artemis Accords),试图以国际合作的形式分担项目经费,并建构美国主导的月球探索行为规则,启动新一轮对抗色彩浓厚的"月球淘金热"。

新版《国家太空战略》试图通过修订军事太空路径和商业监管改革来保护美国在太空中的利益,誓称,对任何美国太空资产所受到的袭击都会施以有力回击。该战略以向更有弹性的太空架构转变、增强威慑和作战的选择能力、增强基础设施建设和培植良好的国内国际环境四个"基本支柱"为主要特征,这四个支柱使"在整个美国政府采取措施与私营机构和盟友紧密合作,维持美国在太空中的领导地位"。

美国在《国家太空战略》的太空战规划里,一开始就考虑到了和盟友的联合行动。其3个层级代表了不同的作战烈度。一是阻止,可以用军事演习、外交等多种手段来展示己方太空作战的能力,不战而屈人之兵,迫使对方妥协;二是反击,就是在阻止策略无效的情况下,发动烈度有限的局部太空军事行动,用干扰的方式实施软杀伤或者直接击毁对方航天器,甚至可以俘获航天器;三是击败,就是在反击之后遭受抵抗或者报复的时候,无限制上调作战烈度,不惜以全球丧失进入太空的机会为代价,赢得太空战的胜利。

从新版《国家太空战略》可以看出,美国在太空领域的核心利益,就是在新兴产业、尖端科技和国家安全层面,一切以美国优先为原则。美国在太空领域的操作层面,将会力争获得无阻碍进入太空的自由,获得太空自由航行权。美国这份太空战略,算是正式宣告了废弃国际太空公约,开始应对全球范围的太空军事化趋势,承认未来在太空爆发战争的可能性。为确保技术的全球领先,美国将增加对太空探索的投入,精简商业航天参加军事领域活动的审批流程,扶持多种研发客体,改组传统军火巨头,扶持独立工作室和中小型研究机构。

第6章　有效太空威慑

6.1　太空系统面临的潜在威胁

若按照烈度对太空冲突表现作一个排序，大致可表现为从外交手段到干扰卫星通信，再到致眩或致盲卫星，再到对卫星指控系统开展网络攻击，再到利用天基操控使对手卫星离轨，再到针对地基指挥控制设施实施特种作战或导弹攻击，再到动能反卫星，最后是发动核战争。

上述排序是基于当前技术发展情况对冲突演变所作的理想排序。事实上，在任何危机或者冲突中，对手若要对己方太空系统进行威胁，都会对其行为引发的风险及相应的收益进行综合评估。评估结论会受到冲突级别、攻击目标以及攻击手段等因素的影响。

由于非破坏性攻击的溯源比较困难，造成的攻击效果可逆，一个尚未与己方形成常规敌对状态的对手也可能会考虑对己方的情报、监视和侦察（ISR）卫星及通信卫星发动可逆攻击，以此降低己方的危机反应能力；危机开始时期，出于对己方发动空袭的担心，对手可能会干扰指控节点和其他重要设施附近的定位导航信号，以降低己方精确制导武器的精确度；战争开始以后，由于担心摧毁己方卫星会造成冲突升级，对手会继续倾向采用可逆攻击手段来获得相对较高的收益。

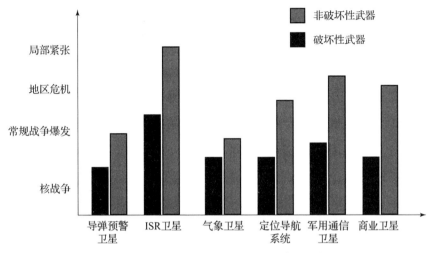

图 6-1 各类卫星遭受攻击的威胁等级示意图

当地面冲突升级达到一定的临界点，使得对太空系统发动破坏性攻击所带来的利益大过其风险，此时，侦察和海洋监视卫星等高价值、低密度装备可能会成为级别相对较低冲突中的攻击目标，也包括己方专用的军用卫星通信系统；对于战略侦察和预警系统来说，因为它们也支持着搜寻和摧毁机动常规导弹发射装置的功能，所以对手也会在较低级别的冲突中甘冒风险攻击此类卫星。

对商业通信卫星发动破坏性攻击的政治风险和冲突升级风险很大，一般情况下，它们不会成为攻击目标；气象卫星也不太可能受到攻击，攻击这些支持高度全球化气象系统的设施会带来严重的政治风险，且收益有限；定位导航卫星由于较为分散、冗余度较高，对手很难一击奏效，一般也不会成为攻击目标；常规战争爆发初期，对手也不太可能破坏己方的早期预警卫星系统，以避免无意识触及核战争临界点从而造成战事升级，除非升级不可避免或者敌人有意先发制人发动核战争。

6.2 太空威慑理论研究

随着人类军事活动范围从陆海空拓展到外层空间，太空逐渐成为军事斗争的"高边疆"，太空力量已经成为慑战兼备的新型战略力量。在军事领域，由于太空力量正在改变以往的战争观、时空观、力量观、战法观和作战效益观，推动着军队组织形态、作战原则、作战方法乃至整个军事思想的变革，令整个战争时空概念和作战形态发生变化，今天发展空天能力与当年发展核武器具有同样重要的战略意义。

6.2.1 太空威慑的核心机制

在冲突升级、战争不可避免时，单一的威慑手段难以让对手放弃攻击卫星的企图，需要构建一个复杂、多面性的战略来综合多种惩罚措施，利用多种机制让对手相信攻击己方太空系统不会带来他们所预期的利益，却要付出不可避免的代价。有效的太空威慑的核心是建立可靠的惩罚性措施或能够大幅降低对手的攻击效果两大机制。建立可靠的惩罚性措施，又被称为"惩罚式威慑"，其包括经济、军事、外交等多种手段，让对手相信攻击我太空系统需要付出的代价将远大于其从中获得的收益；降低对手的攻击效果又被称为"拒止式威慑"，是指通过增强系统防护能力、提高系统弹性等方法，令对手相信攻击卫星不会取得其预期内的效果，从而令对方慎重考虑是否做出攻击决策。

就总体而言，加强太空威慑，就是向对手展示强大的太空实力（含军事太空、民事与商业太空实力），威胁使用或实际使用太空力量，以慑止对手发起进攻，或对对手实施包括太空在内的报复打击。太空威慑就是让对手感觉己方太空实力强大，通过武力攻击，所获得的收益并不多，从而放弃攻击；或通过太空实力报复对手的进攻，使对手遭受难以承受的打击，从而让对手产生畏惧心理，因此而放弃原本打算采取的行动。加强太空威慑能力，重点是增强太空态势感知能力，提升太空军事实力，同时增强核威慑能力并作为维护太空安全的"杀手锏"。

6.2.2 太空威慑的主要样式

6.2.2.1 惩罚式威慑

美国某些卫星系统已经足够完善，难以成为攻击目标；而对那些既脆弱又对美国军事行动非常重要的系统，需要寻找办法来通过影响对手的风险和利益计算，提高他们对惩罚性打击的担心，从而提高威慑失效临界点。

1. 公开发布国家太空政策

特朗普执政后，先后发布《国家安全战略》《国防战略》《国防太空战略》等文件，强调大国竞争，美国必须将威慑扩展到包括太空在内的所有疆域，美国的核心利益是自由进出太空，以及在太空自由行动。对于以美国太空资产为目标、直接影响美国核心利益的干扰和攻击，美国将予以还击。

美国通过发布太空政策，表明任何有意干扰美国太空系统的行为将被视为侵犯主权，美国将会对其予以严厉惩罚，加强美国会在地面域或太空域对攻击者实施报复的可信度，试图对潜在对手形成常态威慑，同时为惩罚报复建立法理依据，缺点是威慑的可信度不高，当地区冲突升级时，不能有效慑止对手的攻击行为。

2. 提高攻击溯源能力

对于美军的侦察、预警、导航等天基系统，其自身具备定位能力，可对干扰源进行溯源定位；对卫星通信干扰的溯源定位，美军主要是利用"快速攻击识别探测报告系统"（RAIDRS）来实现，该系统可探测美国军用和民用通信卫星受到的干扰并确定干扰源的位置，提供攻击告警、威胁识别、快速评估等方面的信息；美国太空探索技术公司（SpaceX）正在研发星间激光链路，并期望将其部署在"星链"(Starlink)二期计划,该技术将显著增强低轨轨道武器的攻击溯源能力。

提高攻击溯源能力可以通过增加报复的可能性和可信性来阻止潜在攻击者对美国太空系统的行动升级;缺点是攻击溯源技术难度高。卫星在几百至几万千米的轨道上保持高速飞行,地面很难进行有效的物理检查和跟踪,难以及时发现卫星意外故障,同时攻击可能并非单一来源,且某些攻击很容易与意外故障相混淆,导致攻击追溯会很困难。

3. 展示太空实力

美军正在加紧研发"下一代过顶持续红外"(Next-Gen OPIR)系统,加强对新兴导弹的探测能力,重点增强导弹预警卫星系统的战略生存能力;SpaceX 公司研制的猎鹰-9(Falcon-9)系列火箭实现了火箭多次回收,重复利用;"龙"(Dragon)飞船实现低地球轨道(LEO)货物运输,首次实现了从"国际空间站"返回物品;"星链"计划成为迄今为止人类提出的最宏伟的星座项目,计划在 LEO 轨道部署 42 000 颗卫星。

通过展示美国态势感知、导弹预警、航天发射、天基操控、卫星对抗等能力,将可信的威慑信息传递给潜在对手。太空力量展示属于低强度的战略威慑行动,通常配合政治、外交行动进行;缺点是没有对竞争对手进行直接威慑。

4. 开展太空军事演习

通过组织"施里弗""太空旗""全球哨兵"等演习,在准实战化条件下开展训练,可以有效地对潜在对手进行威慑。美军的首次演习就体现出霸权主义威慑的特点。在演习中,代表美军的"蓝方"不直接投入兵力,试图凭借其强大的太空力量对"红方"进行威慑,在没有武装交锋的情况下,使其放弃攻击"褐方"。这是美军探索太空威慑方式的一次尝试,是美军理想化下的不战而屈人之兵。矛的存在必然有相应的盾与之抗衡，美军的强大并不能束缚住他国的发展，反而给他国施加压力，增强紧迫感，指明研究方向和科技前沿，加速他国军事太空力量的发展。

历次"施里弗"演习均以遭受空间突袭为想定，演习成果极大地促进了美国空间威慑战略的形成。在演习中，美军深入探讨空间安全环境及空间系统遭受攻击的预防性和惩罚性措施。美军企图用太空力量作为威慑手段，达到不战而胜的目的。美军"施里弗－2019"探讨太空系统所面临的关键问题，并审查在未来太空战中各个太空系统与提供服务的相关机构之间的协调配合能力；"太空旗帜"（SF19－3）首次在演习中纳入盟国伙伴，目的是在太空能力降级或受损情况下确保太空作业，提升美军在强对抗生存环境下保持太空优势的能力，在冲突升级至太空领域时开展太空作战、慑止太空冲突等。

5. 继续研发攻击对手卫星的技术

美军已经构筑了完备的动能反卫星拦截系统，地基拦截器（GBI）可以拦截中低轨道的卫星；标准－3（SM－3）导弹可以用于地基或海基低轨道卫星的拦截；天基反卫星系统主要分为F－106反卫星系统和F－15反卫星系统；同时，微波反卫星、定向能反卫星、天基轨道武器反卫星技术也日趋成熟；天基方面，美军目前现有的4颗"地球同步轨道空间态势感知计划"（GSSAP）、2颗"微卫星技术实验"（MiTEx）、1颗"老鹰"（EAGLE）等多颗卫星具备机动变轨、环绕伴飞、尾随跟踪、抵近侦察等功能；现有2架X－37B轨道试验飞行器，可长期驻留太空并重复使用，搭载成像传感器、干扰器、机械臂等载荷，实施抵近监视、电子干扰和在轨捕获行动。

通过反卫星技术进行太空威慑，让对手相信，攻击美国太空系统将会招致严厉惩罚，其信息支持、态势感知、定位导航、卫星通信等能力将会瓦解，损失将远大于其收益。但反卫星技术进行太空威慑的可信度较低。考虑到美国作战能力比其他对手要更加依赖太空技术支持，所以摧毁对手的卫星系统作为报复手段，很有可能造成太空冲突快速升级。

6.2.2.2 拒止式威慑

通过研发太空系统防御技术、提高系统弹性、寻找替代产品等，可以有效降低对手攻击效果预期，提高太空威慑的失效临界点。

1. 研发太空系统被动防御技术

美军试图给所有重要的军事和情报卫星配置被动防御措施，在锁眼-12-5/6/7（KH-12-5/6/7）等光学侦查卫星上安装"眼睑"，以对抗激光致盲武器；在"顾问"（Mentor）、"军号"（Trumpet）等电子侦查卫星上安装过滤装置和防干扰装置，以对抗微波武器和电子干扰等武器；在"世界观测"（WorldView）、"白云"（White Cloud）等商用系统上配置某些军用功能；努力提高推进系统和燃料容量来增强卫星的机动能力；提高卫星监测、评估和反应能力，以便及时躲避威胁。

通过研发太空被动防御技术，美国希望像在其他领域那样有力地保护自己的太空系统。但卫星天生脆弱，提高卫星的机动能力来躲避攻击需要提高卫星的推进系统，受轨道力学的限制，实现卫星轨道机动需要耗费很大的能量；即使是拥有机动能力的卫星，也会因为预警时间短而难于躲避垂直式反卫星系统的攻击，很难实现快速观察、适应、决定和行动（OODA）反应；定向能和微波武器由于攻击速度极快，更加难以预知和有效防范。

2. 构建综合反导体系

美军致力于构建防空反导一体化防御体系，在全球部署了44枚地基拦截弹、7套"萨德"（THAAD）系统和60套爱国者-3（PAC-3）系统，有38艘具备反导能力的"宙斯盾"（Aegis）舰，具备分段多层导弹拦截能力。除了传统的地基反导拦截系统，美国国防部正在论证发展天基传感器层和天基助推拦截器层，旨在在导弹助推段从太空实施反导拦截。

构建综合反导体系可以有效降低对手动能打击卫星的成功率,削弱其打击的决心,该样式不适用于定向能和微波武器。

3. 提升太空系统弹性

美国战略司令部先后与 17 个国家、2 个政府间组织和 70 多家商业航天公司签署"空间态势感知和数据共享协议",通过共享数据,构建太空作战联盟,捆绑国际利益,降低成本与风险,提高对手太空攻击行为的代价;美军的 GPS 系统、"卫星数据系统"(SDS)等星座,利用多数量平台将各种服务分散化,并在轨道上设置冗余能力。

美军正积极利用地基能力弥补或替代太空能力,努力让自己的太空系统更加灵活,降低美国对太空系统的依赖;但美军一些价值高、密度低的太空资产,如"未来成像体系"(FIA)、"长曲棍球"(Lacrosse)、"锁眼"等很难找到同等的替代产品。

6.3 美国太空威慑力量建设情况

美国的国家安全与军事作战高度依赖太空,为确保太空安全,美军加快空间威慑概念研究以慑止对手突袭。作为当今世界太空领域的霸主,美国比其他任何国家从太空系统中获取的军事、经济和安全利益都要多,所以太空领域一旦爆发冲突,美国的损失也最大,即使美国及其盟友最终获胜,其太空资产也会遭受巨大损失。构设太空威慑体系,对破坏美国太空系统的行动进行有效慑止,保证美国持续从太空系统中获得稳定支持,符合美国的根本利益。

美国总体军事战略就是在 21 世纪较长时间里保持全球军事优势,形成"全球警戒、全球达到、全球力量"等不对称优势的"锋芒",能够在 90 分钟内实施"全球打击",以此构建美国的"全球安全环境框架"。在美国构建的军事力量中,实施"全球打击"的重要手段就是太空力量建设,包括弹道导弹、临近太空的飞行器、卫星武器平台、跨大气层的武器系统等。一旦美军部署、完善升级此类天基武器系统，美国真正具备全球打击能力。

促进美军太空作战能力和太空威慑力量发展。自2001年美军首次"施里弗"太空演习以来，美军不断调整和规范太空作战部队机构的角色与职能，优化太空作战指挥与控制流程，有力地推动了太空力量与联合作战的深度融合。"施里弗－Ⅴ"着眼满足军事行动对空间情报日益增长的需求，进一步强化了空间态势感知能力在军事行动中的关键作用，对于加强盟军太空能力的集成和使用，优化商业太空能力的集成和运用发挥了积极影响。通过演习，美军深入检验、探索太空信息系统与作战指挥系统和武器平台系统的协同配合，以及太空系统中的天基系统和地面系统的协同配合等问题，为有效实施太空威慑、组织太空作战行动、支持军兵种作战提供了有力的数据支撑。演习还促使美军重视太空系统应用由战略决策层面向战役战术层面不断深化，对于推动美国太空能力建设、提升联合作战能力以及强化太空威慑效应具有显著作用。

美军对太空及太空作战极为重视。太空系统可以执行情报侦察、战场通信、精确打击等支援任务。随着太空系统逐渐走向战场，发挥太空系统作战效能，防范袭击，强化军事优势成为美军首要解决的问题。随着航天大国军事航天技术的迅猛发展，美军的空间安全受到威胁，空间是一个美国决不能拱手相让的极为重要的领域，必须确保绝对的空间优势。美国需要一支能够威慑太空冲突的力量。如果威慑失败，那么战争就会在太空爆发或者扩展到太空。太空力量可以增强其他所有军事力量，灵活的军事太空力量可以在和平竞争中获得持续优势，在冲突或战争中获得决定性优势。

在美国1996年版《国家太空政策》中首次涉及太空威慑的概念，"国家太空安全活动应该威慑、警告，并在必要时，抵御敌人攻击，为国家安全作出贡献"。此后的多部重要文件对太空威慑概念进行了深化阐述。从"施里弗"演习看,为达成威慑效果,美军大力发展先发制人的太空打击能力,不断提高有效防御带来的威慑效益,通过演习验证其太空实力、传递威慑力,采取联盟策略借力威慑,将太空作战与支援能力集成到联合作战拓展威慑效能。此外,加紧融合核威慑力量、网络空间威慑力量、太空威慑力量,构建综合战略威慑力量体系,意在实现"不战而屈人之兵"。

6.3.1 建设先发制人打击力量慑止对手

实力是形成威慑能力最基础、最重要的因素。小布什主政时,推行单边主义和先发制人的战略,这些落实到太空领域,则表现为发展先发制人的太空打击能力、保留先行打击的选项,实施"惩罚式威慑"。

1. 建设"可逆性"打击力量

美军多次演练通过"可逆性"方式摧毁对手卫星,拒止与剥夺敌方使用太空系统的能力,包括欺骗、干扰、拒止、降级等。如"施里弗1"演习中,"蓝方"(美军)动用"可逆的、非杀伤"性反卫星武器(如地基激光武器),暂时使"红方"卫星失效;利用小卫星干扰对方的卫星;采取接管"红方"广播卫星的行动等;"施里弗-Ⅱ"演习中,可能使用了天基激光武器和电磁炸弹等。上述"可逆性"攻击主要由定向能武器实施,包括用于太空作战的高能激光武器、粒子束武器和微波武器等。早在1984年,美国"挑战者"和"发现"号航天飞机就进行了激光武器和粒子束武器的试验。1997年10月,美军从地面发射的两束强激光,先后击中拟退役的气象卫星。

2. 发展动能硬摧毁武器

在"施里弗-Ⅲ"演习中,美军强调"并没有取消使用永久、不可逆性手段"。事实上,美军一直在进行动能反太空系统武器的研制试验。上世纪80年代美军就建设有舰(机)载反卫星导弹系统、天基动能武器系统等,并通过"智能卵石""克莱门汀Ⅱ"计划等进行验证。2008年2月，美军在太平洋地区进行的"宙斯盾"舰载导弹拦截卫星试验（目标为USA-193号卫星），证明其具有从世界大洋的任意点位实施动能拦截卫星能力。美军2012年启动"上帝之杖"天基动能武器系统计划，将于2025年完成部署，"上帝之杖"（其金属棒由钨、钛或铀等金属组成）在太空发射，其撞击动能堪比核武器。

3. 研制太空战机和航天母航

太空战机将现有的太空系统以支援作战为主扩展为直接作战，是美军实施1小时全球快速打击和"量体裁衣"式威慑的重要太空武器，将极大增强太空威慑实力。典型代表是X-37B空天飞机，美军两架X-37B先后在2010年4月和2011年3月发射升空。X-37B可自由进出太空，安装"机械手"后可以捕获卫星，加挂武器则成为太空战机。X-51A、HTV2等空天战机项目正在研制。据报道，美军正在研制可搭载定向能武器、导弹、太空战机、卫星等各类空间武器和系统的航天母航。

6.3.2 建设有效防御和抗击力量慑止对手

根据威慑理论，如果被威慑方可能遭受报复性打击导致损失巨大、行动收益却甚微时，被威慑方不太可能贸然行动。美军认为，随太空技术的扩散，太空准入门槛在降低，其太空系统安全稳定性正受到侵蚀，"太空珍珠港"事件有可能发生。据此，美军在多次"施里弗"演习中，演练如何有效的防御对手的攻击行为，使之难以奏效并放弃行动，达成"拒止式威慑"。

1. 综合运用先进技术，躲避攻击

一是应用变轨机动技术，防御对手攻击。美军现役卫星大多具有较强的机动变轨能力，可通过改变轨道高度和倾角，逃避敌方反卫星武器的发现、跟踪和攻击。"施里弗"演习中也可能试验了利用轨道转移飞行器调整卫星轨道等内容。二是积极发展伪装、隐身等技术，在卫星表面涂上吸波材料,并配置如光闸、保护盾、过滤装置、防干扰装置等,防敌侦查监视,进而避免攻击。三是发展护航卫星技术,通过释放若干诱饵卫星和杀手卫星,利用这些"替身"卫星撞击或摧毁敌方的卫星及反卫星武器等,保护关键目标,化解对方的攻击行动。

2. 建设重组能力,实现功能快速恢复

"施里弗-Ⅲ"演习中,美军演练了利用临近空间飞行器补充太空系统作战支援能力、快速建立微小卫星群、卫星快速发射等课题;"施里弗3"演习中,也特别研究了保护、增补与替换太空卫星系统的手段。在遭袭后快速重组系统和能力方面,美军认为,在和平时期展现强大的太空重组能力,可威慑敌方,使其不敢轻举妄动。太空重组,既可通过对现已部署太空系统的改进、变更、附加应用来实现,也可通过新的快速发射卫星方式实现。美军将此视为"可能是近期内降低攻击美军太空系统预期收益的最佳方式"。美军开展了一系列旨在几天甚至更短时间内实施航天发射、重组太空能力的技术和研究。

3. 增强系统弹性,降低遭袭损失

一是采用备用星方式,增加系统冗余能力。美军在制定军用卫星系统发展计划时,均充分考虑备用星问题,如美军第三代国防卫星通信系统、"军事星"、国防支援计划卫星、GPS 导航卫星、特高频后继星等都有备用星。当工作星遭对手破坏或出现故障,备用星迅速接替工作,确保卫星系统功能快速恢复。二是采用分布式多卫星技术,增加系统弹性。利用更多数量的卫星或微卫星群分散承担多种任务,降低敌方攻击带来的损失。

6.3.3 建设强大的态势感知能力支撑威慑行动

美军在演习中得出一个重要结论:良好的太空态势感知能力本身即可达成威慑效果,可使对手慑于被查并遭到"以牙还牙"的报复而不敢贸然发动攻击;而态势感知能力的缺乏,将导致在太空系统异常时，难以判断是系统自身的技术故障还是对手攻击的结果，从而妨碍报复行动的实施。"惩罚式威慑"和"拒止式威慑"的实施，均需先查清是哪个对手采取何种手段对太空系统实施何种攻击，这需要强大的太空态势感知能力作支撑。在"施里弗2001"中，为应对"红方"可能的攻击，"蓝方"紧急发射了监视卫星，使"红方"难以发动突然袭击；在"施里弗2012"中，探查了综合空间态势感知能力需求，包括从光学到雷达、从地基到天基的全套传感器，得出了"快速准确、融合的太空态势感知情报，是高级领导决策的关键要素"的结论。目前，美军天基太空监视卫星SBSS已形成初步作战能力，可全天候监控人造卫星和太空碎片，支持太空作战。当前美国防部跟踪着太空约22 000个人造物体，其中在役卫星约1 100个。

6.3.4　通过结盟和合作方式借力威慑

多次"施里弗"演习均模拟和研讨了盟友、国际组织、商业卫星公司联盟问题。从作战保障角度看，自海湾战争以来美军实施的多场战争中均大量依赖商用卫星保障作战。"施里弗2001"演习中，通过商业竞价，扮演外国卫星公司的8人决定履行与"红方"签订的合同，这令"蓝方"感到担心和不满，认为"红方"的行为压缩了"蓝方"利用商业卫星的空间并直接威胁其利益。该演习结束后，美军要求政府制定约束国际商业卫星系统的相关政策和计划。

从实施威慑方面看，美军认为，有选择性地与盟国或他国结成太空伙伴关系，将太空系统职能分散到与美国友好国家或商业集团的太空系统中并进行数据共享，建立这样的"太空利益共同体"可以从多个方面威慑挑衅者，降低对手单次攻击所能获得的利益，同时获取美国实施报复性打击时的国际支持。2010年6月公布的《国家安全太空战略》中，奥巴马政府强调国际合作，形成集体确保（CA），平时提供威慑价值，战时收获太空作战能力。美战略司令部已与世界上大约20个卫星运营商签署共享太空数据与联合分析的协议，美国国防部与澳大利亚共建全球宽带卫星系统,为美、澳提供信息交换,具有 C^4ISR 功能。美军在"持久自由行动"和"自由伊拉克行动"中使用的"鹰眼"移动卫星接收系统,直接接收并处理加拿大"雷达卫星"、印度遥感卫星 IRS – C 和 IRS – D、法国"斯波特"等多种卫星拍摄的图像。

6.3.5 构建综合战略威慑力量

冷战时期,美国太空力量是核威慑体系的重要组成部分,美国的侦察、导弹预警和通信卫星在对苏联"三位一体"核力量进行监视、预警和拦截等方面发挥不可替代的作用。冷战结束后,一方面,随着核威胁程度的降低及太空实力的增强,太空力量从核力量中分离,形成独立的威慑力量的趋势越发明显;另一方面,核威慑和反导却更加依赖于太空 C4ISR 系统。

同时,由于计算机网络在作战中的地位不断提升,且太空系统和网络空间都具有快速攻防、全球到达、渗透联合作战各环节和战斗力倍增器等共性特点,太空与网络交织变得紧密。自"施里弗 – V"演习开始,太空系统与网络空间的集成与融合问题成为重要演练课题,"施里弗 2012"将主题设为如何慑止在太空和网络空间可能发生的战争,"施里弗 2013"将太空与网络空间的作战融合问题作为一个重要课题。美军通过演练提出了"光速交战"的概念,并认为太空和网络空间的发展将催生新的作战条令、概念、战术、战法等。从近年来美国出台的一系列国家安全及军事相关战略报告和联合作战条令中可以看出,美军已将核威慑、太空威慑和网络空间威慑作为其"三位一体"的战略威慑力量,力图发挥"三位一体"威慑力量的战略支撑作用,提升常规作战能力,确保超强的军事优势。

第7章 太空战及主要国家太空力量建设情况

随着科学技术的发展,人类战争的领域不断扩展,从陆地逐步发展到海洋、空中乃至外层空间,并出现了崭新的战争概念——太空战。早在20世纪六七十年代,苏联和美国就开始了太空领域的军事竞赛,极力研发太空武器。近年来,几场高技术局部战争的实践充分证明,太空是各种信息的策源地,夺取制天权是赢得信息化战争胜利的前提条件。纵观当今世界,太空武器正在发展,主要国家正加快太空力量建设,以太空攻防为核心的太空领域军事化已成现实。

7.1 太空战相关背景

7.1.1 太空军备竞赛发展演变

7.1.1.1 冷战时代

冷战时代,美苏激烈的太空军备竞赛逐渐拉升了太空武器化的程度。前述的美苏反卫星武器试验的数据本身说明了太空武器化的程度。所以太空安全学者詹姆斯·莫尔兹(James Clay Moltz)认为,到1962年时,美苏已经开始全面(full-scale)太空武器化了。随着冷战的日趋白热化,太空武器化程度随之水涨船高,到20世纪80年代，太空武器有天基武器，如部分轨道轰炸系统、共轨式反卫星武器；地基反卫星武器，如激光；还有天基反卫星武器。莫尔兹认为，"20世纪80年代中后期，太空可能已经被完全武器化了，只是作为美苏攻防武器竞争的一部分"。

太空高度武器化遭到世人的强烈反对。首先，核辐射对宇航员的健康产生致命后果。其次，对卫星产生严重影响，轻则失去功能，重则被摧毁；更严重的是，可能引发太空大战。早在1962年，美国国务卿迪安·腊斯克（Dean Rusk）针对太空军备竞赛发出了警告，"现在越来越危险的是，太空可能成为人类的最新战场。"在国际社会的压力下，美、苏、英三个核大国于1963年达成《部分核禁试条约》，禁止在太空进行核试验。1967年的《外太空条约》禁止在太空（含天体）放置核武器以及其他大规模杀伤性武器。为限制美苏的核反导系统，两国签署《反导条约》，规定双方在战略导弹基地和首都允许部署少量核反导系统，严禁发展、部署天基反导系统，同时还规定为了验证双方条约遵守情况，一国可以动用国家技术手段（包括卫星技术）进行核查，对方不得干扰。《反导条约》作出此种规定，目的就是限制双方发展核反导系统，维持美苏核战略平衡。事实上，纵观整个裁军与军控历史，只有当一种武器严重威胁到国际安全、人类生命安全之时，国际社会才考虑对此实施限制。因此，上述三个条约的签署与实施，说明了太空武器化的程度之高。

7.1.1.2 后冷战时代

冷战后，太空武器化程度逐渐上升。美国为了独霸太空，大谈特谈太空武器化不可避免。美国参谋长联席会议制定了如何在太空进行作战的计划——将"太空作战"从美国空军的"空天作战"理论中正式独立出来，并且确定太空是创造胜利的战略和战术"终极高地"（Ultimate High Ground）。因此，美国拒绝与中、俄和国际社会就禁止太空武器化进行谈判。特朗普政府已经组建一体化的太空司令部，计划组建独立的太空军，研发新空天飞机、强化天基反导系统，并计划部署天基拦截器，无疑将进一步提升太空武器化的程度。美国拥有多款反卫星武器，包括直升式、共轨式反卫星武器，还拥有强大的定向能、电子、网络反卫星能力。而且，美国太空武器逐渐实战化，例如，X-37B空天战斗机已经多次进行了秘密飞行，承担秘密使命，验证其作战效能。再如，2008年2月，美国用海基反导系统摧毁了一颗卫星。从技术层面上看，"和防御来袭导弹相比，导弹防御可能在技术上更适合作为一种反卫星武器"。美国拥有世界上最强大的反导能力，也就是拥有世界上最强大的直升式反卫星能力。此外，为验证美国太空作战构想，美国还进行了太空战网络演习，例如战略、战役层级的"施里弗"与战术层级的"太空旗""全球哨兵"演习。总之，"美国是太空武器化的主要推手"。

因无力约束美国太空武器化政策与做法，包括俄罗斯、印度、日本等国家也不得不未雨绸缪，研发太空武器，或自卫或与美国行使集体安全，反太空能力呈现出多样化特征。根据美国战略与国际研究中心2019年4月的报告，俄罗斯同样拥有上述反卫星武器能力，尤其是俄罗斯在36 000千米高的地球静止轨道上部署了共轨式反卫星武器。伊朗虽然没有公开信息表明本国要发展直升式、共轨式反卫星武器，但是伊朗拥有弹道导弹，可以作为直升式反卫星武器。就非动能物理反卫星武器而言，伊朗已经获取了用激光致盲美国卫星的能力；伊朗已经拥有了电子与网络反卫星能力。朝鲜拥有了直升式反卫星武器以及电子与网络攻击卫星的能力。已经有证据显示，朝鲜"可能正在发展部署核电磁脉冲能力"。以色列、印度、埃及、巴基斯坦、日本和一些欧洲国家也都拥有一些反卫星能力。美国安全世界基金会则列举了俄罗斯等国拥有多款反卫星武器：近地轨道与地球静止轨道共轨式反卫星武器、直升式反卫星武器、电子反卫星能力；较强网络反卫星能力以及正在发展空基与地基激光反卫星武器。该机构认为，伊朗展示了电子反卫星能力以及网络反卫星能力。该机构认为朝鲜拥有网络反卫星能力，尽管弹道导弹可以发展为直升式反卫星武器，但是朝鲜没有意图发展反卫星能力，更没有意图把有限的核武器作为反卫星的电磁脉冲来使用。尽管这两个机构对一些国家是否拥有特定的反卫星能力的评估存在差异，但是可以看出这些国家至少具备了发展特定反卫星能力的潜能。2019年3月，印度进行反卫星试验，再次拨动了世界对太空武器化敏感的神经。后冷战时代的太空武器化呈现新面貌，那就是多国拥有反卫星能力，而且手段多样化，这有别于冷战时代美苏两国军备竞赛引起的太空武器化。

7.1.2 太空防务基本态势

7.1.2.1 制定太空安全战略，加强太空防务建设

目前，世界主要太空大国根据本国国家安全战略和军事战略，制定太空防务战略，以及由此决定太空防务建设，形成了目前的太空防务态势。

第一，视太空为国家安全重要领域，组建太空军事部门。自从太空时代出现以来，美国视太空为国家战略资产。克林顿政府、小布什政府和奥巴马政府的太空政策明确指出，太空事关国家安全利益，美国要充分利用太空保卫国家利益；对其太空资产的攻击就是对美国本土的攻击，美国政府利用一切手段进行回应。因此，美军一直花费巨资投资太空军事领域。截至2017年8月31日，美国拥有803颗卫星，其中军事卫星159颗，军事卫星的占比为19.8%。美国空军负责军事航天，承担其中90%卫星的建设与管理。为统一太空军力的建设与作战事宜，美国国会和军方于2017年7月增设一个新职位：空军副参谋长，由三星中将担任。此外，美国会还在为组建独立太空军进行立法准备。

俄罗斯视来自空天的威胁为国家重大安全威胁。俄罗斯联邦2010年和2014年的《军事学说》都强调建设适当太空军力的重要性，明

确提出"在太空战略区域部署和保持太空航天器轨道集群",便于军队行动。为此组建了新军种:2015年8月,俄罗斯空天防御部队与空军合并,组建新的空天军部队,负责航天器的发射和管理,并承担空天作战使命。同时,发展在轨卫星数量,尤其是军事卫星数量。俄罗斯在轨卫星数量为142颗,其中军事卫星为85颗,军事卫星占比60%。

日本借口朝鲜1998年发射远程弹道导弹,迫使美国放手让其自主发展军事卫星,同时颁布《宇宙基本法》为太空促进国家安全服务开路。自从1998年以来,日本太空军事能力取得了很大进展。2015年《宇宙基本计划》设想要继续扩大军事卫星,除了导航定位系统(即准天顶卫星系统)外,日本强化太空态势感知和天基海洋态势感知、X波段军事通信卫星、军事侦察卫星、快速响应小卫星和先进光学与雷达卫星;预警卫星的上马视情况而定。首相安倍晋三称该计划是"历史转折点"。

多年前,印度知识界就呼吁军方组建太空司令部,例如潘迪特(Rajat Pandit)2008年就呼吁印度组建太空司令部,为"最后边疆"进行"战术、战役和战略开发",为未来的"星球大战"未雨绸缪。2012年军方正式提出组建太空防务部门。2017年7月,政府已经批准组建包括太空防务机构(Defense Space Agency)三个军事机构。该机构与印度太空研究组织(ISRO)和国防部的国防研究与发展组织(DRDO)整合与利用太空资源。

第二,追求反太空能力。太空已经成为国际战略竞争的制高点,美国为了控制太空,谋求太空主导权,长期以来一直在研发太空武器。除了延续前两任政府加强太空态势感知系统,部署更加先进监视卫星,以及第五次秘密测试X-37B等外,特朗普政府强化(反)太空能力:发展天基导弹防御系统——导弹防御系统本身可以作为一个反卫星武器系统。2018财年《国防授权法案》要求军方加快天基导弹防御传感器建设，尽快具备拦截能力，同时要与"萨德"系统、"宙斯盾"系统和"爱国者"系统进行集成；特朗普政府还试图制造太空飞机（Spaceplane，代号 XS-1）。国防部希望该款飞机集飞机和火箭性能于一身，可以垂直起飞，以高超声速速度飞行，可随时发射，随时满足国防需要。

俄罗斯也在强化反太空能力，包括地基、空基和天基的反太空能力。俄罗斯复兴和改进冷战时期的空基反卫星系统；多次成功进行了地基反卫星试验；重新启动新的天基反卫星系统，其太空物体进行近20次的太空机动变轨。

日本已经拥有了或潜在拥有反卫星能力。2015年6月，美日联合研发的新型反导系统，即新型标准-3（SM-3BlockIIA），进行了首次试射，并取得成功。2017年1月和6月，先后两次进行反导拦截试验。20世纪90年代，日本早于美国发射的具有轨道服务功能的卫星，就是兼具防御性与进攻性的反太空和反卫星技术。日本拥有或潜在拥有美国设想的太空军力应用技术。

印度公开声称要谋求反卫星武器，已经成功测试反导能力，在理论上具有了反卫星能力。印度国防研究与发展组织承认印度正在开发反卫星武器。印度追求反卫星武器的多样化，不仅仅是地基直升式动能反卫星武器，有可能包括天基反卫星武器。2013年11月印度成功发射火星探测器，并进入火星轨道。从理论上讲可以在太空部署轨道武器。实际上，印度国防研究与发展组织下一个目标可能是发展绕地或绕月天基武器。

第三，强化太空实力建设，增强太空军事实力。太空防务建设需要整个太空工业和技术支撑；同时，太空技术本身就是军民双用技术。因此，整体太空实力建设就是太空防务建设的重要组成部分。目前，太空呈现出多极化趋势，美国太空实力相对下降，因此，为了夺回失去的太空优势，美国出台政策实施公私伙伴关系，促进私营太空公司发展，共同合作研发太空军事技术。尤其是特朗普政府鼓励私营公司与国防部和美国宇航局（NASA）合作，发射军方卫星、合作开发新军用、民用太空飞机，组建商业空间站。美国出现了以太空探索公司（SpaceX）为代表的一批私营太空公司，这些公司不仅能够研制卫星，而且还能生产可以重复利用的运载火箭，这是美国太空防务建设的坚实后盾。

俄罗斯加快基础设施现代化，升级本国的普列谢茨克发射场和租借的拜科努尔发射场，新建远东发射场，并改进现有"质子""联盟""宇宙"系列运载火箭，研发"安加拉"系列新型火箭，保障俄罗斯进入太空通道；同时改组工业，组建联合火箭与航天公司；实施航天专项计划，扩大航天资产。目前，俄罗斯太空实力恢复明显。

印度通过技术展示显示太空防务建设进展。2017年6月，印度"一箭37星"；2017年2月印度"一箭104星"，成为创造了单次发射卫星数目最多的世界新纪录。印度一箭几十星、上百星的能力，表明印度具有相当的快速反应能力。

自从太空时代出现以来，太空一直被赋予了军事意涵。随着卫星被广泛地运用于冷战结束后的历次局部战争，大国进一步把太空与国家安全结合在一起，进一步加大太空防务建设，形成了太空军事化与武器化态势。

7.1.2.2　立足本国战略目标，加紧争夺太空控制权

大国的太空防务建设与态势都是基于各自战略目标，以及现有能力和未来发展潜力，太空防务态势博弈也很明显。从争夺太空控制权来说，大国博弈呈现控制与反控制的特征。美国太空战略很明确，就是实现太空控制，确保太空行动自由。太空控制与太空行动自由互为表里，太空控制的具体表现就是太空行动自由。"太空控制"是美国太空战略的基轴，包括五大行动能力，即太空支援、太空军力增强、太空控制、太空军力应用、太空态势感知（Space Situation Awareness)。太空不仅要成为三军的帮手,而且太空军力要能遂行天对天、天对海陆空、海陆空对天战斗等军事行动。美国太空控制战略实际上就是谋求全面军事优势,实现其全频谱作战和多域战构想,延缓美国霸权的衰落。为此,负责太空军力建设的空军正与战略司令部等机构制定"太空作战架构"(SWC),提升太空行动的"灵活性、持久性和弹性"。与此同时,负责太空作战的战略司令部正在进行重组。战略司令部司令约翰·海腾(John E. Hyten)2017年6月签发命令,改组战略司令部架构,组建包括联合部队太空司令部(JFSCC)在内的四个作战组成部门,并提升该司令部级别,由四星将军领导,该司令部由空军太空司令部司令领导。美军改组战略司令部,并提升联合部队太空司令部地位,目的在于通过训练部队、采购、测试和评估太空系统,提升太空作战能力,不仅仅整合三军,更重要的要赢得太空战的胜利。

其他国家的太空防务建设,是对美国太空控制战略与行动的反应。俄罗斯和日本等国家发展一定水平的太空军力,组建相关作战部队,承担太空领域的作战使命,本身就是对美国太空控制战略的回应。

印度则以追求太空大国地位的方式反对太空控制。这一点来自其没有被承认作为拥有核武器国家地位的教训。1968年《核不扩散条约》是"有核国家"与"无核国家"地位的分水岭,尽管印度于1974年进行核试验,目前库存了一定数量的核武器,但是仍然不被国际社会承认为"有核国家",因此印度对未能在1968年之前试爆核武器耿耿于怀,所以希望在达成禁止太空武器化条约之前进行一次反卫星武器试验。实际上,与其说印度用追求反卫星武器证明其太空大国地位,还不如说印度希望拥有反太空武器反对太空控制。

从大国间的竞争态势看,美国和日本明显表现出进攻态势:美国拥有先进的太空攻击能力;其对太空依赖程度远远超过其他所有国家，而太空资产与生俱来的一个特点就是对攻击具有脆弱性。"一个国家在拥有或认为自身拥有强大进攻和薄弱防御能力的时期，往往会发动和进行更多的战争"。从美国决策者的偏好来讲，美国安全决策者越来越倾向于认为美国在太空进攻中占优势能确保美国的绝对安全。2017年4月在参议院武装力量委员会举行的听证会上，美国战略司令部司令海腾公开表示，美国要发展"进攻性能力"保卫美国。美国也宣示，如果一旦感觉其太空行动受到威胁，美国便可以先发制人发起攻击。

作为美国盟友的日本，虽然没有明确说明要在太空采取先发制人的打击手段，攻击敌国卫星，但也时常把进攻放在嘴边，尤其表现在反对朝鲜发射弹道导弹和卫星上。日本多次表示，如果朝鲜发射导弹或卫星飞越其领空，日本会对其进行拦截。随着日本解禁集体自卫权的限制，海基"标准3"能力的完善，以美日军事同盟为依托，日本不排除在太空上采取进攻姿态。自从2013年起，美国和日本举行"太空全面对话"加强两国之间的太空合作。2013—2017年，两国举行了四次对话，旨在通过发展两国太空能力，进一步强化美日同盟。2015年4月发布的《日美防卫合作指针》称，在早期预警、太空态势感知和指挥、控制与通信等领域加强合作，一旦太空系统出现威胁或军事攻击，两国将通力合作，共同应对。

俄罗斯作为一个太空强国，在太空防务上总体倾向于防御。从国家实力上看，俄罗斯拿不出更多的财力发展进攻性太空武器与美国对抗。即使苏联在冷战时代拥有先进的反太空能力，但是俄罗斯并没有全面重启这些反太空能力，而是部分恢复并加以改善。俄罗斯恢复或者开发反太空能力，也是对美国进攻性的反太空能力的一种被迫回应。尽管在回应美国太空威胁时，俄罗斯也不免放狠话，表示要采取先发制人的打击。俄罗斯虚张声势的太空先发制人打击声明，并不能改变俄罗斯太空防务姿态的总体防御性质。

从手段看，太空防务态势呈现非对称手段进行太空博弈。太空大国根据自己的实力，谋求非对称手段威慑、打击对手。就美国而言，谋求的是"全频谱优势"，也就是全方位优势，在核力量、常规力量、太空力量和网络力量方面，构建全方位的优势力量，慑止对手，一旦威慑失败，同样使用各种军力手段对对手实施报复和惩罚。而其他国家则集中一种或集中几种方式威慑、打击对手卫星。对于中俄两国而言，并没有追求类似美国的各种反卫星能力，只是追求有限手段。其中一种方法是试图发展与美国大体持平的卫星数量。另外，因为卫星系统的传输越来越与网络结合在一起，这为利用网络技术攻击卫星创造了条件。而且事实上，网络不仅可以攻击卫星数据传输，而且也可以攻击卫星硬件，更可怕的是对方劫持己方卫星对己方实施网络攻击。因此，只要卫星与网络结合，卫星就有被网络攻击的可能性。值得一提的是，中国发展量子通信卫星，可用于防止对手对其进行非法接入。

此外，还有一种非对称的卫星攻击技术，那就是使用太空核爆炸。这是拥有核导弹国家的太空撒手锏。"进入太空时代以来，任何一个拥有弹道导弹和核武器的国家都可以制造出虽简陋却具备高度破坏能力的反卫星武器"，一旦核武器在太空爆炸，就会对"所有太空强国的轨道设施造成灾难性破坏"。除了日本还没有库存核武器外，美、俄、中、印都拥有导弹核武器，可以作为反卫星的撒手锏武器。

当然，大国进行太空防务博弈之际，也开展一定的太空交流与合作，试图降低太空防务对抗的激烈程度。例如，中美先后进行了两次民事太空和一次太空安全对话。但是，随着特朗普政府上台，中美太空对话停滞不前。特朗普政府强化太空军力建设，尤其开发、部署天基导弹防御系统和新太空飞机，太空防务态势博弈看来进一步强化，试图用交流与对话的方式，缓解太空防务对抗程度的前景不容乐观。

7.1.2.3 军控谈判陷入僵局，太空武器化进程加快

目前，禁止太空武器化的国际谈判陷于僵局，有关国家毫无顾忌

地研发和部署（反）太空武器与能力，加大太空武器化程度，拉升大国太空防务的对抗性，产生一系列问题，对国际战略稳定与平衡产生重大影响。

第一，引发反导、太空军备竞赛，降低太空首攻稳定性。正如前述，反导系统不仅可以拦截来袭的导弹，同时可以作为一款反卫星武器，具备"一箭双雕"功能。因此一些太空大国竞相发展和改善反导系统。美国不仅部署陆基反导系统，而且还和日本等国联合发展海基反导系统。美国反导系统试验次数之多，居于世界首位，其反导和反卫能力也首屈一指。而且美国在韩国部署"萨德"系统，这种情况又引发其他国家连锁反应。一旦一国进行反导、反卫星试验，或多或少引起他国反应。2017年美国和日本进行了两次海基反导试验，并于5月进行陆基中段反导系统试验，立即引起中俄的反应。

为了突破对方的反导系统，有关国家开发超高声速武器。除了X-43A和X-51A外，美国空军正在迫不及待地研发新的高超声速武器。而且，美国也在与澳大利亚一起研发此类武器，2017年7月，两国进行了一次超过5倍声速的高超声速武器试验。俄罗斯现在也在研发高超声速武器Yu-71，先后多次进行试验。

组建和提升反导能力肯定离不开卫星的帮助，尤其是军用卫星。前述的美国、俄罗斯的军事卫星数量可以窥见一斑。

当美国力图用先进太空技术消除太空安全威胁之时，反过来又促使其他国家发展相应的反制措施，出现这种状况使得太空首攻稳定性下降。首攻稳定性（First-strike stability）是肯特（Glenn Kent）和泰勒（David Thaler）首先提出的，"首攻稳定性侧重双方的部队态势和能力与弱点之间的平衡，如果发生对抗，这些因素会让危机变得不稳定"。他们两人利用这个概念讨论两个或多个国家利用核武器进行相互威慑。福里斯特·摩根（Forrest E. Morgan）认为太空领域与核领域一样，同样存在相互威慑，同样存在首攻稳定性问题。一旦出现危机，双方都有可能首先发起攻击，因为卫星对攻击是脆弱的；太空威慑与核威慑一样也"存在失效临界点，如果突破这个临界点将会导致报复、后续攻击和战争的快速升级"。

第二，大国太空防务态势增加了核战风险。如同前述，太空威慑同样存在失效临界点问题，一旦失效战争就会升级，可能会导致核战争。卫星增加了核威慑能力，是核威慑的帮手。卫星提升核威慑能力的首个实践来自古巴导弹危机。美国"发现号"（也称"日冕号"）侦察卫星发现了苏联的导弹实力不是其所宣称的那样强大，苏联没有足够的导弹核武器攻击美国本土。于是美国政府很快决定以核战争相威胁，阻止苏联向古巴运输导弹基地所需要的材料与设备。"日冕号"在发射后仅仅两年就证明了它作为战略武器的价值，其提供的数据稳定了即将发生战争的局势，并且防止美国因为计算错误而陷入战争之中。因此，后来大国积极发展各种卫星尤其是军用卫星提升核威慑能力，其中导弹预警卫星对于战略核威慑的作用更大。

大国把对卫星的攻击看作是对其核力量攻击的前奏。1995年1月，俄罗斯把挪威探空火箭的发射误以为是对俄罗斯战略核打击，差点启动核按钮，后来查明原因在于俄罗斯预警卫星失效，未能及时探知是探空火箭。一旦开启太空战，尤其是攻击预警卫星，导致预警卫星失去功能而发生误判，核战门槛就会大大降低。为应对不测，俄罗斯政府明确表示，不排除对美实施先发制人核打击。

第三，大国太空防务态势阻碍核裁军与核军控进程。由于美国继续强化反导系统，以及进攻性太空军力，俄罗斯倍感战略安全受到严重威胁，明显降低了核裁军力度。根据统计数据，到2017年3月，俄罗斯部署的核弹头要超过美国354枚，较之于2015年9月俄美部署的核武器相差110枚，俄罗斯核武器绝对数量增加了117枚，相对数量增加了244枚。根据美俄《削减和限制进攻性战略武器条约》，美俄部署的核武器数量削减至1 550枚以下，美国兑现了承诺，而俄罗斯则没有，这是俄罗斯对美国太空优势的被迫回应。不仅如此，俄罗斯还在质量上对战略核武器进行改进，以弥补运载工具的相对弱势。

2013年俄罗斯重新启动2005年裁减的铁路机动发射系统。该系统隐蔽性超强，生存能力居陆基导弹系统之首，需要同时动用许多颗卫星才能跟踪它。此外，俄罗斯正在改进或研发新的洲际弹道导弹，如"亚尔斯"RS-24和"边界"RS-26和"萨尔马特"重型洲际弹道导弹。这些导弹是反导系统的杀手，它们威力更大，机动性更强，可以突破最复杂的反导系统。俄罗斯也在研发"核武鱼雷"，该鱼雷可潜行10 000公里，可对沿岸城市和设施进行核打击，而且该鱼雷系统本身也是先进的反-反导攻击系统。

尽管美、俄更新核武器系统，不会以别国核武器系统的现代化意志为转移，但是美国执意发展反导系统，尤其是天基反导系统，无疑促使其他国家提升战略核能力决心与力度，但这又在一定程度上促使美国更新三位一体核力量。美国正在研发B-21，以及建造新一代战略核潜艇"哥伦比亚"级。借口朝鲜发射弹道导弹和试验核武器，美国2017年4月开始多次试射"民兵3"洲际弹道导弹，以及进行了两次B61-12战术核武器的试验。2017年10月，俄罗斯和美国先后进行了洲际导弹演习。普京亲自指挥陆海空三位一体的战略核打击综合演习，发射4枚战略核导弹，全部命中目标。4天后，美国举行了年度"环球雷霆"战略核力量演习。

大国太空防务态势促进了核武器系统的现代化。这些拜美国太空控制战略所赐。美国学者总结说，美国的太空控制战略导致了核武器的额外扩散，这是更多的国家对太空武器感到不安全的一个"自然结果"；如果美国将太空武器化，那么核裁军与核军控的前景将进一步渺茫；当美国的太空控制给别国造成威胁，那么太空控制就成为这个问题的一部分，而不是解决这个问题的一部分。2016年6月6日中俄两国元首《关于加强全球战略稳定的联合声明》指出"反导领域的形势发展尤其令人担忧。单方面发展并在世界各地部署战略反导系统的非建设性行为，对国际和地区战略平衡与安全稳定带来消极影响"；某些国家研制的"全球即时打击系统"等远程精确打击武器，可能会严重破坏战略平衡与稳定，引发新一轮军备竞赛。

7.1.3 世界太空力量基本格局

经过 60 多年发展，以美国、俄罗斯、欧洲为代表的西方国家建立了体系健全进的太空力量，并在多次战争中得到了成功运用。美国拥有世界最强的太空力量，在其探索的多种太空应用模式中均处于领先地位，拥有最丰富的作战经验。随着 2019 年太空司令部（USSPACECOM）和太空军（USSF）的成立，美国立足复杂太空对抗环境，积极调整太空发展战略，强化保持其在太空领域的领先优势。苏联实施了一系列由政府主导的太空计划，太空力量可以与美国相匹敌。过去 20 年，尤其是 2015 年成立空天军以来，俄罗斯将精力转到重夺太空优势上，积极推进太空能力现代化，尽管目前俄罗斯太空技术不如美国，但其全方位布局太空能力发展，持续部署重大太空项目，以提升太空自由行动能力。欧洲各国于 1975 年成立欧洲航天局，以促进各国在航天方面深度合作，推动航天一体化进程。冷战后期，在美俄主导军事和民用航天的情况下，欧洲选择商业航天之路，一度是欧洲航天的最大特色。欧洲太空力量发展即注重自身独立性，又积极参与国际合作项目，强调民用航天活动向统筹推进军民航天活动拓展。整体而言，欧洲太空力量明显弱于美国，只有法国拥有独立的航天技术，当前更是面临英国脱欧公投通过以及意大利脱欧升温的重大挑战。印度在太空力量发展方面已有 50 多年经验，大多数都聚焦民用领域。最近 10 多年印度开始组织发展军事太空力量，期望在国际社会达成禁止动能反太空试验前，具备相应的太空能力。

7.2 美国太空力量建设情况

7.2.1 美太空力量建设面临的威胁与挑战

2018年4月,美国众议院军事委员会连续举行两场有关"太空战"的听证会。在听证会上,美防务部门官员和智库专家表示,面对俄罗斯在太空领域的迅猛发展,美应通过增加防务预算、加强机构协调、加快军事部署、加强外部合作等方式提升太空竞争能力,做好"应战"准备。

第一,充分认识太空领域的竞争与威胁。美官员及专家认为,美国面临的挑战主要有:一是太空技术难以垄断。3D打印、人工智能和机器学习等技术的快速发展、高通量通信卫星技术取得进展、近地轨道大规模商业卫星计划推出等因素,大幅降低了进入太空的成本,太空的参与者更加多元化。二是俄罗斯加快开发太空武器。俄罗斯每三到五年就开发出一代反卫星武器,美国花了十年才开发出应对其第一代反卫星武器系统。俄罗斯未来或在太空推行反介入和区域拒止战略,如果与美发生冲突,其可能会攻击美太空设施。有专家还称,俄罗斯正在不断提升可用于干涉美国行动自由的太空作战能力,开发可做出灵活反应的毁灭性和非毁灭性太空武器。它还将太空技术用于支持其他军事领域的发展,如天基侦查、通信和导航等。三是缺少底线共识,存在误判可能性。根据对太空危机的模拟和战争推演,空间冲突升级的底线很模糊。

第二,美国在太空领域存在四大短板。美国目前并没有为太空战做好准备,在太空领域存在四大短板:一是管理机构不清。美国没有负责太空战的明确顶级决策机构,虽然由美国战略司令部总体负责,但实际上其决策权并不固定,与美国国家侦查局等太空情报力量各司其职,无法适应新的变化和要求。二是采购程序拖沓。预算审批速度过于缓慢是主要问题，提出创新思想到获取预算支持大约需两年时间，这足够那些商业太空公司开发出新一代技术。三是投资方向失准。尽管美空军司令约翰·海顿明确表示不再投建巨大、昂贵和非多样化的太空设施，而要建设有弹性、具备反应能力的太空设施，但美国国防部 2019 财年的预算并没有体现这一意图。四是外部合作不足。美国缺乏与盟国太空作战力量的整合，与商业航天公司的交流也不充分。信息的过度保密抑制了美与国际伙伴和商业公司合作的能力。

7.2.2 美太空军建设情况、主要特征及发展动向

在太空已然成为各国军事竞争的高边疆的背景之下，美太空安全战略也逐渐发生转向，对太空的认识从冷战时期的和平"庇护所"转为当下的作战域。受此观念影响，建立一支以太空作为作战域的部队就逐渐成为美国关注的重要议题。经过数十年的讨论，2019 年 12 月 17 日，参议院以 86∶8 正式投票通过 2020 财年《国防授权法案》，12 月 20 日，特朗普签署该法案，确立太空军为美军的独立机构。

7.2.2.1 美太空军建设发展重要举措

根据 2020 财年《国防授权法案》，美太空军建设初步规划为 18 个月。也就是说，自 2019 年 12 月起算，在不考虑其他影响因素的情况下，美太空军应于 2021 年 6 月初步建成。有关报道显示，截至 2020 年 8 月，美太空军已经拥有 10 个驻外单位，并且在格陵兰岛、阿森松岛、迪戈加西亚岛、阿拉斯加、夏威夷以及关岛等地设有海外基地或设施。同年 12 月，太空军作为美军最年轻的军种已经初具规模，并展现出全球部署的态势。回顾美太空军的建设历程，不难看出美太空军发展之所以如此迅猛，主要得益于其下述措施取得了较大成效。

1. 狠抓顶层设计

自太空军成立以来，美国白宫、国防部以及太空军先后发布了多项重要文件，推动美太空军事力量的建设与发展。

表 7-1　太空军建设与发展相关重要文件

文件类型	文件名称	发布机构	发布时间
太空战略	《国防太空战略》	美国国防部	2020 年 6 月 17 日
太空政策	《国家太空政策》	美国白宫	2020 年 12 月 9 日
	太空政策指令 -5	美国白宫	2020 年 9 月 4 日
	太空政策指令 -6	美国白宫	2020 年 12 月 16 日
作战条令	《太空力量》	美国太空军	2020 年 8 月 10 日
	《太空作战规划指南》	美国太空军	2020 年 11 月 10 日
愿景文件	《卫星通信愿景》	美国太空军	2020 年 2 月 19 日
	《美太空军数字军种愿景》	美国太空军	2021 年 5 月 6 日

太空战略。美国防部于 2020 年 6 月 17 日发布的《国防太空战略》，是美太空力量建设与运用的战略指导文件。该文件指出，大国竞争日趋激烈的战略背景以及航天技术迅猛发展的客观现实，尤其是中俄两国太空对抗能力及相关军事理论的不断完善，为美确保其在太空的军事优势带来了重大挑战。对此，美国防部将通过推进太空事务转型、改革组织架构、培养军队对抗敌人太空力量的能力以及发展太空力量相关作战概念等，在太空构建综合性军事优势。此外，《国防太空战略》提出，美国防部在加快推动美太空军建设发展的同时，也会更加强调联合作战，将军事太空力量整合到国家及多国联合作战行动中。

太空政策。2020 年 12 月 9 日，特朗普政府发布《国家太空政策》，概述了太空行动中应当遵循的原则，明确了美在民用航空探索、国家安全等方面的目标，同时强调要继续保持美在发展创新型太空技术、服务和作战方面的领导地位，增强联合部队的杀伤力和效能，并为所有作战域的联合作战提供太空能力支援。特朗普签署的"第 5 号太空政策令"作为美首份针对太空领域网络安全的政策，明确了美国土安全部和网络安全与基础设施安全局在增强美太空网络防御领导地位的作用，确立了太空网络安全的5项基本原则。"第6号太空政策令"在《国家太空政策》的基础上，以"明确阶段目标"的方式，为美发展及使用空间核动力和推进系统提供了更为细致的战略路线。

作战条令。2020年8月10日，美太空军发布《太空力量》，该文件作为美太空军首份作战条令，阐述了太空军的发展理念和核心能力，确立了太空力量运用的基本原则，明确了太空军的基本职能和专业领域，为美太空军建设发展提供了战略指导和长远规划。同年11月，《太空作战规划指南》（CPG）发布，该文件明确了太空军建设发展的五大优先事项：一是建立一支精简敏捷的部队；二是建立世界级联合作战队员；三是以作战相关的速度交付新能力；四是扩大合作，增进繁荣与安全；五是创建数字太空军以加速创新。上述优先事项的明确也为未来几年内美太空军建设发展提供了基本指引。

愿景文件。2020年2月19日，美太空军作战部长雷蒙德批准了《卫星通信愿景》，旨在建立一个涵盖所有轨道军用和商业通信卫星，并且可访问和互操作程度较高的无缝网络，以在全谱作战中，在对抗、降级和军事行动受限环境内，为联合作战人员提供支持。2021年5月6日，美太空军发布《美太空军数字军种愿景》，阐述了创建数字军种的必要性，明确了数字军种建设的基本原则和重点领域。

2. 完善组织架构

与海军和海军陆战队作为两个独立军种，但都隶属海军部一样。在国防部体系架构下，空军和太空军作为两个对等军事部门，都隶属空军部，并由空军部长监督，现任空军部长是弗兰克·肯达尔。

太空军的军事负责人是太空作战部长，负责向空军部长汇报工作。现任太空军作战部长是空军上将约翰·杰·雷蒙德。

历经一年多的建设与发展，目前美太空军形成了"军种司令部—德尔他部队—中队"的三层架构（详见图7-1）。军种司令部目前主要包括三个：太空作战司令部（SpOC）、太空系统司令部（SSC）和太空训练战备司令部（STARCOM）。

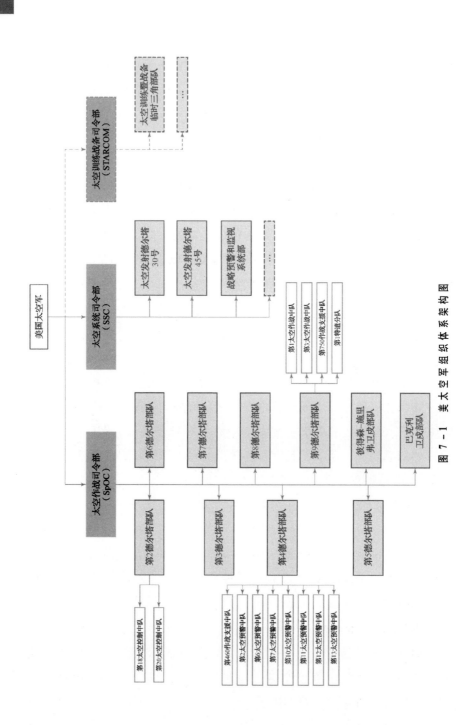

图 7-1 美太空军组织体系架构图

太空作战司令部的主要职责是训练太空部队，形成战备能力以支持美国太空司令部。与相关文件明确的太空作战能力相对应，其下设八支德尔他部队，分别负责态势感知、电子战、导弹预警、指挥控制、网络太空作战、情报监视侦察、卫星通信导航以及轨道战。除上述八支德尔他部队以外，太空作战司令部还包括两支负责保障的卫戍部队，分别驻于彼得森基地和巴克利基地。

太空系统司令部的主要职责是开发、试验、采办、部署和维护太空系统。根据2020年太空系统司令部组建规划，该司令部将以太空与导弹系统中心（SMC）为基础，预计设立太空发展局、太空快速能力办公室等部门。但在2021年4月，美太空军宣布将重组太空系统司令部的组织机构。新太空系统司令部与2020年预览的组织有所不同，将不再包括太空快速能力办公室或太空发展局。除此之外，还会有多支空军部队被重新分配给太空军，并且战略预警和监视系统部也将从空军生命周期管理中心分配至太空系统司令部。而原太空作战司令部下，位于加州范登堡空军基地的第30太空联队和位于佛罗里达州帕特里克太空军基地的第45太空联队将改编为"太空发射德尔他30号"和"太空发射德尔他45号"，转隶至太空系统司令部。根据《航天新闻》（Spacenews）报道，美太空军于2021年8月13日正式将航天与导弹系统中心更名为太空系统司令部。

太空训练战备司令部的主要职责是对太空专业人员开展培训与教育。根据相关消息，美太空军将于2021年晚些时候组建太空训练战备司令部，在此之前由太空训练暨战备临时三角部队（STAR Delta）履行相关职能。

3. 突出技术创新

随着太空在大国竞争和国家安全中的地位及作用日益突显，为谋求太空领域的相对优势，美愈加重视新型航天技术的研究与运用。

在轨道试验方面，美逐渐加快"X-37B计划"纵深推进。该计划于 1999 年由美国国家航空航天局（NASA）启动，2006 年被美国空军接手，随后在 2010 年、2011 年、2012 年、2015 年、2017 年成功完成了五次在轨飞行试验。据报道，2015 年开展的第四次在轨飞行试验不仅成功将美军两颗有效荷载射入轨道，同时对洛克达因公司为极高频通信卫星计划研制的 XR–5A 霍尔推进器进行了测试；2017 年开展的第五次在轨飞行试验就包括针对先进结构嵌入式热扩散器的试验。在 2020 年 5 月 17 日，美空军和太空军联合使用"宇宙神–5"火箭从卡纳维拉尔角天军基地发射了 X–37B 轨道试验飞行器，启动了第六次在轨飞行试验任务。这也是首次由美太空军负责执行的发射任务，在轨试验内容涵盖了评估 NASA 选定材料对太空环境的反应、研究环境空间辐射对种子的影响等。轨道试验的频繁开展，不仅为美新型航天技术发展打入了一针强心剂，也对美在诸如生物、材料等高技术领域的发展起到了不可替代的推动作用。

在态势感知方面，美高度重视开发人工智能技术，以提升太空感知能力。2020 年 11 月，雷蒙德表示，开发可分析数据的太空监视传感器和人工智能系统以提高太空感知能力，是太空军亟待解决的问题。美军目前已建立了具有较大规模的天基传感器网络，能够实现海量数据的收集，但与之相对应，美太空军就需要更为先进的情报能力，以提升对数据的分析和理解速度，对潜在威胁进行高效且精准的识别。在此背景下，美军近期授予弹弓航天公司总价值 600 万美元的合同，对该公司"轨道神"预测性太空态势感知软件的潜在军事应用进行定制，该软件将使用 AI 技术对来自卫星、无人机和其他平台的数据进行融合分析。

在太空网络安全方面，美正致力于开发卫星渗透测试环境、评估与演示（SPEED）。美《空军杂志》8 月刊发文《关键太空能力易受数字化攻击》，文章指出，美重要太空资产越来越容易受到网络威胁的影响，在这一背景下，确保太空网络安全愈发紧迫。对此，美正抓紧开发卫星渗透环境、评估与演示，用以测试、评估整个采办周期的太空网络安全。尽管目前卫星渗透环境、评估与演示仍然处于概念层面，但关键的"Pen"测试工具已经处于开发阶段，计划于9月前应用在对 GPS IIIF 星座 22 颗卫星的运载工具的测试中。

4. 注重实战检验

美认识到太空能力正面临着日益严峻的威胁，逐渐将演习作为其解决太空问题、检验能力的重要手段。美军正努力构建以军方为主导，工业部门以及各方力量广泛参与的立体化太空军演体系，力图通过系统仿真与专家研讨相结合，利用辅助软件优化演习进程。自2001年以来，美国组织作战部队、科研部门、军工企业和盟友国，开展了"施里弗""全球哨兵""太空旗帜"太空作战演习，大幅度提升了美太空作战指挥能力和武器装备的作战性能和体系贡献率，强化了美在太空对抗环境下的作战实力。

施里弗演习。自 2001 年 1 月 22 日至 2020 年 9 月，美已举办 14 次施里弗演习。该演习采用红蓝对抗的方式开展模拟，历次演习侧重点各有不同，参与范围亦在逐渐扩大。当前，该演习已从战略层面逐渐发展至战役战术层面，并且演习内容也具有较强的针对性。这一点在演习想定场景中就已有所体现，例如，2015 年 2 月举办的第 8 次演习的想定场景是 2026 年中国反介入/区域拒止作战；2018 年 10 月举办的第 12 次演习的想定场景是 2028 年，美军印太司令部辖区内某大国，利用太空和赛博太空力量，攻击美军用、民用太空系统。

太空旗帜演习。自 2017 年 4 月，美空军太空司令部举行首次"太空旗帜"演习起，截至 2020 年 2 月，美空军航天司令部已完成八次"太空旗帜"战役战术太空作战演习，并且根据第七次和第八次演习情况，后续演习或将常态化纳入盟国。该演习主要关注太空作战技术训练和实战能力培养，想定可能在太空发生的作战场景，设计各种太空和网络等多域联合作战方案,开展实兵和模拟仿真演练,检验参演部队的作战管理和指挥控制能力。

全球哨兵演习。2014年,美军启动"太空目标监视桌面"演习,在美"全球警戒、全球到达、全球打击"防务安全理念指导下,其于2017年更名为"全球哨兵"演习,由美国战略司令部组织实施,参演国家涵盖了英、法、德、意、澳、日等盟友国及部分商业实体,目前已开展五次。但因该演习密级较高,其具体情况相关资料不多。

7.2.2.2 美太空军建设发展主要特征

美国一直将太空能力作为在国家决策、军事行动及国土安全方面的优先考量因素,将确保太空稳定性和控制优势作为国家安全的核心,愈发塑造完整的太空力量体系这一作战效能"倍增器",加速抢占战争"战略制高点"。美军认为进入空间、利用空间和控制空间,对于维护国防安全具有极其重要的战略意义。美军一直致力于创新战法谋略制天权;强化太空组织体系保障,确保太空装备技术优势;聚焦太空实战演训,力求太空慑战拒止。其战略目的在于通过打造体系化、实战化的太空力量,掌控未来太空作战的主导权,确保太空领域的绝对优势和稳定性。

1. 谋略制天优势,持续创新太空战法

理论是行动的先导,美军持续创新太空战理论和政策,超前构想战争、主动设计战争,旨在掌握作战的主动权,为赢得太空作战提供指导。

创新太空制胜战法理论。美军始终着眼打赢太空战争,不断创新作战战法理论。2010年5月,美国战略与预算评估中心发表《空海一体战:初始作战概念》研究报告,阐述了美军太空力量实施太空信息支援、太空防护和太空控制等作战行动策略,旨在夺取制天权和制信息权,直至摧毁对方"反介入/区域拒止"作战能力。继"空海一体战"之后,2016年1月,美国智库"新美国安全中心"发布了题为《从庇护所到战场：美国太空防御与威慑战略构想》的研究报告。该报告基于太空资源的重要性和脆弱性，提出美军需要做好"有限太空战"的太空体系构建，制定切实有效的太空防御与威慑战略，研发有效但有限的太空攻击手段，设法增加对手攻击美国太空体系的成本、难度、后果严重性和对抗激烈性，同时制定有针对性的报复方案，其战略构想将继续对美国的太空安全战略与政策产生持续影响。2016年10月，美军又提出"多域战"理论，其通过打破军种、领域之间的界限，最大限度利用空中、海洋、陆地、太空、网络、电磁频谱等领域联合作战能力，以实现同步跨域火力和全域机动，夺取物理域、认知域以及时间方面的优势。

及时制定太空作战法规。积极转化作战理论创新成果，及时固化为作战法规、转化成作战能力。2017年，美军颁布《太空作战架构》白皮书，从作战体系、作战概念和作战人员等方面规划了太空力量建设思路，是体系化太空力量建设以及做好应对太空域战争准备的操作指南。2018年，美国参谋长联席会议又更新发布《太空作战条令》（JP3-14），2013版的作战条令被取而代之。新版《太空作战条令》详细规定了太空力量在执行联合作战任务中应具备的十项功能、职责划分、指挥控制关系和执行流程，为实施太空作战构建了统一的行动指南。

主导规则制定谋取"非对称优势"。美国空间安全策略已从单纯的军事行动拓展到综合运用政治、法律、经济、外交等因素。美国持续推动与欧盟、日本、澳大利亚、印度等国的空间安全对话，谋求建立由其主导的国际空间安全规则。实质上，就是通过谋取有利于本国的空间安全环境，为其发展太空作战力量、维护太空霸权扫清障碍。

2. 强化组织保障，不断变革太空体系结构

军事组织机构体系是联结军事人员、武器装备、军事理论等作战力量的纽带，是发挥军队整体效能的关键因素。随着越来越多的国家

具备太空活动能力，美国认为其太空领域的绝对优势受到挑战。为确保国家安全和太空利益，美军先后采取了一系列改革调整措施，致力于打造制胜太空的组织结构体系。

成立太空司令部，实现各军兵种太空力量的统一指挥。1985年，时任美国总统的里根曾设立太空司令部，将其作为"星球大战计划"的重要组成部分。"9·11"事件发生后，美国的武装力量开始转向投入反恐和国土安全，太空司令部于2002年被解散，其职能被战略司令部替代。2019年8月29日，美国太空司令部正式成立。新的太空司令部将制定太空军事政策、战术政策，培养太空领域联合作战人员，整合各军种太空力量，使通信、情报、导航及导弹监测预警等太空能力形成战斗力。美国太空力量将为美军其他作战部队提供信息支援和安全保障，确保美国具有不受限制地进入太空和在太空自由行动的能力，确保美国"在太空的统治地位永不受质疑和威胁"。

设立航天发展局，统一规划、加速发展和部署新的军事航天能力，确保技术和军事优势。2019年3月，美国国防部宣布设立航天发展局，由原国防高级研究计划局官员肯尼迪领导。航天发展局是集中管理航天的专门部门，是航天技术和航天能力"规划的节拍器"。航天发展局将定义和检测国防部未来的威胁驱动型空间结构，负责军事航天情报以外的下一代军事航天能力发展的政策和执行，整合航天能力开发，加强与作战部门的配合，开发满足需求的太空能力。

3. 确保技术压制，快速推进太空装备迭代更新

美军希望通过太空技术创新和在太空部署武器系统，进一步提高作战能力，拉大与其他国家在军事上的差距，形成非对称优势，从而建立一支具备攻防兼备、不受任何挑战的军事力量，使美军能够遂行各种作战任务。

重视太空态势感知装备研制。大力发展太空态势感知技术，构建天地一体、覆盖全轨道的太空态势感知体系，确保出色的感知"透

视"能力。2016 年，新一代"太空篱笆"项目成功跟踪卫星，2022 年将具备全面运行能力，跟踪目标的数量可由 2 万个迅速增加至 20 万个。2016 年，美军通过"地球同步轨道太空态势感知系统"实现 4 星组网，进一步提升了美军高轨目标巡视侦察能力。美军 2017 年完成了"太空监视望远镜"演示验证项目，其凭借超大视场和快速观测能力，显著提升对中高轨太空事件的监测识别和反应能力。2018 年，美军部署在澳大利亚的 C 波段空间监视雷达已经全面投入运行，有效增强了其对亚太区域的监视能力。

隐蔽研发天基智能操控技术。推动天基智能操控技术，隐蔽性发展太空对抗装备。美国近年来多是通过掩军于民、隐蔽推进的方法，依托于在轨操作技术、在轨维护和检查技术、空间碎片清理等技术研发，进行太空对抗技术验证和装备研制。2007 年，美国"轨道快车"计划开展了空间机器人在轨服务技术验证，演示了目标航天器在轨加注与模块更换功能，标志着无人自主在轨服务朝实用化迈出了关键一步。2010 年后，美军又先后提出多阶段的"凤凰计划"，重点发展太空精细操作的空间多臂协同操作机器人、对接器、细胞卫星抓取工具等技术，谋求全轨道高度反太空能力。2017 年，美军启动了"地球同步轨道卫星机器人服务计划"，在地球同步轨道验证了实施在轨逼近、检测和维修等在轨操作技术。2017 年和 2018 年，美军先后两次进行"细胞星"在轨快速组装技术，为实现向模块通用、快速替换、弹性抗毁的小卫星模式转变奠定了基础。

不断培育"太空杀手"装备。谋求制胜太空，不断培育"太空杀手"。美军一直很重视反卫星武器技术研发试验，美军装备的"标准－3 导弹""自由电子激光器""中红外先进化学激光器""反通信系统""XSS－系列微型杀手"和"微卫星技术验证"等，对他国的卫星都有较强的威慑性和杀伤力。美军瞄准"一小时打击全球"目标的 X－37B"轨道试验飞行器"、HTV－2、X－51A 等高超声速飞行器已经经过多次飞行，其具有的快速机动性和超声速能力可以使其自由进出大气层，并能够携带各种侦察和打击设备。预计 2020 年，美军将形成临近空间突防打击能力，极大地强化其太空威慑力量。

4. 聚焦实战演训，淬炼太空攻防全面能力

实战演训在军事力量建设和运用中占有十分重要的地位。通过实战化演训进行全程对抗、全程量化，可以有效掌握作战人员、装备能力底数，准确把握未来战争的特点规律。2016 年，美军发布《建设太空任务部队，训练明天的太空战士》白皮书，对体制架构调整、训练方式变革、作战运用模式变化等进行论述，为太空作战训练提供了理论指导。近年来，更是不断加大对太空作战演训投入，不断优化组织架构、训练手段和训练内容，太空实战化水平逐步提升。

开展战略性太空联合作战演习。开展"施里弗"高层次太空联合作战演习，不断检验和挖掘美军太空攻防全面作战能力。美军自 2001 年开始，采用圆桌讨论为主，计算机仿真、兵棋推演为辅的方式，先后开展了 13 次"施里弗"太空作战演习。"施里弗"演习经历了太空力量支援、太空与网络空间协同作战、对抗环境下攻防力量运用和联盟作战多个阶段。"施里弗"演习内容涉及特定作战样式、作战概念和交战规则、指挥体制以及新型武器应用等，历次成果不断检验和挖掘美国空军太空作战能力。美军根据获取的太空装备发展需求、战场指挥人员训练等信息，完善了太空作战条令、太空作战力量运用和空间发展策略，构建了态势感知、作战响应空间、分散式太空体系等一系列新型航天能力与技术架构，提升了太空威慑能力。

组织太空态势感知专项军演。组织"全球哨兵"太空态势感知联合军演，不断提升态势感知能力。美军以改善太空态势感知能力，谋求太空安全为目标，从 2014 年开始，针对太空态势感知的作战应用需求，联合多个盟国和商业实体，进行了 5 次"全球哨兵"联合军演。"全球哨兵"演习主要是通过"桌面太空态势感知推演"的方式

来加强美国与盟国之间的联合太空态势感知能力，验证态势感知理论和战术战法，破解太空战攻击源难以确认、实时态势感知技术能力不足、太空指挥控制辅助决策攻击能力和人工智能技术应用不够等问题，优化人装结合的作战行动程序和能力，改进态势感知系统。

进行太空实战技能作战演习。进行"太空旗"演习，提高战役战术层次太空作战人员的实战技能。截至 2019 年 8 月，美军针对战术层级的太空作战人员，利用计算机对抗仿真系统，采取红蓝对抗的方式，先后开展了 7 次"太空旗"演习。"太空旗"演习针对可能在空间轨道发生的作战想定，瞄准太空基层作战人员，进行太空战术技能等实战化演练。通过"太空旗"演习，美军不仅开展了相关测试、评估和训练，培训了太空作战专业队伍，获得了战役战术层次进行战斗管理和指挥控制的军事需求，还集成了情报与太空作战能力，提升了战役战术层次作战人员太空实战操作水平。"太空旗"演习充分表明美军太空作战力量建设已从战场信息支援向攻防对抗实战能力方向拓展，在备战太空作战方面已经进入到实战操练阶段。

参与其他联合作战演习。参与各军兵种主导的各种联合作战演习，不断验证太空作战部队与各军兵种的一体化执行能力。每年美军在超过 50 次的重大演习中运用了太空力量，将太空力量融入了"空军未来功能军事演习""全球交战军事演习""陆军转型演习""全球海军军事演习""联合陆海空模拟军事演习"等各军兵种大规模演习中［5］。通过与其他作战力量联合演习，预测对手可能采取的行动路线，验证未来太空系统未发现的功能或弱点，提升太空力量在未来作战中的应用层次及水平，淬炼太空攻防力量与各军兵种的一体化执行能力。

5. 构建威慑体系，力求实现太空慑战拒止

太空力量具有战略性、全球性、全时性、灵敏性、高效性等独特优势。航天器可以不受国家领土、领海、领空的限制，在轨道机动能

力允许的范围内"自由"地实施军事侦察、监测、预警、导航、定位、通信、测绘、指挥控制以及气象预报等活动。这不仅极大地提高了军事透明度,还给对手造成极大的战略性压制和威慑,并通过威胁使用或实际使用太空力量来震慑和遏制对手,达到"不战而屈人之兵"的目的。美军不仅大力宣传其强大的太空资源及力量、报复性的太空威慑政策,进行太空试验和系列太空实战化演习,还建立一套有效、可信的太空威慑体系,力求利用太空战略性力量实现慑战拒止。

探索制定太空威慑政策,为"慑战拒止"提供行动指南。2010年,兰德公司接受美军委托完成了《太空威慑和先发制人》报告,2016年和2017年美军又先后发表《从庇护所到战场:美国太空防御与威慑战略构想》《第二太空时代的态势升级与威慑》研究报告。这些报告不仅提出了发展太空态势感知能力等太空威慑思想和多层威慑框架,还分别提出"有限太空战"战略和"应激升级"太空威慑模式,进一步细化了太空防御威慑的具体措施,从而维持美国在太空中的优势地位、提高太空威慑能力。

建设强大太空感知能力。美军始终秉持良好的太空态势感知能力本身就有威慑效果,并可提高其惩罚性威慑可信度的理念。为此,美军将提高太空态势感知能力作为太空威慑体系的一项首要任务。目前,美国在轨卫星已经超过900颗,约占全球卫星数量的一半,有效支撑了美军军事行动需求。美军借此可以对他国进行"透明化"监视,对战争准备情况、打击效果等进行较准确地评估,促进防御、信息支援和攻击能力效率的提高。

建立弹性太空威慑系统。通过提高防御、分散和掩盖太空能力,增强美军太空系统的弹性,降低对太空系统的依赖。美军一直致力于让对手明白,美军的太空系统拥有冗余备份能力,即使对美国的太空资产发动攻击,完全可以通过降低攻击效果来提高太空威慑。美军于2013年发布了《弹性和分散式太空体系结构》白皮书,提出采用分散式太空体系架构对现有的太空体系进行改造和重新设计，积极在分离、多样化、分散部署、欺骗、防护、扩散式部署等6个方面增强太空体系架构的弹性，提高太空系统抗毁性和对抗环境下的可用性。美军已经在设计、采购太空系统防御能力上有所投入，已研制部署保护大型重要卫星的专用微卫星，并在重要的军事和情报卫星配置光闸、保护盾、过滤装置和防干扰装置等被动防御措施。美军改变以往以大型复杂单星为主的模式，建立组网分布式小卫星为主的太空系统，由多颗空间飞行器及相应的基础设施和应用系统构成一个闭环系统，以实现数据获取、信息处理、应用分析，并向不同用户分发，完成特定功能。通过更多数量的平台将各种服务分散化，美军大幅提高了太空力量体系可靠度和生存能力，确保向作战行动提供实时、连续信息支援。

发展太空"快响"能力。大力发展快速发射、快速识别探测、快速恢复等快速响应系统及能力，从而即使是在太空能力被降级的情况下，也能有效作战，迅速响应并使对手付出沉重代价，为"有限太空战"做好准备。美军已经着手开发、生产、部署以及应用快速响应运载器、快速响应小卫星和快速响应发射场等，实现应急补充和增强，为美军持续控制太空提供有效保障。美国国防高级研究计划局2015年进行"空射辅助太空进入项目"研发，利用战斗机携带的小型火箭发射卫星，争取能够以100万美元以下的成本单次发射约45千克重的卫星，不仅实现低成本、快速响应的发射，还可以让小卫星像无人机一样，成为广泛运用的战术系统，并执行反卫星任务。

建立国际安全太空结构。通过外交接触、条约协商等措施建立国际安全太空结构，稳固美军太空能力，提升太空战略威慑效应。2014年美军与澳、加、英签署《联盟太空作战倡议》，2019年4月美、英、法、澳、加、德、新七国发布《关于联盟太空作战多国声明》，强调将共同应对太空威胁，增强太空态势感知及数据共享；促进太空作战概念、人员需求、基础设施建设等方面的合作,增强对多国太空力量的协同指挥。实践中,美国将一些军事功能分散到其他国家和商业团体的卫星上,同时许诺与它们进行数据分享。通过这种模式,美军不仅增强了其太空力量体系及功能,还加大了对手攻击太空设施的政治风险,并为美军对太空攻击行为进行惩罚而获得国际支持奠定基础。

7.2.2.3 美太空军建设发展动向展望

综合美太空军建设发展的主要举措,预判未来太空军将在军种数字转型、军事太空能力建设以及扩大太空军事同盟三方面做进一步努力。

1. 加快军种数字化转型

打造数字化优势似乎已成为烙印在美太空军基因中的印记。雷蒙德曾在讲话中强调,太空军要专注数字技能。因此,在美太空军成立之初,雷蒙德便选择曾是空军首席数据官的吉姆·克莱德担任太空军首席技术和创新官(CTIO)。

2021年5月6日,美太空军发布《美太空军数字军种愿景》,以对打造一支互联、创新、数字主导的太空部队形成战略指引。雷蒙德称:"这份愿景文件对美太空军非常重要。美太空军的建立提供了一个划时代机遇,可以创造一个专门为非常独特的作战环境设计的军种。当你想到我们的战略竞争对手和我们面临的威胁时,打造数字化军种不仅是机遇,也是必然。"

雷蒙德这段表述不仅强调了加快太空军数字化建设的重要意义,也阐述了其背后的主要考量。美太空军打造数字军种,一方面是大国竞争的越发激烈,尤其是近年来,美认为中国在太空领域不断突破,让其感到在太空领域的霸主地位并非不可动摇,为进一步扩大现有优势,美太空军需要通过信息和数据,加速开发、联合部署太空能力。另一方面,美太空军不仅是美最为年轻的军种,也是目前美规模最小的军种，但其承担的任务却并不轻松，例如，对轨道上的空间物体进行监测跟踪、确保太空飞行安全以及保护卫星免受轨道威胁等都需要做大量工作。强大的数字能力，能够让太空军突破"小"的局限，实现"精且高效"。而根据当前客观情况，上述两点因素都将在很长一段时间内保持不变，因此，加快推动数字化转型也将成为未来美太空军关注的重点内容。

《美太空军数字军种愿景》明确了美太空军数字化建设的四大重点领域，即数字工程、数字人才、数字总部和数字作战，为美太空军数字化建设提供了基本路线图。

数字工程的目的是缩短能力开发周期，而这在很大程度上依赖于有弹性的基础设施。因此，美太空军必将加大其在数字基础设施建设方面的投入，创建必要的工具、应用程序和接口，逐步形成数字工程生态系统（Digital Engineering Ecosystem，DEE）。为实现此目标，2021年4月，美太空军便授予Palantir公司一份价值3250万美元的合同，以开发"数据即服务"工具。

针对数字人才，美太空军将主要从三个方面发力：一是队伍建设。美太空军目前正致力于构建一支由400名软件编码员组成的骨干队伍，以开展太空交通管制（STM）、卫星操作和空间分析等活动；二是教育培养。通过让人才进入空军数字大学等方式，确保太空军成员得到合适的学习机会；三是权限职责。授权太空军成员采取与其责任水平相称的行动，同时采用扁平化的管理模式，确保数字人才不会受到官僚程序的过度阻碍。

后续，美太空军将在数字工程和数字人才队伍建设的基础上，逐渐推动数字总部和数字作战的前进步伐，最终使美太空军每一梯队都能实现有效且高效决策，确保数字优势转化为保持太空优势的能力。

2. 加强军事太空能力建设

目前，太空利用能力和太空战略地位的不断提升，使得太空军事竞争高烈度态势逐渐显现。美太空军也将更加重视军事太空力量建设，加快发展步伐。

一方面，军事太空力量运用将更加突出制天作战。目前，美军对军事太空力量的运用，主要是为联合作战提供预警侦察、指挥通信、导航定位和气象测地等支援。但随着军事航天技术的发展和太空进攻能力的提升，美已将谋求更大的太空优势和战略利益作为军事太空力量建设发展的更高目标。这一点，不仅能从前文提到的《太空力量》作战条令中能窥视一二，同时在美太空军相关实践中也有所体现。《太空力量》指出，"面对企图对美国造成破坏的对手，美国必须为捍卫太空安全做好准备。美国在太空系统的支持下，可在全球发动战争，并能提供快速精确的打击能力从而获得作战优势。"在实践层面，为强化太空实战能力，美太空军成立了负责"轨道战"的第9德尔他部队，负责监视太空目标，并在必要时对目标发动攻击。结合美X-37B计划开展情况来看，美太空军十分重视轨道战能力的发展，今后也将积极加快部队编制与演示能力试验。

另一方面，军事太空装备体系将逐渐趋于系统配套。装备发展是太空力量建设的关键。由于目前太空力量的主要任务是利用军事航天系统为陆地、海洋和空中作战行动提供信息支援，太空装备的发展重点是研制、生产具有提供信息保障、自身不具备打击能力的卫星，种类比较单一，体系并不完善。军事航天技术的日益成熟，将使发展攻防兼备、系统配套的空间装备成为美太空力量建设的重点领域。过去的一年里，美太空军在此方面也小有所成。2020年3月，卫星通信对抗系统（CCS）Block 10.2版具备初始作战能力，并开始在美太空军服役，这意味着太空军已拥有了自己的武器并形成了进攻性战力。此外，美太空军的预算情况，也表明美太空军未来将加大对"卫星通信对抗系统""草场系统"等反卫系统研究的投入力度，以进一步强化太空军事领域的"软杀伤力"和战略威慑力（表7-2）。

表 7-2 美太空军预算情况（单位：亿美元）

项目	2020 年	2021 年	2022 年
日常运作及维护	0.4	26	34
采办	—	24	28
研发、测试及评估	—	103	113
总额	0.4	153	175

3. 加深太空军事同盟合作

美长久以来非常重视同盟合作关系的确立及深化，在太空领域亦是如此。美依托强大的航天技术势力，寻求同盟友和伙伴的太空合作，并将此种合作视为其构建太空同盟、主导太空秩序、谋求太空霸权的战略工具，并借此对其他航天大国进行围堵，以攫取大国竞争中的非对称优势。目前，美开展太空军事同盟合作的具体方式主要包括：

一是缔结空间态势感知数据共享协议。早在太空军组建前的 2019 年 4 月 26 日，美战略司令部同罗马尼亚航天局签署空间态势感知协议，实现了空间态势感知协议数量"破百"，签署主体涵盖了澳大利亚、日本、意大利、加拿大、法国、英国、德国等 20 多个国家，欧洲航天局和欧洲气象卫星开发组织 2 个政府间组织以及 78 家商业公司。同年 12 月，新西兰签署首份"五眼联盟"级别的太空协作任务书，继美国、加拿大、澳大利亚、英国之后成为美联盟力量太空司令部联盟太空作战中心的第五名成员。2021 年 7 月 1 日，美太空司令部与自由太空基金会签署商业空间态势感知数据共享协议，该协议为多国太空合作提供了重要平台，同时也简化了合作伙伴获取美太空司令部联合作战中心所收集特定信息的流程，对卫星的发射、机动规划、电子干扰报告及调查等活动都具有重要意义。可见，为提升太空态势感知能力、完善太空弹性体系架构以及提升太空体系作战能力，美已准备将缔结空间态势感知数据作为一项长期政策来加以贯彻执行。

二是扩大太空军事演习参演成员范围。美《国家太空战略》明确,未来将在太空演习中持续纳入多领域多国家合作伙伴,缔结同盟,增加威慑。目前,美较为典型的太空军事演习都出现了此种趋势。"施里弗-2019"演习纳入了澳大利亚、加拿大、英国和新西兰等国。同年8月举办的"太空旗帜"演习,也首次向盟国开放。而"全球哨兵"演习的目标本身就是通过演习强化美国与盟国之间的联合太空态势感知能力。太空军事参演成员队伍的扩大,在事实层面提升了美开展太空联合作战的能力水平。此外,通过此种方式形成并不断加固的同盟,其影响力并非仅仅局限于太空军事方面,还将辐射到经济、政治等多个领域。

三是拓宽太空军事合作渠道。应当认识到,航天技术的高速迭代,必将使美开展太空军事合作的领域及渠道越发趋于多元。2020年11月10日,美太空军发布的《太空作战规划指南》中提到,美太空军将利用盟友在作战和采办方面的能力,来弥补自身在太空领域的不足。同时,美太空军还将通过加强合作能力培养、开展专业教育培训以及强化作战协调和联络等方式提升盟国太空能力水平,最终实现联盟实力整体跃进。2021年3月,日美举行第7次年度太空合作小组会议,就2023年开始联结两国空间态势感知系统的事项做进一步协商。此前,两国在2020年12月签署谅解备忘录,决定于2023年和2024年发射的"准天顶"卫星系统的第6颗和第7颗卫星上搭载美太空军的空域感知光学传感器。这表明日美两国太空军事合作正在从战略合作加速迈向资产"合体"的新模式。

7.2.3 美军太空作战优劣势分析

航天领域的竞争愈演愈烈,巨大的战略利益使许多国家将目光投向太空,加强航天部队的建设是未来军事作战的迫切需求,太空力量也必将成为未来战争的主要作战力量。未来战争中,太空将取代空中成为战争新的战略制高点。谁掌握了制天权,谁就可居高临下控制其他战场;反之,没有制天权或局部的制天权,就很难夺取和保持制空权、制海权,在战争中就将处于被动地位。

当前,美军加快太空军事力量调整改革,加速推进太空领域整军备战,太空军事化、战场化、武器化持续加剧,可能形成新的太空作战体系优势。作为世界第一军事强国的美国,其在太空作战方面的优势、弱点及发展动向值得持续分析与思考。

7.2.3.1 美军太空作战优势分析

美军由于在航天发射领域起步较早,现代战争实战经验丰富,军民融合深入,国际联盟众多,在太空作战领域有着众多的优势。

1. 高效的联合作战指挥体系

现代战争区别于传统战争的一个典型特点就是联合作战重要性的日益凸显。从海湾战争开始,美军的几次大规模战争和猎杀本·拉登等特种作战揭示了现代战争的制胜法宝,就是联合作战。美军高效行动的背后,有一整套结构合理、责权分明、不断升级的联合作战指挥体系。

在美军军语中,并没有"作战指挥体制"或"领导指挥体制"的术语,而是将相应体制统称为"指挥链"。美军"指挥链"由两部分构成:一是"行政指挥链",也就是军政系统或领导管理体制,以"总统和国防部长—军种部长—军种部队"为基本主线,主要负责对机关和部队领导、管理、军种训练、军种联合训练和后勤保障;二是"作战指挥链",也就是军令系统或作战指挥体制,以"总统和国防部长[通过参谋长联席会议(JCS,简称参联会)主席]—联合作战司令部—作战部队"为基本链条,主要负责对部队的作战指挥、控制、协调和联合训练。

2. 不断创新的太空作战理论、战法样式

近年来,美军通过在中东取得的实战经验和"施里弗"(SW)演习、"太空旗帜"(Space Flag)演习取得的理论成果,加快推动太空作战理论、战法样式的创新探索,更新换代骨干装备,加速推进太空力量从工程技术型向军事作战型、从支援保障型向攻防对抗型转变。

成体系开展战争设计。一是在作战指导上。编制国防部《太空作战政策》,预测未来10年美国面临的太空威胁,分析对太空系统遭受攻击的预警反应和归因溯源能力,提出应对太空冲突和军事手段解决太空冲突的基本指导,明确在各种激烈的太空冲突中慑止、防御、打赢的方法策略。二是在作战概念上。加快推动太空威慑理论和交战规则、作战概念等创新开发。目前,美军空军航天司令部(AFSPC)正在研究制定以"1+3"为主体框架的太空作战概念,即1个顶层的太空作战核心概念和3个支撑性的功能概念,牵引太空作战力量的作战转型和建设运用。三是在作战条令上。2016年后加紧完善和构建以联合条令、军种条令、多军种条令和多国条令为主体的太空作战条令体系。2018年,参联会出台新版《太空作战》联合条令,陆军出台《太空对抗环境下的陆军作战》《陆军太空作战手册》等,空军出台新版《太空对抗作战条令》等,这些条令主要用于明确职责、规范流程,具有很强的指导性和操作性。四是在作战任务上。2018年新版JP3-14《太空作战》联合条令延续了2016年的太空态势感知、太空支援作战、太空服务支持、太空控制、战场管理指挥控制等5种太空作战任务领域,拓展为太空态势感知、太空控制、定位导航与授时、情报监视与侦察、卫星通信、环境监测、导弹预警、核爆探测、太空运输、卫星操控10个方面能力,推动和促进太空行动融入联合作战。

更新完善行动样式。经过多年实践探索,美国已基本形成从作战样式到主要行动、从基本战法到装备支撑、从概念开发到标准规范的太空作战运用和行动方法体系。美JP3-14《太空作战》联合条令明确太空攻防作战主要包括进攻性太空控制、防御性太空控制两种作战样式。一是进攻性太空控制,主要有欺骗、干扰、拒止、降级和摧毁；二是防御性太空控制，主要包括主动防御和被动防御。主动防御包括所有先发制人和压制敌攻击的能力，如威慑太空和防御作战；被动防御包括除主动太空防御措施外能降低攻击效果的所有措施。美太空防御重心已从单星防护向体系防御倾斜，通过强化体系弹性抗毁能力，增加潜在对手选取太空攻击目标难度，降低攻击效果。

加速推动作战转型。美国空军航天司令部2016年8月发布《建设太空任务部队，打造未来太空战士》白皮书，实施太空部队实战化转型专项计划，从部队编成和作战训练两条线，推动太空力量从工程技术型向军事作战型、从支援保障型向攻防对抗型转变。调整编成结构，将第14航空队所属5个太空联队分为作战部队和航天发射部队两类。作战部队包括3个联队，即负责地基导弹预警和太空攻防的第21太空联队、负责卫星运行控制的第50太空联队、负责天基导弹预警的第460太空联队（转型为太空任务部队），航天发射部队包括分管航天发射东西靶场的第45、30太空联队。

3. 拥有最丰富的太空资源、最强的航天发射力量

数目最多、性能最好的卫星资源。根据忧思科学家联盟（Union of Concerned Scientists）提供的最新统计数据显示，截至目前，全球在轨有效载荷卫星有1 000多颗，其中600多颗卫星属于美国所有，几乎占据了50%的数量。美国所有卫星中超过1/3的卫星直接用于军事目的，包括侦察、导航、通信、指挥、导弹预警等。美国的"全球定位系统"（GPS）在20世纪80年代就投入使用，定位精度和稳定性也比其他全球卫星定位系统高；天基侦察方面，成功发射第5颗"未来成像体系"（FIA）卫星，实现该系统组网运行，"提高军事作战效能的空间系统"（SeeMe）卫星发射入轨，可为美军提供战术侦察卫星支持；气象监测方面，发射新一代"地球静止轨道业务环境卫星"（GEOS），增强美对西半球气象观测能力；太空运输方面，美XS–1可重复使用运载器完成首台主发动机研制，为实现24小时内快速响

应发射奠定基础。

掌握最多的无线电和轨道资源。地球静止轨道高度为 35 786 km，周期与地球自转相同，轨道倾角为 0°，轨道资源十分有限；而非静止轨道资源也是有限的。据初步统计，人类发射到太空的各种卫星和航天器已超过 30 000 颗，这些卫星广泛服务于通信、遥感、侦察和定位等业务。根据《无线电规则》，卫星频率/轨道分配主要采用"先登先占"的机制，即对于非规划频段的卫星频率/轨道分配，需经过申报、协调和通知 3 个阶段，以获得所需要的卫星频率/轨道，并且能得到国际保护。而美国由于航天发射起步较早，占用了大量轨道和频率资源。

能力最强的发射场。美国是世界上航天发射活动最多的国家，其航天发射场共有 6 个，其中包括肯尼迪航天中心（位于美国佛罗里达州东海岸，卡纳维拉尔角西北梅里特岛）、东靶场（紧邻肯尼迪航天中心，卡纳维拉尔角空军基地）和西靶场（位于加利福尼亚州西海岸，范登堡空军基地）等 3 个大型航天发射场。肯尼迪航天中心由 NASA 负责管理，东、西靶场由美国空军负责管理。先后建有发射工位 90 多个，其中火箭发射工位 40 多个，在用的有近 10 个，目前使用较多的有肯尼迪航天中心的 39 号发射工位、东靶场的 37 号和 41 号发射工位及西靶场的 6 号发射工位等。根据 NASA 提供的数据显示，近年来美国年平均发射次数达 20 多次。

持续升级的导弹防御系统能力。美国国防部正在论证发展天基传感器层和天基助推拦截器层，旨在导弹助推段从太空实施反导拦截。其中，天基传感器层主要由三类中低轨卫星系统组成：①"导弹防御跟踪系统"（MDTS），利用区域凝视进行探测、跟踪、预警和提示，主要是从天上向地球看，从地球复杂背景中发现目标，能够实现对临近空间高超声速飞行器"从生到死"的全程跟踪监视；②"精确火控跟踪"（PFCT）系统，主要用于中段"下一代过顶持续红外"系统探测,从太空冷背景中识别目标,观测导弹诱饵释放过程,识别出威胁云中的真实弹头;③"拦截效果评估"(SKA)系统,支撑"指挥控制、作战管理和通信"(C^2BMC)系统进行二次发射决策。加上"天基红外系统"(SBIRS)卫星的后继项目——"下一代过顶持续红外"(Next-Gen OPIR),负责早期发现和告警及战场红外态势感知任务,构成美国未来天基导弹预警监视传感器体系。天基拦截器层,研究论证在外空部署天基激光武器或 1 000 枚动能拦截器,重点拦截弹道导弹、临近空间飞行器和空间飞行器,拒止其他国家进入太空,企图主导太空秩序和主宰太空战场,改变太空作战游戏规则。就像划设禁飞区不让飞机飞一样,美国要在太空划设禁飞区。

4. 大量的实战经验和贴近实战的太空演习

二战结束以后,美国是世界上参加战争最多的国家。尤其是海湾战争以后,依靠美国强大的太空力量,牢牢抓住制太空权和制天权,对多个国家进行军事打击,积累了大量的实战经验。在太空信息支援、商业卫星调用、海空一体化作战、多国部队联合作战等方面,取得了很多有价值的经验。同时,美军在太空演习方面也积累了丰富的经验。据统计,2018 年美军以中美太空网络对抗为重点,组织了不少于 7 次的太空军事演习,分别是"施里弗 2018""太空旗 2018-1/2""全球哨兵 2018"以及"红旗 2018-1/2/3"演习,其规模频次之多、实战强度之大、保密程度之高,为近年来之最。

5. 军用与民用高度融合

美军正日益依赖商业太空系统提供的通信、标记、跟踪、定位及其他支持。例如,将商用个人定位器信标集成到军事通用作战图(COP)中,以支持多国合作伙伴,租用卫星通信带宽以及签订商业图像合同。尽管可能存在与使用商业服务相关的其他风险,但这些风险应与潜在收益相平衡,包括支持联盟合作伙伴,以及在不购买更大和更昂贵的国防部卫星星座的情况下,保持快速响应能力的有效性。

美军认为，军民融合就是把国防科技工业基础同更大的民用科技工业基础结合起来，组成一个统一的国家科技工业基础的过程。把军事转型放在社会转型的大背景下来筹划实施，促进国防系统与经济社会其他系统接轨、相融、互动发展。为此，美国采取了一系列措施，如国会通过的《合同竞争法》《国防采购改革法》《国防授权法》《联邦采办改革法》等，均为推动军民融合发展提供了执行依据。与之相呼应，国防部也采取了一系列相应措施。截至2001年，美国政府在其年度《国防报告》中宣称，美国原先军民分离的2个工业基础已基本融合为一体，奠定了美军的军事转型和军民融合发展的基础。

6. 军事联盟使得美军的太空战略更具弹性

美国在全球范围内部署了众多的海外军事基地、反导系统和大量的补给港口，同时拥有北约、韩国、日本、菲律宾、澳大利亚等军事盟国。利用国际盟友能力可以丰富美军的太空作战战法，慑止对手将冲突扩展或升级到太空。联合的、机构间的和多国的太空作战部门与负责任的国家、国际组织、非政府组织和商业所有者/运营商建立合作伙伴关系，建立彼此对太空作战的共同理解，辨识不同参与者在当前及未来多国太空作战中所能发挥的作用。在与政策相一致的最低适当安全密级和最广泛可发布性下，联合部队应最大限度地与盟友和国际合作伙伴交换太空相关信息。

7.2.3.1 美军太空作战弱点分析

未来全面战争一旦爆发，太空作战势必成为最重要的一环。太空攻防作战的不对称性、对太空资产的依赖性、军事航天力量地位不突出、卫星老化严重及通信网络庞杂等，都将成为美军太空作战的软肋。

1. 对太空资产的依赖度高

海湾战争开始，卫星几乎在每一次美国的军事行动中都起到了至关重要的作用，当今世界上没有任何一个国家像美国这样依赖太空系统。GPS 系统为美军所有的精确制导武器提供精确定位和精准授时，并让船只、飞机和地面单位知道它们在战场上的位置；侦察卫星为美军大规模轰炸目标的选择提供决策支持；预警卫星监测对手的导弹发射，成为美军弹道导弹防御系统的重要一环。美国整个武器系统已经严重依赖卫星，卫星成了美军作战网络的主节点。如果遭到反卫星武器的摧毁，美军的信息优势将不复存在，先进的武器会瘫痪，快速反应能力将丧失。

2. 太空攻防作战的不对等性对美军的影响更大

2019 年 3 月 27 日，印度总理莫迪宣布印度成功进行了首次反卫星试验，使印度成为继美国、俄罗斯等国之后第 4 个具备反卫星能力的国家。以现有卫星和反卫星技术对比看，攻击比防御容易实现，太空中美军可被攻击目标远多于其他国家的太空目标，这种易攻难防的不对称性是美太空力量的短板之一。

造价方面，由洛·马公司制造的先进极高频 – 4（AEHF – 4）通信卫星造价 18 亿美元，一颗"锁眼"（KH）卫星造价也达数十亿美元，而一颗反卫星导弹价值仅仅几百万美元。太空攻防两端价值的不对称性，加剧了美军对太空资产损失的担忧。

3. 军事航天力量地位不突出

美国国会众议院战略力量小组委员会主席罗杰斯在美国国家太空研讨会上曾公开指出：美国的军事航天力量建设获得的重视程度与其战略地位不相称。美国的军事航天力量主要归属空军管辖，部分太空作战力量隶属海军航天司令部。虽然美国空军多次强调对军事航天发展的高度重视，但实际上，军事航天力量建设获得的经费投入不仅与其他军兵种的建设经费相去甚远，在空军内部也不是重点。根据空军现有预算规划，到 2021 年，空军用于研发和采购的总预算投资将较 10 年前增长 30%，而航天研发和采购的总预算却将下降 23%，可见航天并非空军投资重点。

此外，在空军内部航天专业人才晋升渠道受限。2017年共有37名空军军官从上校晋升为准将，其中67%是飞行员，而没有1人从事航天专业，这不仅反映了军事航天力量在空军当前力量体系中所处的地位和得到的重视程度，而且对于吸引和培养航天专业人才，加强太空作战力量建设非常不利。

4. 在轨运行卫星老化严重

2018年5月，美国太空联合功能组成司令部（JFCC SPACE）司令对众议院称，美国国防部的天基GPS系统老化严重。与其他军用卫星星座一样，GPS星座中有的卫星已超过设计寿命，只有部分能力还在运行，有的只剩单个关键部件尚未失灵。

目前，美军在轨运行的卫星很多是十几年甚至二十几年前研发的产品，现有卫星星座很多是多个年代产品共存，使用统一架构，接口向下兼容。这种模式的缺点是系统复杂，新老设备共存影响新设备、新技术性能的发挥。

庞杂的通信网络点为无线电和网络攻击提供更多可能。与反卫星武器一样，网络武器可以破坏指挥控制系统以及攻击现代军队所依赖的信息，从而在战斗中创造决定性优势。在网络攻击中，美国具有最强的攻击力，但是其也承认美国处于最透明的玻璃房内。任何国家都无法确定其军事网络是否能够抵御一次严重的网络攻击。他国发起的针对美国军方网络的大规模网络攻击，可能会暂时削弱华盛顿的指挥、控制和监视能力。

美军战时会启用大量商业卫星进行战场侦察。根据单边或多变的共同防御条约，战时美军还会调用盟军的太空资源。这些太空装备的地面控制节点都有与互联网的接口，同时美国及北约的指挥控制系统严重依赖这些卫星系统传送的关键信息，因此极易受到网络攻击，造成武器系统混乱，损害威慑能力。

7.3 俄罗斯太空力量建设情况

7.3.1 俄罗斯太空安全政策演变

俄罗斯太空安全政策的发展历程不仅涉及苏联的太空遗产,也与1991年后俄罗斯国内外形势的兴衰起伏紧密相关,可分为四个阶段。第一阶段为20世纪90年代,这一阶段不仅是百废待兴的叶利钦执政时期,也是俄罗斯太空能力和资产急剧紧缩和衰落的时期。第二阶段为2000—2008年,即普京执政的前两届任期,这也是俄罗斯逐渐开始复兴其太空军事力量的时期。第三阶段为2008—2013年,即梅德韦杰夫执政时期。受困于航天部门结构问题和航天投入不确定等因素,此时期的俄罗斯太空安全现代化建设发展缓慢。第四阶段为2014年至今,这一时期普京重新执掌俄罗斯,这也是俄罗斯加快推进太空安全现代化和武器化建设时期。

7.3.1.1 紧缩和衰落时期

1991年苏联解体后,俄罗斯社会秩序和经济出现了严重崩溃。虽然俄罗斯继承了苏联大部分空间力量和空间基础设施,但国防和太空预算却大幅减少,俄罗斯拥有的太空资产的数量和质量呈断崖式下降,不仅几乎丧失了在太空领域的所有优势能力,也失去了进行长期太空研究和探索的能力。

在此期间,俄罗斯政府采取了诸如部分航天企业"私有化"、鼓励航天企业参与世界商业航天发射以及积极参与国际空间站建设等措施,但经费紧缺依然导致俄罗斯太空能力和资产遭受了巨大损失,突出表现在无力维持在轨保留足够的卫星、早期预警系统和"格洛纳斯"(GLONASS)全球卫星导航系统严重退化等方面。俄罗斯太空能力衰落还表现在对西方国家存在依赖性上。俄罗斯虽然继承了苏联大部分空间资产,但失去了部分与卫星控制和空间监测相关的基础设施的管辖权，如分布在乌克兰、哈萨克斯坦和乌兹别克斯坦，用于收发航天器数据的基站等。为了维持相关空间监测与跟踪系统的正常运转，俄罗斯不得不与相关西方国家进行协商谈判。此外，俄罗斯还需依靠西方的合资企业将其航天发射商业化，如其战斗机依赖于美国的GPS卫星导航系统，其北方舰队依赖加拿大的卫星数据。

尽管此时期的俄罗斯面临重重困难，无力从物质层面大力推进其太空安全战略的实施，但俄罗斯军方和高层对太空安全的重要性已有了清晰的认识，十分重视太空安全战略的理论创新，代表性成果有"空天一体防御"构想和空天防御理论。

7.3.1.2 复兴和军事化时期

21世纪初，普京担任俄罗斯总统，俄罗斯总体经济形势大幅提升。国家复兴成为政治与经济领域的主要目标，太空更是被作为战略资源加以强调，重建俄罗斯太空军事能力并使其现代化被放在了优先位置。在普京的前两届任期内，俄罗斯不仅对其航天工业体系进行了重组，对军事航天机构进行了简化与集中管理，还整合地面基础设施并进行现代化改造，同时积极推进"空天一体防御"战略构想的建设和发展。2001年，俄罗斯颁布《俄联邦军事工业复合体改革与发展计划》，同年，重建军事航天部队。2003年，俄罗斯颁布《俄组建空天防御系统》草案并启动"空天一体防御"系统建设。2006年，俄罗斯发布《航天工业发展战略》和《俄联邦空天防御构想》。此外，俄罗斯还开始恢复反卫星系统计划，并在弹道导弹、雷达和导弹防御拦截系统等方面取得了实质性进展。

7.3.1.3 缓慢发展时期

2008年8月，俄罗斯-格鲁吉亚战争爆发。此次战争凸显了俄罗斯太空军事能力的局限性，诸如缺乏天基情报获取和态势感知能力、卫星定位系统对于精确制导不具有操作性等。梅德韦杰夫总统强调，要继续推进俄罗斯太空安全现代化建设，尤其要加快发展"格洛纳斯"全球卫星定位系统建设。但受困于航天部门结构问题以及由世界经济危机和国外资本撤离等因素导致的航天资金不确定等因素,俄罗斯太空安全建设推进缓慢。

虽然俄罗斯的太空早期预警系统在随后几年得到了改进,但该系统仅设计用于观察美国,因此,仍然缺乏全球探测能力。虽然2011年梅德韦杰夫政府颁布的有关科技发展的总统法令为包括太空产业在内的俄罗斯经济发展提供了法律基础,然而,仍有许多计划的太空任务被推迟,既定目标和现实之间仍存在较大差距。此外,经费不足和航天机构存在弊端导致俄罗斯航天发射事业屡屡遭挫,仅2010—2013年间,俄罗斯就发生了至少10次航天发射事故。为扭转这一颓势,2013年,俄罗斯成立负责制定航天工业"统一技术政策"的联合火箭航天股份公司,并将航天工业重新回归国有。

7.3.1.4 强硬发展时期

自2014年俄罗斯吞并克里米亚并军事介入叙利亚以来,俄罗斯与西方之间的紧张关系急剧升级。2014年版《俄联邦军事学说》详细列举了俄罗斯面临的11项主要外部军事危险,太空军事化问题正是其中之一。《俄联邦军事学说》指出,美国的"即时全球打击"作为太空军事化的典型代表,严重威胁了俄罗斯国家安全。为了应对美国太空军事化带来的挑战,俄罗斯有必要采取积极措施来扩大航天部队的规模和太空武器的部署范围。

俄罗斯于2013年颁布的《2013—2020年俄联邦太空计划》列举了三个目标:为经济发展做出贡献;加强国家安全,提升俄罗斯的国际地位;增加俄罗斯公民的福利。2016年颁布的《2016—2025年俄联邦太空计划》对俄罗斯未来10年用于空间活动的地面基础设施建设、载人航天工程以及中继卫星通信系统等项目进行了全面规划。2020年8月,俄罗斯航天国家集团公司总经理德米特里·罗戈津表示,《2021—2030年俄联邦太空计划》将着重于卫星、火箭的研发、制造和发射方面。以上几份文件提出了俄罗斯太空安全政策的关键原则，包括保护自卫权等国家利益；发展空间资产、运载火箭和地面基础设施等，促进经济发展；发展和利用空间技术和工程，为俄罗斯社会经济各领域服务；维持俄罗斯在载人航天领域的优势地位等。

自 2014 年以来，俄罗斯不断推进航天工业的集中化和太空军事化进程。2015 年 8 月，俄罗斯空天防御部队和空军合并组建俄罗斯空天部队，负责导弹攻击预警、空间监测和识别来自太空的潜在威胁，标志着俄罗斯"空天一体防御"战略的最终成型。2016 年 1 月，俄罗斯航天署与联合火箭航天股份公司合并成立俄罗斯航天国家集团公司，以解决俄罗斯航天面临的系统性问题。2020 年 7 月，俄罗斯和美国在维也纳就如何防范太空日益军事化进行自 2013 年以来的首次太空安全会谈，俄罗斯在会前提出诉求：制定一套限制太空武器的条约，禁止参与国在太空部署任何类型的武器。此外，俄罗斯还拥有或正在发展新的反卫星能力，包括激光武器、拦截导弹、机动卫星和电子战装备等。美国太空司令部司令约翰·雷蒙德表示，2020 年 2 月，俄罗斯代号为"太空 2542"和"太空 2543"的卫星干扰了代号为"美国 245"（又称 KH－11）的美国卫星。此外，俄罗斯还在发展以莫斯科为中心的弹道导弹防御能力，并计划建立国家导弹防御体系。

7.3.2 俄罗斯太空部队建设情况

7.3.2.1 俄罗斯太空部队建设历程

1955 年，苏联开始建设航天器发射和控制部队，并在哈萨克斯坦建造了测试洲际弹道导弹的试验场（即现在的拜科努尔发射基地）。1957 年，为发射第一颗人造卫星，苏联修建了航天器指挥控制综合体。同年，在阿尔汉格尔斯克州开始修建试验场，用于发射 P－7 洲际弹道导弹（即为现在的普列谢茨克航天发射场）。

1957 年 10 月 4 日，航天器发射和控制部队完成了第一个人造地球卫星"旅伴"号的发射。1961 年 4 月 12 日，发射了加加林乘坐的第一个载人宇宙飞船"东方"号。在这之后，几乎所有的国内与国际航天项目的实施都有航天器发射和控制部队的身影。

1960年，为组织对太空活动的管理，在苏联国防部成立火箭武器总局第三局，该部门在1964年被改造为航天器中央局，并在1970年变成航天器总局。1982年航天器总局及其下属的军团从战略火箭军编制内划出，直接隶属到苏联国防部——创立了国防部航天器主任局。

1992年8月成立俄联邦国防部航天军事力量，其包括拜科努尔、普列谢茨克和斯沃博德内伊（从1994年开始）航天发射场，以及航天器测试和控制总试验中心、军事工程航天学院和俄联邦国防部航天军事力量第50科研所。

自1957年以来，航天器发射与控制军团和机构保障了3 000多个航天器的飞行，完成了保障航天领域国家安全的相关任务，参与了所有国际联合宇宙航行项目、深空基础研究项目。在与科研和工业组织的广泛、密切合作中，进行了250余种军用、社会经济用途和科研用途航天器的飞行试验。

与此同时，"太空竞赛"的战斗之路并不仅限于航天器的发射和控制。随着太空开发时代的到来，有必要监测可能潜在敌人的导弹发射，有必要追踪太空物体并监控其移动，评估状态，防止太空紧急情况的出现，出现了敌人可能从太空使用武器的威胁。因此苏联在20世纪60年代初开始修建防御导弹袭击系统、太空监控系统以及反导防御体系的初始模型。

在苏联/俄罗斯航天军事活动史上，最繁荣的时期是1970—1980期间，这时期为航天火箭技术提前几十年积累下了科技、生产方面的半制品。创立了防御导弹袭击、侦察、通信、导航航天系统，并已投入使用。卫星轨道集群已成永久的，并开始用来解决问题，用于保障俄罗斯武装力量的日常活动。防御导弹袭击系统和反导防御体系已经在服役。

所有这些和许多其他俄罗斯、国际太空项目在50多年里，都是有航天器发射和控制军团和火箭太空防御军事编队的直接参与，2001年在此基础上成立了太空军。同时，考虑了航天力量和设备，以及火箭太空防御的力量和设备都有共同的问题解决领域——太空，还考虑了与保障装备设施建立和发展的工业企业的紧密合作。

在太空部队积极行动的10年间，保障了230多次运载火箭发射，这些运载火箭将300多个军用、军民两用、社会经济用途、科研用途的航天器，其中包括用于通信、导航、制图、地球遥感、电信、科研等的仪器送入太空。

借助太空监控手段预防了太空物体与国际空间站之间的900多次危险接近。季托夫航天器试验和控制总试验中心的执勤力量进行了大约250万次航天器操控。

根据俄联邦总统2011年12月1日的决议，在俄联邦武装力量中创建一个新型部队——空天防御部队。空天防御部队是在联合太空军的军事单位和空军的空天防御作战战略指挥部的基础上建立的。

创建空天防御部队是将保障俄罗斯太空安全的力量、基金与负责俄罗斯防空防御的军队联合在一起，以建立统一的空天防御系统的客观要求。

从2015年8月1日开始空天防御部队被列入俄联邦新型武装力量——俄罗斯空天军。

7.3.2.2 俄罗斯太空部队组成部分及主要职责

1. 导弹-空间防御体系

该体系包括导弹攻击的预警系统、宇宙空间控制系统和反导防御系统。导弹预警系统负责接收和发送敌方导弹攻击的信息，将这些信息送到反导防御系统，同时报告宇宙空间控制系统。导弹-空间防御系统负责发现、拦击和摧毁入侵的敌方导弹。按1972年的反导条约，主要保卫莫斯科及其工业区。宇宙空间控制系统的任务是：与导弹预警系统和反导防御系统及其他部门的信息设施共同协作来实现宇宙空间的控制,发布有关国家和军方控制点的空间状况的信息,宇宙空间控制系统就可以确定俄罗斯和其他国家的空间轨道部署情况,按美国战略司令部的说法,太空控制还有另一种含义:保证美国进入太空并在太空中自由运行同时又阻挠敌人。

2. 季托夫试验和控制中心

包括试验中心、指挥测试综合设施和测量站。空间系统主试验和控制中心也是天军的一部分。它是根据1956年当时苏联部长会议的决定自1957年开始建设的。该中心保证了所有空间计划的完成,目前管理着75%的卫星。2001年它被命名为"季托夫"试验和控制中心,以纪念苏联的第2位航天员。除了中心本部,还有分布在俄全国各地的试验站、指挥测试综合设施和测量站。

3. 国家试验发射场

管辖拜科努尔、普列谢茨克、自由(阿穆尔地区)3个发射场。

拜科努尔发射场。1994年俄罗斯和哈萨克斯坦共和国签订了租借拜科努尔发射场20年的协议,2003年7月又续签了50年。自1998年起,该发射场大部分设施已交由俄航宇局(RASA)管理,目前天军只管理包括发射质子号运载火箭的两个发射台,两种洲际导弹和"第聂伯"运载火箭的地下井发射设施,还有指挥测试装置、准备发射的技术阵地等。但发射场总的协调工作自2002年起由RASA负责。

普列谢茨克发射场。该发射场是在原国防部空间设施主试验和应用中心空间部分的基础上于1994年正式建造和命名的。这是世界上最北的发射场,除了发射各种军用和民用航天器,还进行火箭-空间综合设施、洲际导弹"白杨"和"白杨"-M的飞行试验,对它们的技术特性进行评估。

自由发射场。国家空间试验发射场是自1996年3月根据总统令建造的,它是以解散的火箭部队为基础。其有利地理位置能将航天器发射入不同倾角的轨道，包括极地轨道和太阳同步轨道。

俄罗斯太空部队主要任务包括：①追踪太空物体，侦察俄罗斯在太空面临的威胁以及来自太空的威胁，必要时对其进行清除；②确保最高水平地管理侦察发射弹道火箭的准确信息，预防导弹袭击；③将航天器发射到轨道，控制飞行中的军用卫星系统和两用（军用和民用）卫星系统，利用其中的部分航天系统为俄联邦军队提供必要的信息；④在规定体制内维持战备，运行军用、军民两用卫星系统及其发射与控制设施，以及其他系列任务。

7.4　日本太空力量建设情况

长期以来，日本囿于"战后体制"束缚，长期坚持"和平利用太空"的基本政策。作为太空领域重要的参与者，日本是世界上第4个具备独立发射卫星能力的国家，太空研发能力处于世界前列，部分关键技术和元器件居于国际领先水平，已经成为主要的太空强国。近年来，日本安倍政府寻求突破"战后体制"、建立政治军事大国，加速推动修改《和平宪法》，谋求军事力量外向化发展，特别是协美强化加速推进太空军事能力建设，这一系列举动不能不引起世界各国的高度警惕。

近年来，日本连续出台太空领域战略文件，着力发展太空军事力量，成立专事太空安全的部队，提升相关技术开发整体实力。2018年新版《防卫计划大纲》出台以来，日本极力渲染新型领域威胁，强调加强太空作战支援及攻防能力建设以及推进相关装备技术开发等，太空军事力量发展呈现加速趋势。国际太空安全环境和日本的角色正在发生变化，日本已向太空军事化迈出了标志性的一步，并且在未来几十年内仍将不断发展这一趋势。可以预见，日本今后将继续强化太空领域的军民两用技术发展，全面加强与美国在太空安全方面的技术合作，将美日军事同盟拓展到太空等新兴作战领域，加速太空作战部队的相关训练和能力生成，尽快弥补在该领域的短板等。

7.4.1 日本太空军事力量发展

在过去的一年里，日本在建立一个全新的太空军事组织方面取得了巨大的进展。日本认为越来越多的国家正在通过试验以及发展动能武器和非动能武器从而进一步实现太空军事化，为保护日本太空资产免受潜在威胁，日本加快筹建太空军事力量。日本前首相安倍晋三表示，这个新成立的太空部队将与美国太空军密切合作，包括新成立的美太空司令部和日本宇宙航空研究开发机构（JAXA）合作。太空部队拟于2022年左右全面投入使用。

日本认为新军事革命不断发展，战争形态加速演变，世界主要国家加速抢占太空等新兴领域，日本也应借助先进的民间技术强化太空等新兴领域能力以顺应时代趋势；另外，日本希望借太空领域合作强化日美同盟，提高在同盟中的地位作用。日本海上自卫队和航空自卫队的特长、专项作战能力在一定程度上可以直接纳入美军的作战编成，补充并增强美军作战能力。近年来，自卫队与美军的合作领域由传统的陆海空范畴向太空、网络空间和电磁空间等新战场拓展。

7.4.1.1 日本太空军事政策

2008年，日本修改《太空基本法》，删除关于"太空开发仅限于和平利用"的内容，改变1969年确定的"和平利用太空"原则，将太空纳入国家安全需求，允许在太空领域实施防御性行动，实质上是将自卫队军事行动拓展到太空领域。此后，日本根据该法先后出台3部《宇宙基本计划》和首部《国家安全太空战略》，对太空领域发展进行统筹规划。

2013年12月，日本颁布首部《国家安全保障战略》，突出强调了太空在信息支援领域的重要性，强调要利用本国太空资源为自卫队提供情报搜集、海洋监视以及信息通信等服务，建立太空态势感知系统。

美军 2018 年版《太空作战条令》首次将太空定位为作战领域。日本紧随美军调整步伐，2018 年 12 月 18 日，日本通过新版《防卫计划大纲》，将太空定位为优先发展的关键军事领域，《大纲》指出"为确保从平时到战时各个阶段的太空主动权，自卫队还将努力提高信息支援能力和干扰对手指挥控制和信息通信的能力。"《大纲》指示日本建立一支跨域防卫部队，作为其防御能力保障部队，将包括太空、网络空间和电磁频谱在内的所有领域的能力集成在一起，能够在从平时到战时的所有阶段持续开展灵活的战略活动。如果发生对日本的武装攻击，自卫队将被允许通过利用太空、网络和电磁领域的能力来阻止和消除攻击。

2018 年版《太空基本计划》明确了日本太空军事力量优先建设的项目，主要包括卫星侦察、海洋监测、卫星通信和太空态势感知系统[3]。2020 年 6 月颁布新版《太空基本计划》，其中美日太空合作、导航卫星升级、侦察卫星研制及运载火箭能力发展等方面需重点关注。

7.4.1.2 日本太空部队

2018 年 12 月美军成立太空司令部，2019 年 8 月组建美太空军。作为美军的"铁杆"盟友，日本迫切希望组建太空作战部队，并与美军在太空领域实现无缝衔接，进而以太空为突破口，实现向"正常国家"的转变。

2020 年 1 月，在美国和日本签署《美日安全保障条约》60 周年纪念日的讲话中，前首相安倍晋三指出，必须使美日同盟更加强大，使之成为维护外层太空和网络空间和平与安全的支柱。4 月 17 日，日本国会正式通过立法，批准在 2020 财年建立第一支太空作战中队，这是日本政府为着重加强三个新国防领域（太空、网络空间和电磁）而采取的行动。5 月 18 日，日本航空自卫队正式成立太空作战中队，最初成立阶段由20人左右组成,计划两年后扩编至100人。日本航空自卫队增设太空作战中队,向航空太空自卫队转型,参考美军太空军组建模式,未来不排除组建单独的太空自卫队。日本对太空的依赖度逐年提升,以及其最重要盟友美国对太空领域的越发重视,都体现了太空作战中队的重要性。

7.4.1.3 日本太空演训活动

日军注重与美军建立密切的协同关系,进而提高日美两军联合作战的能力,通常采取联合训练、参观见学以及赴美培训等方式。因此,日本在太空部队成立伊始便选择与美太空军展开密切的协作。美日两国相继成立太空部队后,日本积极邀请美太空军教官来日指导,并派遣军官赴美国学习,深化合作。日本防卫省为太空作战中队监视太空状况做了大量的前期准备工作,包括与美太空军共同设计太空态势感知系统以及向美军派遣人员就建立太空态势感知系统开展交流。

2018年10月,美国"施里弗"太空战演习在亚拉巴马州马克斯韦尔空军基地举行,日本首次参加"施里弗"系列演习。演习设定的背景是,美国印太司令部防区内的美国太空和网络领域遭到来自地区大国的挑战。在这样的背景下,美军深入挖掘日本在太空领域发挥的作用,使日本成为保卫印太地区太空资产的关键因素。该系列演习有助于提升日本与美国在太空领域开展更广泛更紧密的合作。

7.4.2 日本太空作战能力

太空技术的军民两用性使人们难以准确地评估和判断各国太空军事力量的真实水平,尤其是对日本太空军事力量的认识。进入21世纪以来,日本一直尝试小步快跑的方式摆脱和平宪法的束缚,各军事领域均有所突破,并已将其军事野心和基础设施建设扩展到太空领域。

日本太空领域的发展已由获取服务向主动对抗转型。目前,日本拥有有限的潜在太空对抗能力,可能会利用其有限的太空态势感知能力来探测、跟踪和瞄准对手的太空目标,使用改进型SM-3系列导弹攻击低轨敌方卫星。日本还拥有针对对手的太空能力进行电子战的技术基础。值得关注的是，分析日本军事太空力量的发展与威胁，必须要考虑到美军因素，二者是紧密捆绑在一起的，未来的美日联盟作战将是多个领域的一体化联合作战。日本政府已着手研究自卫队与美军新的联合作战计划，其中太空领域的联合作战计划不仅体现在卫星侦察情报共享、共用 GPS 系统等领域，还包括共享太空态势感知数据、干扰和破坏对方卫星等行动计划。

7.4.2.1 太空发射能力

1. 太空发射场所

1970 年 2 月，日本在种子岛太空中心用兰姆达 – 4 运载火箭成功发射本国第一颗人造卫星——大隅号，成为继苏、美、法之后第四个具备独立太空发射能力的国家。目前，日本拥有种子岛太空中心和鹿儿岛太空中心，其中种子岛太空中心是日本最大的太空研究中心和太空发射中心，包括竹崎发射场、大崎发射场和吉信综合发射场。

2. 运载火箭

日本现役运载火箭包括 H – 2A、H – 2B 液体燃料火箭和 Epsilon（艾普斯龙）固体燃料火箭，运载器技术在国际太空领域处于领先地位，具有独立自主的太空投送能力（表 7 – 3）。

表 7 – 3 日本运载火箭型号及主要参数

型号	发射时间/年	运载能力/t	燃料形式
H – 2A202	2001	15（LEO）、3.7（GTO）	2 级液体
H – 2A2022	2002	4.2（GTO）	2 级液体
H – 2A2024	2002	4.6（GTO）	2 级液体
H – 2A204	2004	5.7（GTO）	2 级液体
H – 2B	2011	8（GTO）、16.5（HTV）	2 级液体
Epsilon	2013	1.2（LEO）、0.45（SSO）	3 级液体
H – 3	2021（计划）	5.7（GEO）	2 级液体

H-3运载火箭计划于2021年首次发射,能够将6.5t的卫星送达地球同步轨道。Epsilon运载火箭可以在短时间内发射战术小卫星进行组网和补网,太空响应能力迅速。日本的运载火箭研发技术也带动了陆基弹道导弹技术和动能反卫星技术的发展。

3. 发射情况

近年来,日本太空发射活动呈稳步上升的状态,主要满足本国使用。近5年来无发射失利的情况发生,成功率高。2018年主要太空强国纷纷试验一箭多星技术,日本当年的最高纪录是一箭六星,2009年和2014年曾有一箭八星的纪录(表7-4)。

表7-4 日本近7年发射次数和卫星数量统计

年份	发射次数/次	发射卫星数量/个
2013	3	5
2014	5	24
2015	4	4
2016	4	17
2017	7	8
2018	6	14
2019	2	11

日本太空发射体系完备,研发能力和制造水平足以支撑其在太空领域相对领先的地位,并能够将民用发射、运载能力快速转化为军事能力。2020年以后,日本的运载火箭将以H-3为主,Epsilon为辅,配合其先进的星上处理技术,是日本具备自由、快速进入太空的能力保障。

7.4.2.2 太空信息支援能力

1. 侦察监视

日本"情报收集卫星"主要用于侦察监视。2020年2月9日,日本在种子岛太空中心成功发射第八颗情报收集卫星——"光学"7号。目前,日本情报收集卫星在轨8颗,光学侦察卫星分辨率低于0.3 m,雷达侦察卫星低于0.6 m。日本卫星组网能力强,具备每天对全球任一地点侦照一次的能力,光学侦察卫星和雷达侦察卫星可同时过顶重要区域。

2. 通信中继

日本通信卫星(X频段)在轨2颗,用于保障自卫队作战指挥和机动通信。日本计划2022年发射第三颗X频段通信卫星,组成高保密性、强抗毁性的卫星通信网,可为自卫队海外派遣的维和部队等提供卫星通信服务。随着日本侦察卫星数量的增加,日本急需提高情报数据传输的时效性,并于2020年启动激光通信数据中继卫星的研制工作。

3. 导航定位

日本卫星导航系统为准天顶卫星系统,由地球静止轨道卫星和地球倾斜同步卫星组成,兼具导航定位、移动通信和广播功能,2018年底实现四星组网并开始使用。该系统可兼容GPS系统,增强日本周边的导航定位信号强度和质量,提高导航定位信号的使用精度。2015年《太空基本计划》明确2023年前完成7颗卫星组成的准天顶系统的部署,并投入运行,确保日本能够在东亚和大洋洲拥有独立的导航定位能力。日本海上自卫队计划2021年前在"出云"号、"加贺"号等四艘准航母安装信号接收机,之后逐步为其他舰船安装准天顶卫星系统。

日本拥有完整的卫星侦察监视网,组网技术先进,重访周期短,分辨率高,主要用于监控亚洲重点地区及日本周边地区,与美军共享情报数据。卫星通信系统和准天顶卫星系统的完善将为日本拓展海外军事行动提供可靠的信息保障。

7.4.2.3 太空对抗能力

为提高日本太空作战能力,日本防卫省和自卫队将重点从以下方面入手：一是构建太空态势感知系统，并加强与美军太空司令部和JAXA的合作；二是继续强化卫星侦察、卫星通信和导航定位等太空信息支援能力；三是加强干扰对方指挥控制系统和通信的能力。其中，第一点和第三点是太空对抗行动的重要内容。

1. 太空态势感知

了解作战环境是实施联合作战的基础，同样，了解太空环境是实施太空作战的基础。JAXA一直为日本提供太空态势感知能力。JAXA的太空预警中心有雷达探测设施和光学望远镜等设备，其中雷达探测设备能够探测、跟踪2 000 km以下高度直径大于1 m的太空目标，光学望远镜具备探测地球同步轨道目标的能力。JAXA计划2023年安装一台新的望远镜，可以探测650 km高度直径10 cm的物体。日本自卫队希望2022年具备监测地球同步轨道的能力，并且建立独立的由地面和天基两部分组成的太空态势感知系统。

美国和日本计划从2023财年开始共享各自的太空态势感知数据。日本自卫队通过与JAXA、美军太空司令部共享数据，进一步提高太空态势感知能力。由于美国太空监视网络对印太地区的监控能力有限，强化后的日本太空态势感知系统有利于美国完善太空态势感知体系。2019年4月，美国和日本在"2+2"对话中达成协议，使用日本准天顶卫星系统（QZSS）搭载美国太空态势感知传感器，提高地球同步轨道的区域感知能力，促进日美太空安全领域深化合作。

2. 直升式动能武器

美国已在2008年的海基反卫试验中显示，"标准"-3（SM-3）导弹只需升级软件、更换导引头即可用来摧毁太空目标。目前，日本没有研发陆基直升式动能武器的计划，海上自卫队"金刚"级和"爱宕"级"宙斯盾"驱逐舰配备有"标准"系列海基反导武器（SM-3），尽管日本没有对该系列进行改装或反太空能力测试，也未公开表达过开发反太空能力的意愿，但日本实质上具备打击轨道高度低于 600 km 卫星的能力。日本还与美国合作开发 SM-3 Block2A 拦截器的第三级火箭发动机和拦截弹头，提高导弹的拦截能力。SM-3 Block2A 的耗尽速度比其早期型号更快，因此理论上能够威胁低轨（2 000 km 以下）中的任何卫星，该计划在 2020 年进行。日本引进的陆基"宙斯盾"系统也配备 SM-3 Block2A 导弹，同样具备动能反卫的潜力。由此可见，日本的反卫能力不仅覆盖本土范围，还可以通过海上自卫队横向辐射数千千米。

3. 共轨武器

2019 年 8 月，日本政府宣布正在考虑开发一颗可用于拦截外国威胁卫星的卫星。鉴于自卫队对卫星没有任何防御能力，日本有可能在 2020 财年做出是否发展共轨能力的决定，预计会在未来的几年启动开发共轨反太空能力的计划，包括利用 JAXA 开发的机械臂技术等。日本政府还将研究其他的方式来干扰、威胁卫星，包括网络攻击、电子干扰等。

4. 电子对抗

日本政府已经考虑发展电子干扰能力，可以用来对抗预警机和外国卫星。根据 2019 年 8 月发布的 2020 财年防务预算，日本为电磁干扰系统研究拨款 3 800 万美元，并计划购买具备电子干扰溯源能力的设备。

5. 其他

日本"隼鸟"2 号（Hayabusa-2）小行星探测器于 2014 年 12 月发射[9]，历时 3 年半飞抵小行星龙宫（Ryugu），进行为期 1 年半的科学试验，包括顺利投下了 2 枚巡视器、1 枚着陆器和投放撞击器小行星取样等。2019 年 12 月，"隼鸟"2 号启动离子发动机开始返程之旅。"隼鸟"2 号在科学技术研究方面做出了突出的贡献，同时有助于拓展日本在太空防卫领域的应用潜力，培养相关技术人才。不可忽视的是"隼鸟"太空探索计划同样涉及天基操控、动能碰撞、抵近探测以及精确控制等多种技术。

2017年12月，JAXA通过H-2A火箭将"超低轨道技术试验卫星"（SLATS）送入太空，使用化学推进分系统和氙离子发动机让卫星长时间维持在180~300 km的高度上。试验持续了近2年，主要验证了超低轨道的轨道保持技术、超低轨道卫星高分辨率成像技术和氙离子推进技术，获取超低轨道环境数据。SLATS项目验证的技术可以降低高性能侦察的成本，提高侦察卫星的变轨机动能力，为共轨微小卫星提供持续的动力以及延长卫星低轨道保持的时间进而提升太空响应速度和实战应用能力。

迄今为止，日本没有公开进行过太空对抗方面的试验，但其采取独立自主地发展民用太空技术的方针和寓军于民、以民掩军的策略，获取了先进推进、有效载荷、测控通信、核电源及自主导航与控制等关键技术的突破。日本海上自卫队和航空自卫队与美军始终保持着异乎寻常的密切关系，有助于其发展及提高太空对抗能力，如太空态势感知能力、海基反卫能力和电子干扰能力。

7.5　法国太空力量建设情况

法国作为太空大国，为保障本国安全和维护太空利益，积极提升太空军事能力和战略地位。2020年9月，法国空军正式改名为法国空天军，行动区域从15千米高空扩展到36 000千米高度的临近空间。此举标志着法国将太空视为重大战略领域，谋求增强太空威慑能力、筹划太空军事斗争。

7.5.1　法国空天军的建设历程

2018年，法国总统马克龙提出，法国将出台太空防御战略，加强对太空安全形势的了解，以更好地保护本国卫星。2019年7月14日，马克龙在国庆节讲话时宣布将在法国空军内部成立太空军事指挥部，空军转变成"航空与太空部队"。2019年7月下旬，法国发布《太空防务战略》，其核心内容是改组太空军事架构，组建太空军，修订并颁布新法令，让太空军接管有关军事卫星的操控，并且制定能力线路图，确立实施积极太空防御的原则。2020年9月中旬，法国空军正式改名为法国空天军。法国空天军总参谋长菲利普·拉维涅表示，名称的修改意味着飞行员必须把目光投向更高、更远的太空，这一新的对抗领域具有重大战略意义，而且与其他领域的联系日益紧密。法国国防部积极响应菲利普·拉维涅提出的新的远大目标，重新调整其任务重点。

法国的太空防务预算大幅增长。2018年5月29日，法国参议院通过《2019—2025年法国军事规划法案》草案，其中计划的太空防务预算高达36亿欧元，主要用于增强可提供光学监视及通信保障的军事卫星的能力。2020年7月下旬，预算增加至43亿欧元。不仅如此，为更好地支持空天军的发展，法国国防部调整了相应的组织机构，将航空航天力量加以整合。一是将太空司令部总部设在图卢兹，预计在2025年实现其全部运行能力，届时将有近500名员工。目前已有220名员工在开发保护法国军用卫星免遭外国破坏的能力。二是成立致力于太空军事创新的实验室。三是2021年1月1日起法国空军研究、后备和伙伴关系中心正式更名为法国航空航天战略研究中心，其主要任务是负责确保内部与外部影响的协调一致性，通过青年活动、合作伙伴关系、研究和出版，以及继承保护发扬历史遗产和传统，促进法国空天军与学术界和民间社会的紧密联系。

组织机构逐渐完善后，法国国防部开始加强空天军的实战能力。一是2020年6月中旬，法国与德国、西班牙空军参谋长签署"未来空战系统"协议，以及与该项目相关的军用航空计划。协议的核心内容是确保三国空军之间以及与多国合作伙伴之间的资源互操作性，构建新一代作战系统互联互通路线图，并为系统制定一个通用的运行标准定义。2020年11月末，德国、西班牙和法国已经着手联合为"未来空战系统"开发传感器技术，此举对于确保下一代战斗机、无人机与遥控人员和"作战云"结成一体起着至关重要的作用。2020年12月初，法国国防部长弗洛朗丝·帕利宣布，法国将在2021年推出"未来空战系统"演示样机，这表明欧洲主要的太空国家正在稳步实施联合提升太空军事能力的方针政策。法国目前亟须重新研发适用于天战的武器装备，采用联合研发的方式可以分担庞大的资金压力，同时大幅提升研发效率。二是法国曾受邀参加美国太空军主持的"施里弗"太空军事演习，提升了太空联合作战的能力。2021年3月8日，法国空天军联合美国太空军、德国航天机构举行了"AsterX202"首次太空军事演习。演习模拟监测一个潜在危险的太空物体以及对卫星的威胁，目的是测试太空操作人员实施的流程和系统，并从中总结经验，以评估太空领域的操作需求。太空演习是太空战场化的预演与彩排，表明法国对发展太空军事能力的重视，以及突出自己在太空竞争中重要地位的决心。

7.5.2 法国成立空天军的意图

随着太空军事化已成事实，太空武器化难以逆转，世界主要太空国家纷纷加快了建立太空军兵种的步伐。具体来说，法国成立空天军主要是出于以下考量。

一是维护国家太空安全，捍卫国家太空权益，抵御来自太空的威胁与挑战，增强本国太空威慑力。2018年1月，法国联合太空司令部司令称，法国在轨卫星遭俄罗斯在轨物体抵近、偷窥、检查，并提出竞争与拒止战略正在以新的形式出现，此举危及了法国太空资产的安全，引起法国国防部门对本国太空安全的高度重视。国防部长认为，太空日益成为军事对抗场所和各国争夺全球霸权的场所，对于顺利展开军事行动至关重要，防范其他国家的"不友好举动"、保护法国的卫星成为战略要务。

二是缩小与太空军事强国的差距，提升战略地位，争夺太空话语权和主导权。2015年8月1日，俄罗斯率先将空军和空天防御军合并，组建俄罗斯空天军。美国多次开展太空军事演习，特朗普政府2019年2月要求美国国防部起草成立太空军法案，2019年底成立了太空军，预计2021年要投入实战。在太空军事能力建设方面，法国意识到落后于美国、俄罗斯，非常担忧其天基资产受到威胁，迫切要求建立独立的天基作战能力。目前，法国计划发展反卫星激光武器和新的监视能力，以缩小与竞争对手之间的差距。

三是摆脱对美国的过分依赖，追求防务独立的重要尝试。长期以来，法国都认为欧洲和美国的安全利益并不完全重合，欧洲应该拥有防务安全的自主权，独立处理自己的安全问题。为此，1966年法国退出北约，构建了独立的安全防御体系、军工产业和军事指挥系统。法国回归北约后，也不允许北约在其国内驻军。法国力图通过建立欧洲独立防务和真正平等的欧美伙伴关系，削弱美国及北约在欧洲的主导权，以扩大法国的影响力。成立空天军，发展独立的太空力量，既是法国追求太空战略自主的关键一步，更显示了法国试图引领欧洲防务的发展方向。

7.5.3　法国空天军发展的条件

法国作为空间大国，其太空实力不容小觑。但要成为空间强国，法国还需拥有实力强大、体系健全的太空军事力量，并在其国家军事体系中扮演重要角色。目前来看，法国发展空天军具有以下优势条件。

一是法国的太空技术堪称世界先进，探索和研发经验丰富，雄厚的军事工业基础能给予强劲支撑。法国长期在欧洲空间局发挥主导作用，在多项基础技术及应用技术研发方面居于世界领先水平，在研发运载火箭、先进卫星系统和航天系统等方面都积累了丰富的经验。首先，由法国主导的欧洲空间局发展的阿丽亚娜系列运载火箭，起飞重量和发射重量都处于世界先进水平，在国际航天市场的角逐中占有重要地位，目前世界商业卫星发射业务约有50%由阿丽亚娜系列运载火箭承担；其次，法国的侦察卫星精度很高，以"太阳神"侦察卫星系列、第三代军事情报卫星群CSO系列为代表，而且法国还掌握了通信卫星、导航卫星的发射技术，是欧洲伽利略卫星导航定位系统的重要成员；再次，法国能独立研制陆基远程导弹、潜射远程导弹；最后，由于法国长年致力于构筑独立的国防工业体系，目前已成为欧盟成员国中军工体系最齐全、军力最强大的国家，也是世界上重要的军事装备出口国之一。这些条件都为法国空天军的发展奠定了坚实的基础。

二是法国高度重视太空军事能力发展，有倾举国之力取得突破、赢得先机的趋势。拥有辉煌历史、素来追求民族独立性的法国，有较强的民族自尊心和自信心，2018年其卫星遭俄罗斯监视以及近年来美国特朗普政府的频频发难，让法国深感威胁和压抑。法国空军联合指挥官帕斯卡尔·布雷顿曾表示，"以前我们谈论的是太空探索，现在谈论的却是太空战略自主权。"所以近年来，法国在政策法规、制度创新、资源配置等方面，都体现出"太空优先"的国家战略意志。太空从来都是高投入、高风险、高技术综合集成的发展领域，法国能直面新形势、迎接新挑战，着眼国家安全全局和长远发展，从战略高度上对国家太空力量发展进行筹划，并倾举国之力高效推进实施，这无疑会成为其空天军建设发展的最佳牵引和最稳后盾。

三是法国大力推进太空国际合作，为本国太空力量的建设发展补齐短板、赢得机遇。首先，法国积极在欧盟内加强协同。法国在2019年成功争取让欧盟各国同意在未来3年向欧洲空间局（ESA）提供总额125亿欧元的资助，比过去3年增加20%，目前ESA正致力于研究一系列重要的太空探索项目，包括探月、探火、升级大型系列火箭以及为空间站提供运输和居住模块等。法国还在《太空防务战略》中提出，将加强与盟友，特别与德国、英国、意大利在发展卫星能力方面的合作。其次，法国积极与美国、中国、印度等航天大国开展双边合作。法国和美国在太空商业方面合作较多，如管理太空交通和发展空间态势感知能力。早在2008年，法国就与印度签署了《和平利用外太空合作协议》，近5年来，法国与印度更是频频在火星探测、载人航天、研发卫星群方面谋求合作。这有助于在资金、技术、人才等方面促进法国太空力量的发展，提升其在国际太空事务中的话语权。

7.5.4　法国空天军发展的困境

不可忽略的是，法国空天军的建设发展也面临一些困境。

一是法国太空力量的发展受限于资金、技术和人才力量。根据美国忧思科学家联盟的统计，截至2020年4月1日，全球在轨卫星共有266 6颗，其中法国只有22颗卫星，其中还包括了与他国共有的10颗，落后于美国、中国、俄罗斯、日本、印度与德国。不仅如此，法国的军事卫星数量也较少、反卫星能力也有限。这暴露出法国发展太空力量、建设空天军的一大困境：国力不足以支撑庞大的太空投入。在资金方面，法国长期接受美国和北约的经济援助。2019年年末，特朗普政府提出要削减对北约直接预算投入，法国外交官拒绝了这一安排，质疑特朗普政府对跨大西洋联盟的承诺。在技术和人才方面，法国无法完全依靠本国的力量发展太空军，对其欧洲伙伴的依赖较强。

二是法国"脱美自立"困难重重，仍将长期处于矛盾之中，美国可能阻挠其空天军的建设发展。虽然法国始终游离在北约的边缘，不断争取摆脱美国的影响，在《太空防务战略》中也屡次提起确保法国战略自主的太空防务政策。但是，对法国来说，"脱美自立"始终说易行难，这是因为只要法国在资金、技术、人才等方面还依赖美国，那么在防务上就不可能完全摆脱美国的影响。法国《费加罗报》分析称，成立空天军的重要原因是"应对来自其他大国尤其是美国日益增长的威胁"，美国对此心知肚明。可以预见的是，一旦法国空天军影响到美国在欧洲太空事务以及国际太空事务中的优势地位，美国就会对其进行打压。而法国一直有意向牵头组建欧洲军,这也会冲击美国(借助北约)对欧洲军事力量的控制,所以此举将会面临较大阻力。总之,由于历史和现实的复杂因素,法国对待美国和北约的态度仍将长期处于矛盾之中,法国要实现防务自主的目标难度很大。

三是法国发展空天军将加剧太空军事化、太空武器化,引发太空军备竞赛,给太空治理带来严峻挑战,法国将因此受到国际舆论的压力。2018年9月,法国国防部长在图卢兹有关太空与防务演讲中曾谈到,太空控制是法国的目标。2019年7月,法国《太空防御战略》中着重强调了发展太空态势感知能力、对卫星进行加固、考虑增加快速发射卫星的方式和为大型重要卫星配备保镖卫星,这透露出法国意图增强太空威慑能力、不排除采取先发制人的打击。因此,可以说法国《太空防务战略》所追求的太空威慑以及太空行动自由,与美国所追求的太空控制并没有本质差别。特别是一旦他国对法国的卫星实施攻击,法国将用"武装卫星"进行回应,这就构成了事实上的太空武器化。这种做法明显有悖于联合国连续多年通过的"不首先在太空部署武器"的决议,也与法国投赞同票的立场不符。不仅如此,法国空天军建立以来,与之相关的机构设置、武器装备研发、太空军事演习都如火如荼,俨然将太空视为未来战场。法国这些行动将会极大地刺激他国加快太空军事化、太空武器化的步伐。

但为了发展空天军,增强太空威慑力量,为其发展太空武器披上合理性与合法性的外衣,法国拒绝了中国和俄罗斯联合提出的"防止在外空放置武器对外空物体或威胁使用武力条约"草案及修正案,即拒绝了用国际条约限制太空武器,这为国际太空军备控制平添了障碍。法国也因此受到国际舆论的压力,这对其太空国际合作的开展、太空力量的建设都增加了阻力。

第8章　太空武器装备及作战试验

太空战是"利用出入太空或本身就在太空运作的武器和载人或无人飞行器，对太空或地球表面上的军事行动施加影响"的作战活动。制天权将成为制空权、制海权、制陆权、制网络权和制电磁权的前提条件，太空威胁将成为第一大威胁。为确保霸权地位，美国利用太空技术优势和《外空条约》漏洞，加速发展太空武器装备。

8.1　主要太空武器装备

太空作为新的作战疆域必将成为新的"角斗场"，而太空武器将成为彰显太空力量和维护太空利益的关键。作为太空战的物质基础，太空武器装备受到美俄两个航天大国的高度重视。近年来，基于太空军事竞争的需要，美俄两国加紧发展太空武器装备。美军加快发展太空武器装备，以期在未来的深空博弈中占得先机、夺取优势、克敌制胜。深化太空合作，稳固太空联盟。俄罗斯为应对卫星老旧、技术断代严重等问题，着力打造了通信、导航、遥感一体星座。

基于将太空域视为新型作战域的认识，各国持续提升太空战装备能力，推动太空装备从信息支援转向作战应用，体系层面推动弹性化和防护能力发展，系统层面推动高性能和抗干扰能力发展，应用层面则推动向实战应用发展。随着航天系统和技术快速发展，低轨星座的快速部署加剧了各国对太空资源争夺战的担忧，太空竞争态势愈发激烈。在大国竞争背景下，太空战装备保持了快速发展态势，各国积极推动系统能力更新与扩充，应用由战略支撑向战役战术保障转变。

8.1.1 太空态势感知系统

掌握太空环境变化和在轨飞行器运行活动不仅是保障自身太空系统安全的前提，也是开展太空攻防对抗活动的基础。因此，太空感知能力建设已成为美国关注的重点内容。太空态势感知是指获取和认知空间态势信息，包括空间目标监视和空间环境监测，是进一步开展空间操控和空间对抗的基础。美国在其积极的军事战略牵引、强大技术和财力支持下，近年来开展了多项空间态势感知试验项目，部分项目已经形成装备并正式投入使用，对高价值空间资产的安全性产生了严重威胁。

对太空态势感知（space situational awareness，SSA）概念的表述最早可追溯到20世纪90年代。1998年3月，时任北美防空航天司令部司令的艾斯特斯首次提出太空态势感知的概念，认为太空态势感知是获取太空优势的基础，是实现太空控制的关键因素。1998年8月，美空军发布第一个《太空作战条令》，指出太空态势感知是太空作战计划人员应该考虑的问题之一。随后在历次《太空作战条令》《太空联合作战条令》修订过程中，太空态势感知的概念内涵不断丰富，太空态势感知的地位有了明显提升，内涵也趋于成熟。

从美军太空态势感知概念的发展历程来看，早期太空态势感知的重点是感知在轨运行空间物体及其运动规律，保障美国航天活动安全；当前及未来太空态势感知的重点将转变为感知在轨运行空间物体及其运动、能力和意图，保护美国和盟国的太空资产免受潜在威胁。未来，太空态势感知有望仍然保持快速发展态势，为航天活动提供更加科学有效、直观丰富的信息支撑（图8-1）。

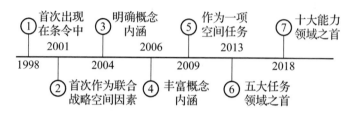

图 8-1 美军太空态势感知概念的主要演变节点

2020年3月，美国天军宣布正式启用"太空篱笆"（Space Fence）空间监视雷达站。"太空篱笆"属于地基雷达系统，主要用于跟踪低地球轨道（LEO）上的卫星和空间碎片。"太空篱笆"使用固态S频段技术检测和跟踪太空轨道中的物体，可探测低地球轨道直径5 cm的太空目标，并具备对更高轨道物体的搜索能力。该系统的升级部署将帮助美军提升对亚太地区的太空态势感知能力，凸显了美国对太空战略的重视。

2020年5月，美国天军开发出用于跟踪和监视太空物体的"小林丸"太空跟踪系统。该系统可为美国天军提供数据流和存储技术，使其能够更好地监视太空环境，并推进太空操作系统的现代化。同时，该系统还可为美国、英国、澳大利亚、新西兰和加拿大在内的"五眼联盟"成员国提供服务，简化太空物体跟踪流程，并实现成员国之间的数据复制，加强盟国在太空领域的信息共享能力。

随着美国对太空安全及态势感知理解的不断深入，其发展思路逐渐转变为以地基系统为基础，充分发展天基系统，并将天基系统的研发定为太空目标态势感知优先发展方向。截至2020年，美国高轨领域态势感知项目实施情况统计如表8-1所示。

表 8-1 美国高轨领域态势感知项目实施情况统计

序号	卫星	简介
1	MiTEx - A/B	微卫星技术试验(micro - satellite technology experiment, MiTEx)卫星是美国国防高级研究计划局、美国空军和美国海军联合实施对高轨目标抵近操作的微卫星计划,2006年发射,卫星单星重约225 kg,在GEO - 1 000~20 km轨道开展抵近观测、侦察操作、空间目标感知战术战法演示验证,曾在2009年抵近观测DSP - 23
2	GSSAP	地球同步轨道空间态势感知计划(geosynchronous space situational awareness program, GSSAP)卫星是美国空军发展的高轨巡视卫星,目前已移交美国天军。首批2颗GSSAP - 1和GSSAP - 2卫星于2014年发射,第二批GSSAP - 3和GSSAP - 4于2016年发射,计划2020发射第三批GSSAP - 5和GSSAP - 6。目前GSSAP隶属于美国天军第一纵队,多次执行对各国卫星侦察任务,曾抵近详查美国海军故障卫星MUOS - 5,图像分辨率达厘米级,能清晰查看目标的天线和传感器。GSSAP采用的是Orbital ATK的GEOStar - 1平台,发射重量小于1 000 kg
3	ANGELS	局部空间自主导航与制导试验卫星(automated navigation and guidance experiment for local space, ANGELS)重约70 kg,可用于近GEO轨道态势感知、检测、反卫星武器。2014年7月28日与两颗GSSAP卫星一同以一箭三星方式从美国佛罗里达州卡纳维拉尔角发射场发射升空,提供局部的空间态势感知能力,并为主卫星提供"异常特性描述"服务
4	EAGLE/MyCroft	EAGLE(ESPA augmented geostationary laboratory experiment)是美国空军实验室于2012年订购的一颗由ESPA(EELV secondary payload adapter)母星和5颗附着子星构成的高轨空间监测试验卫星,2018年发射,主要开展探测、识别、肇因判断试验,提升空间感知能力。EAGLE携带的第四代空间态势感知实验Mycroft(重约100 kg),是GEO态势感知小卫星ANGELS的后续星,寿命12~18个月,曾飞离EAGLE约35 km,其后又返回至1 km

续表

序号	卫星	简介
5	S5	太空监视小卫星系统（S5）是美军发展的高轨SSA小卫星星座技术试验卫星。2019年2月22日由美国劳拉公司LS-1300卫星平台上的预置投送系统在轨释放，部署在略高于坟墓轨道的高度上，开展高轨监视星座技术试验

1. 微卫星技术试验卫星（MiTEx）

微卫星技术试验（MiTEx）卫星是美国国防高级研究计划局（DARPA）、美国空军和美国海军联合实施对高轨目标抵近操作的微卫星计划。MiTEx空间飞行器包括三部分：美国海军研究实验室研制的上面级，轨道科学公司研制的MiTEx-A卫星和洛·马公司研制的MiTEx-B卫星（图8-2）。

图8-2 微卫星工程试验系统

2006年6月18日，DARPA和美国空军利用德尔它-2运载火箭将MiTEx空间飞行器送入GTO轨道，然后由上面级将2颗MiTEx卫星送入GEO轨道（图8-3）。MiTEx卫星的上面级装有多块太阳能电池和1台卫星跟踪仪，除了用来将微卫星推入地球同步轨道外，还可完成更多的任务。MiTEx-A/B每颗卫星重量为225kg，进入地球静止轨道后进行了轨道机动和相互观测试验，开展了自主运行、机动和位置保持试验，验证了静止轨道微小卫星相关技术。

该系统完成了GEO轨道抵近侦察在轨演示，在完成预定的在轨监测演示试验后，2颗MiTEx小卫星在2008年底至2009年初机动至失效的国防支援计划-23（DSP-23）导弹预警卫星附近，成功对其进行了在轨监测。

图 8-3 MiTEx 卫星在轨工作轨道演变情况

2. 地球同步轨道空间态势感知计划卫星（GSSAP）

地球同步轨道空间态势感知计划（GSSAP）是美国空军发展的高轨巡视卫星。首批两颗 GSSAP 卫星于 2014 年 7 月 28 日从美国佛罗里达州卡纳维拉尔角发射场发射入轨，2015 年 9 月结束测试，具备初始运行能力。

GSSAP 卫星由轨道科学公司研制，由位于科罗拉多州的施里弗空军基地负责运行。卫星选用轨道科学公司的 GEOStar-1 平台，该平台具有高灵活性和大机动能力，能够进行精确指向。GSSAP 卫星搭载高分辨率相机与高性能电子窃听设备，可对观测目标进行"拍照"与"窃听"，能够清晰拍摄目标外形并跟踪经常执行轨道机动的目标，也能够跟踪目标发射的无线电信号以获取其通信信息（图 8-4）。

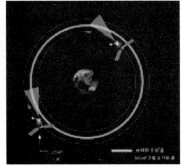

图 8-4 GSSAP 双星在轨示意图

2016年8月19日，美军成功发射第二批两颗GSSAP卫星（GSSAP-3/4），与2014年发射GSSAP-1/2完成四星星座组网，进一步提升美国对GEO卫星的持续监视与抵近侦察能力。当月，美军还曾对GSSAP-1/2卫星进行机动变轨，抵近详查美国海军故障卫星"移动用户目标系统"-5（MUOS-5）以确定故障原因，美国未公布GSSAP拍摄图像，但称目标图像分辨率达厘米级，能清晰查看目标的天线和传感器。

目前4颗GSSAP卫星均在近地球同步轨道运行，距离GEO带20~80 km附近运行，GSSAP星座已实现四星联合在轨运行，对高轨目标巡航侦察和抵近详查能力进一步提升，美国高轨空间目标探测与识别能力进一步增强。2017年7月—2018年5月，GSSAP卫星至少执行了8次抵近成像任务，分别对俄罗斯的5颗卫星和我国研制的巴基斯坦1R、尼日利亚1R卫星进行了近距离侦察，最近距离只有10 km左右。

3. 局部空间自主导航与制导试验卫星（ANGELS）

局部空间自主导航与制导试验卫星（ANGELS）是美国空军研究实验室（air force research laboratory，AFRL）发展的高轨抵近侦察技术试验卫星，轨道科学公司为ANGELS卫星主承包商。2014年7月28日，ANGELS与两颗GSSAP卫星以一箭三星方式从美国佛罗里达州卡纳维拉尔角发射场发射升空。卫星重量约70 kg，设计寿命1年，采用光学设备，卫星进入预定地球同步轨道后，ANGELS卫星以上面级为目标进行逼近、绕飞、悬停等操作，测试星上导航系统和态势感知载荷性能，评估卫星自主探测、跟踪、监视空间目标，掌握目标特性和活动意图的能力。ANGELS卫星在轨还试验了自主任务规划与执行技术和地球同步轨道GPS接收机结合高性能加速度计的测定轨技术（图8-4）。

4. ESPAStar平台

ESPAStar平台使用改造的"渐进一次性运载火箭次级有效载荷适

配器"（EELV secondary payload adapter，ESPA）环为主体结构，可通过任何符合相关标准接口的运载火箭进行发射。ESPAStar 平台通过在 ESPA 环内部加装推进系统、姿态感知与控制系统、电源系统与通信系统等，增加姿态控制、在轨机动能力，以及双向通信能力。ESPAStar 平台具有6个载位，每个载位可携带1个搭载载荷或2个可分离载荷，全平台共可搭载6~12个载荷。

ESPAStar 平台直径 1.575 m，高 0.61 m，干重量 430~470 kg。配备4个推进剂储箱，共携带肼 310 kg，具备较高的变速能力，预计为 400~800 m/s。ESPAStar 平台可承载的最大载荷重量为 1 086 kg，即平均每个载位 181 kg，最大载荷尺寸为 0.965 m，提供 1 200 W 功率，携带 96 Ah 锂电池，具备 2 kbps 上行链路、256 kbps/1.6 Mbps 下行链路，速度增量大于 400 m/s，具有 12 台 1N 推力器、4 台 22N 推力器，通过反作用轮实现优于 20 μrad（1σ）的姿态控制精度，姿态机动能力大于 1.2°/s，定位精度优于 100 m。

2018年4月14日，首颗采用 ESPAStar 平台的卫星——"ESPA 增强地球静止轨道实验室试验"（EAGLE）成功发射（图 8-5）。EAGLE 共载有5个载荷，包括1个可分离卫星和4个搭载载荷，其中4个搭载载荷在整个任务过程中不与平台分离，共用平台资源，1个可分离卫星即 MyCroft 小卫星。MyCroft 卫星是美空军研究实验室在"空间试验计划"（STP）计划下委托轨道科学公司（ATK）研制，卫星重量约 100 kg，发射入轨后，MyCroft 卫星对 EAGLE 开展抵近与检查试验，先移至距 EAGLE 卫星约 35 km 处，此后数月不断抵近 EAGLE 卫星至 1 km 处并对其进行近距离检查。根据美军公开的数据，2018年5月中旬，MyCroft 卫星运行在距地面 38 992 km 高的坟墓轨道上，证实其已在坟墓轨道开展相关试验。这表明美军已经把巡视能力扩展到坟墓轨道。

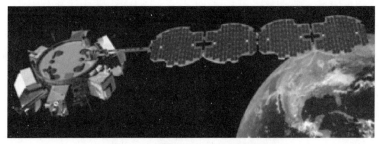

图 8-5　ESPAStar 平台示意图

5. 太空监视小卫星系统（S5）

太空监视小卫星系统（S5）是美军发展的高轨 SSA 小卫星星座技术试验卫星。S5 于 2019 年 2 月 22 日由美国劳拉公司 LS-1300 卫星平台上的有效载荷在轨交付系统（PODS）在轨释放，部署在略高于坟墓轨道的高度上，开展高轨监视星座技术试验。S5 卫星搭乘太空探索技术（SpaceX）公司的"猎鹰"-9 运载火箭发射升空。S5 卫星搭载在印度尼西亚太平洋卫星 PSN-6 通信卫星上，在 PSN-6 最终到达定位点前释放，随后开展 GEO 轨道太空目标监视试验（图 8-6）。S5 卫星是美军首颗采用大型卫星直接释放的 GEO 轨道太空态势感知卫星，主要用于在轨试验采用低成本小卫星星座来加速美国常态化太空目标编目信息更新周期的可行性与经济性。

图 8-6　S5 卫星发射示意图

根据美国空军研究实验室和商业公司对外公开的信息，S5 卫星重量 60 kg，采用蓝色峡谷技术公司的灵活小卫星平台，有效载荷为 1 台 30 cm 口径的先进光学系统，由应用国防解决方案公司负责研制。S5 是美未来高轨 SSA 星座的试验星，后续计划部署由 12~16 颗微卫星组成的监视星座，持续环绕同步轨道带运行，对含坟墓轨道的整个高轨区域进行持续监视，对异常事件进行告警。S5 系统的部署，将极大提高美国高轨态势感知系统的隐蔽性和弹性，增加我国空间态势感知系统发现目标的难度。

对 GEO 轨道目标尤其是非合作目标的抵近侦察，需要突破以下关键技术：

一是灵活可靠、成本适中的 GEO 轨道进入技术。相对低轨卫星，高轨卫星的重要特点之一是入轨难度大、成本高。不管是通过上面级直接入轨还是通过卫星自身变轨，进入 GEO 轨道均需要消耗大量燃料，系统设计相对复杂，成本高昂。分析美国现有几颗 GEO 轨道态势感知项目，早期均通过特定平台直接送入 GEO 轨道，最近发展为通过其他卫星入轨以"搭便车"方式进入轨道。需要突破的关键技术包括小型化长寿命部件设计技术、微纳卫星潜伏寄生技术、分离聚合航天器控制技术。

二是在轨长时间自主运行技术。态势感知航天器为了全面获取 GEO 轨道空间态势信息，需要长时间运行于国土上空以外的高轨区域，处于本国地面测控站不可见范围内。以 GEO-50 km 轨道为例，完成对全球 GEO 带内卫星巡航一圈的周期约为 560 天，其中卫星约有 286 天时间运行在国内测控弧段以外，需要卫星具有较强的自主运行能力。需要突破的关键技术包括高轨长时间自主导航、自主任务管理技术以及故障诊断与恢复技术，在轨自主运行时间需大于 300 天。

三是空间自主交会接近制导与控制技术。态势感知航天器逐渐接近目标卫星，测量敏感器获得目标卫星方位和距离信息，相对运动制导与控制在相对测量信息基础上进行航天器轨迹控制,从而抵近目标卫星至所需距离范围。需要突破的关键技术包括对空间目标主动绕飞控制技术、对姿态机动目标随动跟踪控制技术、对姿态机动目标抵近制导与控制技术。

四是轨道机动多角度立体成像技术。态势感知航天器对目标卫星接近过程中,需要对目标卫星进行成像,对空间目标进行特征识别,在最佳观测距离和最优拍摄角度获取目标高清视图,掌握精准的目标物理外形信息。需要突破的关键技术包括轨道机动观测技术、多角度立体观测技术、杂散光抑制技术、空间目标在轨三维模型重建技术、空间目标特征提取与跟踪测量技术。

近年来,美国积极开展太空态势感知在轨演示任务,探索利用微小卫星执行太空态势感知任务的新技术。2020年3月16日,美国成功发射1颗12U立方体试验型太空态势感知卫星——TDO-2。其用途官方说法为试验轨道碎片跟踪技术,但具体任务和技术细节未对外公开。2020年5月17日,美国从佛罗里达州卡纳维拉尔角空军基地成功发射第6次X-37B任务。X-37B OTV-6首次在尾部加装1个专门进行各种试验的服务模块。OTV-6搭载了NASA的2个试验项目,包括新型材料样板(评估选定的材料对空间条件的适应),并研究太空环境辐射对种子的影响。据专家推测,本次X-37B项目其他试验包括:先进制导、导航和控制,热防护系统,航电设备,高温结构和密封件,先进电推进系统等。

俄罗斯发展新一代导弹预警卫星。2020年5月22日,俄罗斯发射了第4颗"探测、战场指挥与控制集成式空间系统"(EKS)卫星,即"冻土"4(Tundra-4)卫星,加速向实现全球导弹预警能力发展的目标迈进。据报道,Tundra卫星可探测的目标包括弹道导弹、超声速飞行器,战略轰炸机,卫星、轨道碎片和地表火情。卫星的工作谱段有5个,包括紫外光、可见光和3种红外谱段。该卫星还具备一定的通信能力,例如,将信息传输给反导连队或者将指令传输给俄罗斯战略导弹部队以对核打击作出反应。俄罗斯计划于2022前发射10颗EKS卫星,与俄罗斯陆基预警雷达共同组成俄罗斯天基预警系统,部署完毕后正式命名为"穹顶"(Kupol)系统(图8-7)。

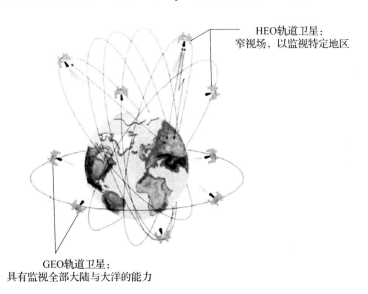

图8-7 "穹顶"天基预警系统示意图

8.1.2 弹道导弹防御系统

美国太空军具备对指定目标的太空攻击能力,对太空目标实施打击的手段主要借助导弹来实现,其中弹道导弹防御系统有三种型号:空军的陆基中段反导导弹、海军的"标准"-3海基中段反导导弹、陆军的末段高空区域反导导弹。其中:①陆基中段反导导弹是井基三级固体导弹,最大速度可达8 km/s,作战高度为130~2 000 km,最大作战距离超过4 000 km。自1999年起,曾先后进行了19次拦截试验,成功了10次。目前加利福尼亚州的范登堡基地和阿拉斯加州的格里利堡基地共有44个发射井,部署了36枚陆基中段反导导弹,美国计划在东海岸再建设一个基地,容量为60个发射井。②"标准"-3海基中段反导导弹主要部署在美海军大型作战舰艇上。2008年2月21日,美国海军在夏威夷西部太平洋海域从"提康德罗加"级巡洋舰"伊利湖"号上发射一枚"标准"-3海基中段反导导弹,将一颗247 km高度的失控侦察卫星USA-193击毁。2011年4月15日,"标准"-3海基中段反导导弹成功拦截了射程超过3 000 km的假设敌来袭导弹。目前的"标准"-3海基中段反导导弹可以打击中近程弹道导弹和低轨道卫星,将来经过不断改进后可以拦截洲际导弹。③陆军的末段高空区域反导导弹是单级固体导弹,采用惯性/指令修正复合制导,速度2.8 km/s,作战高度40～150 km,最大作战距离200 km。战斗部为动能杀伤拦截器,采用中波红外成像制导。和其他反导系统相比,陆军末段高空区域反导导弹的最大特点是其作战高度范围从大气层内的40 km跨越到大气层外的150 km,号称"全球唯一能在大气层内外拦截弹道导弹的陆基反导系统"。整套系统中,最大的亮点不是导弹,而是AN/TPY-2型X波段固态有源多功能相控阵雷达。该雷达性能十分强大,其对雷达反射截面积为$1\ m^2$的目标最大探测距离可达1 200 km。

近年来,美国加紧推进导弹防御系统全球部署,积极发展导弹防御新技术。一是加强欧洲导弹防御系统部署。近年来在罗马尼亚、波兰等东欧地区部署反导系统。二是推进亚太地区导弹防御系统部署。2016年7月,韩美同意在韩国部署"末段高空区域防御"系统("萨德"系统)。部署"萨德"系统后,其雷达将与部署在中国台湾的"铺路爪"雷达和部署在日本的两部前置X波段雷达联网,对我发射的弹道导弹主动段/上升段进行跟踪,为美国的导弹防御系统提供更多预警时间。三是加强反导拦截试验。2017年8月,美国海军在夏威夷海域成功拦截了一枚中程弹道导弹靶弹。2016年12月,"标准"-6导弹首次成功拦截一枚弹道导弹靶弹,这也是"标准"-6防空导弹第二次成功拦截弹道导弹。

8.1.3 太空信息系统

在未来战争中,太空信息系统将成为陆、海、空等作战力量的倍增器,太空信息战将是太空战的主要作战样式。由于太空战中所有攻防武器都要依靠信息来指挥、控制,谁取得了太空制信息权,谁就能取得制太空权和战争的主动权。目前,美军95%的侦察情报、90%的军事通信、100%的导航定位和100%的气象信息均来自太空信息系统;俄军70%的战略情报和80%的军事通信依赖于太空信息系统。可以预见,太空中的各种侦察卫星、预警卫星、导航卫星和军用通信卫星等,作为现代战争的耳目、神经,将对空中、地面、海上甚至海洋深处的军事行动产生越来越大的影响。

由于太空力量获取信息的突出优势,使得未来高技术战争中,陆、海、空等作战力量遂行的各种作战行动,将越来越依赖于太空信息系统所提供的作战信息保障,太空信息战正成为未来军事斗争的制高点。主要表现为:利用侦察卫星,可全面、准确、实时地收集敌方军事情报,使指挥员能够时刻掌握敌军的情况,从而有针对性地采取相应措施;利用通信卫星,可实现全球、全天候、不间断的通信,并且保密性强、可靠性高;利用导航定位卫星,不仅可使己方部队进行快速、准确的机动,而且可提高武器的命中精度,对敌实施精确打击;利用气象卫星,可获取全球气象资料,预报天气形势及其发展变化,满足军事行动的需要;利用测绘卫星,可精确测定地球表面各种目标的位置,从而绘制出详细、精确的军用地图等。正是由于空间信息系统在未来战争中具有极其重要的作用,所以敌对双方很有可能将其作为重点打击的目标。

进入21世纪,美国太空探索技术公司的"猎鹰"-9号火箭于2010年6月完成首次发射,于2015年12月首次成功实现安全软着陆回收,经检修后还可以多次循环发射使用,发射价格可降低到每千克1 100美元的水平。2018年5月,太空探索技术公司的二手"猎鹰"

9-1.2型火箭在范登堡空军基地成功发射了7颗卫星,其中包括铱星通信公司的第6批5颗"下一代铱星"低轨移动通信卫星,以及美德合作的"重力恢复与气候实验后续"任务下的2颗地球科学卫星。这是"猎鹰"-9号火箭2018年第9次升空,也是美国2018年的第16次航天发射。加上"重鹰"首飞,太空探索公司2018年已发射10次。为了满足在北极地区日益增长的情报和通信需求,美国海岸警卫队于2018年向极地轨道发射两颗"立方体"小型卫星,从而加强无线电信号探测、遇难船只及飞机的搜索和救助能力。

俄罗斯积极推进其太空信息系统建设。2018年5月,俄航天集团推出新的俄罗斯全球卫星互联网项目。基本方案是发射288颗卫星并组成卫星群,其轨道高度为870 km。该项目的实施大约需要48亿美元。俄罗斯航天国家集团公司旗下的航天系统控股公司总经理安德烈·秋林说:"俄罗斯全球卫星互联网项目不仅仅是个卫星互联网项目。我们将利用卫星创建混合互联网络,计划使用手机网络、通信卫星和其他类型的转发器。"他指出,混合互联网络更加便宜、高效,也更加稳定。秋林说:"基本原则是互联网应无处不在,不论你在森林、海洋、山里,还是在北极钻井平台上,到处都可以收到网络信号。"他还表示,所有地面基础设施将设在俄罗斯,外国不可能对全球卫星互联网进行技术性屏蔽。

8.1.4 天基侦察预警系统

目前,美国主要研制天基侦察卫星,即天基红外系统(SBIRS),以弥补原有的太空侦察系统的缺陷。天基红外系统是技术最先进的红外监视卫星,含有极为先进的扫描传感器和凝视传感器,其红外敏感性得到提高,区域重访时间缩短。扫描传感器将提供全球导弹发射和自然现象的广域监视,而凝视传感器将以超强灵敏度观察较小片热点区域。2014年7月,美军又发射两颗"太空近邻监视卫星"(space neighborhood watch),这种卫星将配备光电传感器,部署在同步轨道附近，围绕这一轨道上下浮动，实施"近邻区域"监视，并增强"同步轨道太空态势感知"（GEO – SSA）的能力。此类天基侦察预警卫星主要功能包括导弹预警（MW）、导弹防御（MD）、战场态势感知（BA）和技术情报（TI）。此外，根据特朗普政府《导弹防御评估》报告，美国计划部署更多的新天基传感器；《国家太空战略》要求美国商业太空资产搭载包括侦察能力的军用载荷，这无疑又进一步增强了美国的太空监视能力。太空态势感知能力是美国太空武器化的必要步骤，也是太空武器化的基础。

美国有了此类天基侦察系统，加上诸如电子成像侦察卫星、海洋侦察卫星等卫星侦察系统，足以对在地球上发生的、即将发生的导弹发射、卫星发射、反卫星试验等开展监测和预警。美国不仅具有强大的太空监视能力，而且还与日本、澳大利亚等盟国联手打造更加强大的太空监视网络，不管是天上还是地球上的战略目标，都有被侦察监视的威胁。

1. 航天电子侦察系统

航天电子侦察系统是战略预警情报的重要来源，作为专门针对电磁信号的情报监视侦察系统，该系统已成为重要的太空资产与信息支援力量。如何更好地运用航天电子侦察力量，已成为未来联合太空作战重要的研究方向。

美军在航天电子侦察领域处于世界领先地位，不仅最早研制并发射了电子侦察卫星，而且其航天电子侦察系统在侦察卫星性能、相关技术研发以及系统作战运用方面均处于世界领先水平。从 1960 年开始，美军前后共经过 4 个代系的发展升级，已打造了全球覆盖监视、全域频段侦察、高低轨道协同、战略战术兼重的航天电子侦察系统。其现役电子侦察卫星共有 4 型 24 颗，分别是以 Mentor/Advanced Orion 为主的同步轨道侦察卫星，以 Mercury/Advanced Vortex 为主的准同步轨道侦察卫星，以 Trumpet 为主的大椭圆轨道侦察卫星和以 SBWASS

为主的近地轨道侦察卫星体系（表 8 – 2）。

表 8 – 2　美军现役航天电子侦察系统的组成

运行轨道	卫星名称	在轨数量	侦察类型
同步轨道	门特/先进猎户座	7	通信信号、导弹遥测数据
准同步轨道	水星/高级漩涡	2	通信信号、雷达信号
大椭圆轨道	军号/先进折叠座椅	3	通信信号、雷达信号、导弹遥测数据
近地轨道	SBWASS	12	海洋监视

（1）Mentor/Advanced Orion 卫星。Mentor（门特）也称 Advanced Orion（先进猎户座），主要为美国国家侦察局与中央情报局服务。卫星在地球同步轨道上运行，主要覆盖区域为亚欧大陆和非洲地区，尤其针对以中俄为主的东北亚国家。该卫星载有巨型网状相控阵天线，能够侦收并监听 0.1~20 GHz 频段的远程通信信号与导弹遥测信号，其中包括微波与无线电信号，甚至步话机等微弱信号。此外，该卫星具备一定的星上信号处理以及机动变轨能力。2020 年 12 月 11 日，美国利用"德尔他"4H 重型火箭发射了 Mentor – 8 地球同步轨道电子侦察卫星，该卫星能对南北纬 65°之间的区域一天 24 h 连续不断地进行电子侦察，侧重于雷达和导弹遥测信号的电子情报侦察，采用大型侦收天线，侦收频段 0.2~20 GHz，并采取抗核加固措施。

（2）Mercury/Advanced Vortex 卫星。Mercury（水星）也称 Advanced Vortex（高级漩涡），主要为美国国家侦察局与美国空军服务。卫星在准地球同步轨道上运行，主要覆盖区域为西欧、西亚以及非洲地区。该卫星载有直径约为 100 m 的大型圆形天线，能够侦察到通信、雷达以及军用信息系统的电磁辐射信号。

（3）Trumpet/Advanced Jumpscat 卫星。Trumpet（军号）也称 Advanced Jumpscat（先进折叠座椅），主要为美国中央情报局与美国空军

服务。卫星在大椭圆轨道上运行，远地点靠近北极，距地面约 39 000 km，主要覆盖区域为以俄罗斯为主的北极地区，用于对北极侦察薄弱区的补盲。该卫星装有先进的侦察天线系统、信号处理设备以及数据传输系统，能够侦察北半球高纬度地区的通信信号、雷达信号以及导弹遥测信号等。除具备电子侦察能力外，"军号"后续 1 与 "军号"后续 2 卫星上还分别搭载了广角成像中性原子光谱设备（TWINS）和天基红外预警系统大椭圆轨道载荷（SBIRS – HEO）。

（4）SBWASS 卫星。SBWASS（天基广域监视系统）轨道高度约为 1 000 km，是低轨主力电子侦察力量，主要为美国海军与美国空军提供海洋监视与战略防空等支援。该型卫星采用双星组网的侦察模式，现阶段具备作战能力应为 4 组 8 颗，对同一区域每天能够重访约 30 次，星间侦察接力时延为 20～40 min，侦察时长可达 10～20 min。该卫星主要针对地球南北纬 63°之间区域进行侦察，可侦收 0.55～10 GHz 范围内的通信信号、雷达信号与导弹遥测信号，能基本满足美海、空军全天候、长时段、高频次的情报、侦察以及监视需求。

航天电子侦察系统是战略预警与态势感知的重要情报来源，其在太空联合作战中的作用也逐步凸显。目前，航天电子侦察系统建设正呈现出"整合、聚合、联合"的发展趋势：一是整合现有系统内各要素，不断增强侦察系统弹性与恢复能力；二是聚合太空与网络空间的作战资产，规划跨领域作战的情报支援机制；三是打造联合太空作战的体系，借助军事联盟与商业力量的情报资源来构建空间盾牌，从而为未来军事行动提供更多的空间弹性和关键优势。未来，航天电子侦察系统将朝着有序展开更新换代、强化与网络空间作战协同以及融入太空联合作战体系的方向发展。

2. 高分辨率成像侦察监视卫星

美国积极开展技术筹备和攻关，强化网络化和智能化太空侦察监测能力建设，试图打造低轨持续侦察监视大规模微小卫星星座，以算法软件为近期攻关重点,美国太空发展局开展"导弹射前探测多源情报融合软件"研制,提出看护层发展愿景与实现途径,将利用多源天基信息实时处理软件,实现对地面时敏目标的探测,为美国纵深打击力量提供目指信息。美国太空发展局在对外发布的"任务领域应用原型"软件招标文件中,明确定义从看护层运行自动化到自主化的分级标准,数据融合等级等关键概念,明确看护层先期重点关注领域包括:一是定义算法,研究算法对特定武器系统的适应性和可行性;二是软件原型开发,实现软件原型与各军种集成火力单元数据的融合与集成,推进软件地面原型向天基系统迁移。

欧洲发射高分辨率侦察监视卫星。2020年,欧洲国家中仅法国发射了1颗侦察监视卫星,即"光学空间段"2(CSO-2)卫星(图8-8),该卫星为2018年发射的CSO-1的后续卫星,与CSO-1的设计大致相同,分辨率达到0.2 m。欧洲目前主要研发高分辨率宽测绘带卫星,以提高广域监视能力。这类卫星特别适合用于大范围地形测绘、数字高程模型生成、广域监视等领域。目前德国航空航天中心(DLR)正在研制"高分辨率宽测绘带"(HRWS)卫星,计划于2022年发射。HRWS卫星的分辨率为0.25 m时,幅宽达到15 km,与TerraSAR-X卫星的0.25 m分辨率、4 km幅宽相比,在保证同等分辨率的情况下实现幅宽成倍数提升。

图8-8 CSO-2卫星

在侦察监视领域，大规模协同监测成为重要发展趋势。星座卫星将具备自主运行能力，具备星间通信链路以实现大容量数据高速传输，每颗卫星均搭载了高性能计算机，单星为分布式计算节点，多节点构建网状网实现数据星上分布式计算能力，有望针对时敏目标产生火控级目标指示信息。此外，高分辨率光学成像卫星向轻小型化发展，光学卫星平台的稳定性、敏捷性不断提升，工作模式越来越多。合成孔径雷达（SAR）卫星领域正朝着高分辨率、宽覆盖、双/多基地、多成像模式、小型化组网及高频重访等多个方向发展。

军事方面，主要仍以大型 SAR 卫星为主，骨干系统开始升级换代，侦察监视能力大幅提升。例如，德国"天基雷达侦察系统"（SARah）雷达星座将利用编队飞行控制和干涉 SAR 技术，进一步提升地面动目标探测（GMTI）和数字高程模型测量能力。各国持续提高广域探测和敏捷成像能力，高分辨率宽幅成像、多模式 SAR 星座成为发展热点；正在研制高分辨率宽覆盖成像卫星，攻关数字波束形成技术，以克服传统 SAR 的限制，同时具备甚高分辨率和大幅宽，实现高精度广域探测。商业方面，以大规模商业微小 SAR 卫星星座为主，其所具有的高分辨率、高频重访、干涉测量等多方面的优势能力，已经受到军民商用户的高度关注。

3. 军用环境监测卫星

随着天基环境监测技术的发展，美国军用环境监测卫星进入体系转型发展期，传统高度集成式卫星系统不再继续发展，转而发展单星功能简化的弹性系统。2020 年 4 月 20 日，美国天军太空和导弹系统中心（SMC）组织了"下一代气象卫星—微波"（WSF-M）的关键设计评审（CDR），标志着弹性化的军用气象卫星进入生产阶段。未来，WSF-M 系统、"光电红外气象系统"（EWS）卫星、EWS 地球静止轨道卫星（EWSG）、"国防气象卫星"（DMSP）等系统共同组成美军环境监测大体系（图 8-9）。

图 8-9 WSF-M 卫星

在环境监测领域,美国军用气象卫星系统向弹性化发展,摒弃传统集成式卫星发展道路,将光学和微波功能分散到两类卫星上,从而简化卫星设计,并利用军、民、商、盟卫星组成综合型环境监测卫星体系。其他国家将继续提升环境监测卫星能力。

8.1.5 通信卫星

美国强化宽、窄带通信卫星系统建设。2020 年 3 月,美国天军成功发射 AEHF-6 卫星(图 8-10),系统完成 6 星组网。该卫星是美国新一代防护卫星系列的最后一颗卫星,由洛·马公司基于 A2100M 系列平台研制,载荷由诺·格公司研制,容量是其上一代"军事星"(Milstar)的 10 倍,单链路最高速率 8.2 Mbit/s。2020 年,美国太空与导弹系统中心(SMC)持续推进下一代防护通信系统建设,先后授予 3 家公司合同,为防护战术卫星通信(PTS)项目制造原型样机。2020 年 7 月,SMC 与英国国防部在英国"天网"(Skynet)卫星系统上测试了"受保护战术波形"(PTW),结果表明 PTW 波形具备优越的数传速率和抗干扰性能。随后美国天军发表声明称,美军开发的 PTW 波形可与英国 Skynet 卫星兼容。

图 8-10　AEHF-6 卫星

俄罗斯发射军事通信卫星。俄罗斯推动大椭圆轨道新一代军事卫星部署，持续升级现役系统技术能力，2020 年 2 月，第 2 颗升级版 Meridian 卫星——Meridian-M9 卫星成功发射（图 8-11），卫星在甚高频（VHF）、特高频（UHF）和 S 频段工作，主要用于为北冰洋区域的船舶和飞机，以及远东和西伯利亚地区的地面站提供移动和固定通信业务，目前在轨卫星总数达 46 颗。由于俄罗斯通信卫星系统老旧，技术断代严重，通导遥一体星座浮出水面。2020 年 10 月，俄罗斯联邦局（Roscosmos）向俄罗斯联邦政府申请 1.5 万亿卢布经费，用于建设"球体"（Sfera）多功能星座。该星座最早于 2018 年提出，由通信、导航、遥感多种卫星组成，目前已纳入《俄罗斯联邦国家统一航天活动计划（2021—2030）》。

图 8-11　Meridian-M 卫星

截至 2020 年底，欧洲共计有 15 颗卫星在轨。总体来看，欧洲在主要大国主导各自军事卫星系统后续建设的同时，积极考虑发展泛欧层面的卫星共享计划，推动战略利益的紧密耦合。2020 年 6 月，挪威国防研究所启动支持北极地区军用战术通信的战术卫星项目，项目为期 2 年，旨在通过极地低轨卫星演示验证军用 UHF 战术通信。卫星尺寸为公文包大小，运行在 600 km 的低地球轨道上，采用在轨可展开天线，计划于 2021 年 10 月发射入轨。

从发展趋势上看，低轨通信星座成为重点研究对象和基础。近年来，军事通信中继卫星处于快速变革的阶段，在整个军事航天领域的发展重要性持续提升。一方面，美、欧、俄等主要军事航天国家均在推进其现役系统的部署升级，以及与后续型号的延续性发展，例如，美军包括 AEHF 系列在内的现役型号部署基本已经完成，正在推动发展以防护能力为核心的下一代卫星通信体系，同时启动"宽带全球卫星" 11（WGS-11）卫星研制，持续补强其军事宽带通信卫星能力；欧洲各国也在加快研发具备新能力、应对空间安全和对抗形势的新系统，但在"新冠"疫情影响下，2020 年少有动作。另一方面，美国在"黑杰克"（Blackjack）项目和下一代太空体系中均将低轨通信星座作为其重点研究对象和基础，其多功能载荷搭载理念打造新的能力并革新作战应用方式，将对未来通信领域甚至整个军事航天领域的发展产生重要影响。日本、印度 2020 年度未发射新卫星。巴西、以色列、墨西哥、韩国、加拿大、澳大利亚等国家保持平稳发展态势。

8.1.6 导航卫星

美国持续改进 GPS 卫星并强化其未来改进设计。总体来看，美国军用卫星导航系统、技术与能力已经进入新的快速成长期，持续推进 GPS 现代化计划，加快 GPS 系统空间星座与地面运行控制系统的更新速度。2020 年，美国共发射 GPS-3 卫星 2 颗，并已全部投入运行与导航服务。截至 2020 年底,美国 GPS 系统在轨并提供导航服务的卫星 31 颗,其中 GPS-2R 卫星 8 颗,GPS-2RM 卫星 7 颗,GPS-2F 卫星 12 颗,GPS-3 卫星 4 颗,使 GPS 系统空间星座卫星超期服役的状态有所改善。同时,美军完成了军用 M 码信号早期使用功能(MCEU)的运行验收,可全面支持 M 码军用装备的测试,并使 M 码军用信号具备试运行能力。

俄罗斯启动 GLONASS 卫星空间段全面更新项目。2020 年俄罗斯发射了 2 颗 GLONASS 卫星,其中一颗为 GLONASS-M 卫星,另一颗为 GLONASS-K1 卫星。GLONASS 系统空间星座将于 2025 年前全部由 GLONASS-K 卫星组成。

欧洲聚焦"伽利略"卫星数字化与在轨重构能力。2020 年欧洲未进行导航卫星发射。同时,欧洲已经启动了下一代"伽利略"系统的发展,首星计划于 2024 年发射。从目前披露的信息看,除具有第一代"伽利略"卫星的全部能力外,第二代"伽利略"卫星将进行如下改进:一是采用灵活的数字化设计;二是具备在轨重构能力;三是采用新的原子钟;四是卫星重量从第一代"伽利略"全运行能力卫星的 733 kg 增加至 2 400 kg。上述变化预示着与第一代"伽利略"卫星相比,第二代"伽利略"卫星将发生重大变化,应给予高度重视与关注。

技术创新与突破将是未来卫星导航能力发展的关键。为支撑新一代 GPS 卫星的发展,美国将在轨数字波形生成器、先进的高增益区域增强天线、先进星载原子钟等技术作为影响或决定 GPS 系统未来全球竞争能力与主导地位的关键技术,相关工作已经在推进中。欧洲也将有效载荷数字化、信号在轨重构等作为其下一代导航卫星的发展重点。从美军新一代 GPS 系统关键技术与能力的发展角度看,提升卫星导航系统的服务性能、导航战与时间战能力,支撑卫星导航系统未来发展的关键技术一般具有前沿性、前瞻性等特征,以及技术难度高、研发周期长等特点，如新型原子钟技术、导航有效载荷数字技术等。

8.1.7　高超声速武器

美俄积极发展高超声速武器。美军在第三次"抵消战略"中，将高超声速技术视作 21 世纪航空航天技术发展的制高点。2017 年，美国空军宣布正在与洛克希德·马丁公司联合研发 SR-72 "黑鸟之子"高超声速侦察机，计划于 2020 年首飞；美国海军于 2017 年 11 月首次公布高超声速滑翔导弹试射。俄罗斯目前正在研发 Yu-71 高超声速滑翔飞行器，并计划为其分别装备常规弹头和核弹头，在 2025 年左右具备实战能力。俄罗斯 2017 年成功试射高超声速反舰导弹"锆石"，测试中的飞行速度达到 8 马赫。俄罗斯的"锆石"对以美国"宙斯盾"为代表的反导防御系统已经构成威胁。高超声速飞行器有五大特点：一是打击速度快，可在大约 1 小时内攻击全球任何角落的目标；二是飞行距离远，高超声速滑翔弹头可将洲际弹道导弹射程提高 1 000～5 000 km；三是突防能力强；四是毁伤效果好；五是威慑作用佳。

8.1.8　轨道机动飞行器

轨道机动飞行器是指能在大气层外有目的地按设计主动改变原有轨道的航天器。根据任务目标的不同、轨道机动飞行分为轨道转移飞行、轨道拦截和交会、从轨道上返回、轨道保持和轨道修正等。美国 X-37 系列轨道机动飞行器是由美国波音公司幻影工作室为美军设计的一种可重复使用、多用途和无人驾驶轨道机动飞行器，该工作室参与了包括 F-22 隐身战斗机研发在内的几乎所有波音重大军品项目。X-37B 将是太空军的主要作战装备。它能够长期在临近空间以及空间轨道飞行，并且具有较强机动能力；还能够实现原有多种航天器的功能，可在轨道上直接发射攻击性武器完成打击，也可上升轨道在卫星附近进行攻击。

经过 11 年的研发，美国空军秘密测试的 X-37B"轨道试验飞行器"于 2011 年 4 月首次发射，在太空持续 220 天任务。此后分别于 2011 年执行了第 2 次在轨 469 天，2012 年执行了第 3 次在轨 675 天的任务，2014 年执行了 4 次飞行任务，并于 2017 年 5 月在绕轨飞行 718 天后返回佛罗里达的肯尼迪航天中心。X-37B 具有无人驾驶、天地往返、长期驻轨、快速反应等优势，未来将成为遂行航天侦察、通信指挥、空间对抗、远程精确打击等多样化任务的新型太空作战平台。X-37B"轨道试验飞行器"项目由美国空军快速反应能力办公室负责，波音公司旗下的幻影工厂参与研发和制造。X-37B 集航空器和航天器优势于一身，升空后可迅速到达全球任何目标的"上空"，利用自身携带的武器对敌国卫星和其他航天器采取控制、捕猎和摧毁等攻击，甚至向敌国地面目标发起攻击，完全有可能成为"轨道轰炸机"。X-37B 已经转由美太空军负责，作为美太空军的王牌，其拥有颠覆未来太空战的潜力。

截至 2021 年 1 月，X-37 系列共经历了 3 次改型和 6 次轨道飞行，3 次改型分别是 X-37A、X-37B、X-37C，在太空中停留已经超过 2 865 天。X-37 系列均采用火箭垂直发射进入太空近地轨道，自动水平滑行降落在机场。目前，美军已经设计建造了 1 架 X-37A 和 2 架 X-37B，投入轨道运营且最为成熟的型号是 X-37B（图 8-12）。目前，X-37B 的地面机库位于肯尼迪航天中心的轨道器处理设施（OPF）1 号、2 号机库、美空军加州范登堡空军基地和美空军卡纳维拉尔角的发射基地。在地面机库，X-37B 被装上绝密的有效载荷，和其适配器一起被放入火箭整流罩内，被运送到发射场。降落在美国各地的三个地点之一进行：肯尼迪航天中心的航天飞机降落场、范登堡空军基地或爱德华兹空军基地。为了返回肯尼迪航天中心，X-37B 被放入有效载荷罐，并装入波音 C-17 货机。一旦到了肯尼迪航天中心，X-37B 就被卸下并拖到 OPF，在那里为下一次飞行做准备。

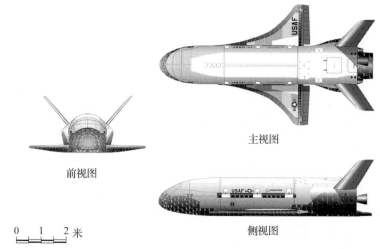

图 8-12　X-37B 三视图

X-37B 长 8.92 米，翼展 4.55 米，高 2.9 米，最大起飞重量 4.99 吨，主发动机采用单台洛克达因公司 AR-2/3 发送机，推进剂采用高浓度过氧化氢/煤油，电力系统采用带有锂离子电池的亚化硅太阳能板（图 8-13，图 8-14）。根据美空军和美太空军发布的官方信息测算，X-37B 前部和后部燃料箱总容积在 2 m³ 左右，能够容纳 1 吨的燃料。

图 8-13　X-37B 展开太阳能板和舱门，进行充电和在轨任务

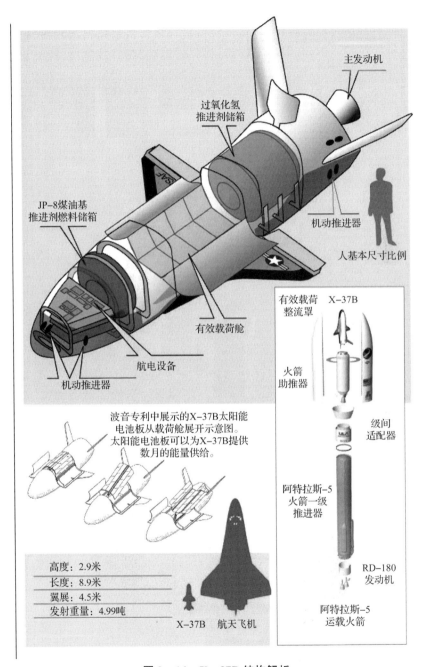

图 8-14　X-37B 结构解析

X-37B使用了诸多先进技术,包括基于航空电子的自动离轨和着陆系统;电动机械驱动的飞行控制和制动系统;采用复合材料结构系统,摒弃了原来的铝制结构框架;新一代高温机翼前缘和增韧耐火氧化陶瓷瓦;先进可重复使用保形隔热层。先进的技术、总体布局和分系统,以及美国商业航天的快速发展使得X-37B拥有了诸多优势和能力。第一,快速垂直发射和水平降落能力。目前,美太空军拥有至少2架X-37B,并计划发展X-37C型号,随着商业运载能力的提升,X-37B已经选定联合发射联盟阿特拉斯-5运载火箭和太空探索技术公司(SpaceX)"猎鹰"-9运载火箭作为常用搭载平台,常态化的发射技术保证了单架X-37B拥有少于7天的发射间隔,考虑多架X-37B,其发射周期将短于3天。第二,长时在轨多次机动变轨能力。燃料舱能够载有超过1吨的推进剂,能够维持至少700天以上的在轨运行时长,第5和第6次轨道飞行任务在轨时间均超过了710天。第三,搭载众多空间传感器和武器的能力。X-37B具有超过2 m^3的容积,能够搭载包括多种卫星载荷、机械臂和天基武器在内诸多载荷。已经完成5次轨道飞行任务,根据公开信息,X-37B已经完成了6次卫星轨道释放任务和多次空间试验,其灵活性和运载力圆满达到了美军的需求。

作为空天武器机动运载平台。作为太空武器平台,X-37B具有机动变轨难以侦测的优点,为美太空军、空军和情报界提供了一个非常灵活的、可重新配置的资产,其有效载荷可以返回到指定的安全地点,以进行物理分析和科学研究。2019年7月,时任美空军部长希瑟·威尔逊表示,当X-37B处于椭圆轨道时,可以在近地点利用稀薄的大气层进行轨道改变,防止一些观察者暂时发现新的轨道,从而允许进行秘密活动。2010年5月,太空问题专家汤姆·伯哈特在《太空日报》上指出,X-37B可能被用作间谍卫星或太空武器运送平台。

作为空间态势感知机动平台。X-37B自身可携带诸多空间传感器和设备，实现对敌空间在轨卫星、空间站、星座等的有效监视，实现对陆地指定区域的有效预警，实现对己方有效资产的在轨维护、轨道转移等任务。2014 年 10 月，《卫报》报道了太空安全专家的说法，即 X–37B 被用来测试侦察和间谍传感器，特别是它们如何抵御辐射和其他轨道威胁方面。2012 年 1 月，有人指控 X–37B 被用来监视中国的"天宫"一号空间站，美空军前轨道分析员布赖恩·威登后来驳斥了这一说法，强调两个航天器的不同轨道排除了任何实际的监视飞越。

作为先进空间技术验证平台。X–37B 最初由 NASA 研发，后转由美军负责，其保有强大的科学研究和技术验证的能力。X–37B 在第 4 次飞行中测试洛克达因公司的霍尔效应推进器系统；第 5 次轨道飞行任务试验了先进结构嵌入式热扩散器；并在多次飞行任务中试验了包括先进材料、农业育种等多项科学研究与技术验证工作。

8.1.9 自由飞行太空机器人

自由飞行太空机器人是可在太空环境下工作的一类新型机器人，通常具有一定自主、感知和机动能力，可通过机械臂等执行机构为航天器提供延寿、在轨装配和寿命终期离轨等服务。近年来，随着航天器的高可靠、长寿命、快速部署等需求持续增长，机械臂、人工智能等技术不断进步，美国自由飞行太空机器人呈现出项目多、领域全、进展快、持续进步的活跃发展态势。商业公司已于 2020 年实现全球首次工程应用，政府和军方也将在 2022 年后陆续开展系统在轨验证。通过紧密的军民协作，美国正引领全球太空机器人发展方向，充分挖掘其平战两用潜能。

8.1.9.1 发展现状与特点

美国在 21 世纪初利用诸多小卫星验证了在轨交会对接技术，通过机械臂专项验证了机械臂操作技术，并将相关技术转移至后续太空机器人项目。目前，美国太空机器人项目按功能主要分为三类：一是用于在轨加注推进剂、维修维护、辅助控制姿态和轨道等的服务保障类；二是用于制造装配航天器零部件和大型结构的在轨制造与装配类；三是用于移除太空碎片的太空环境治理类。军方、政府和商业界将开展以上项目过程中积累的技术和经验用于支撑全球首套无人在轨操作标准的制定，从而促进太空机器人的发展。

1. 服务保障类率先实现工程应用

美国太空机器人的服务保障能力世界领先，于2007年完成针对低轨、合作目标、主要以遥操作模式运行的在轨模块更换和推进剂加注试验。目前主要研究：针对具有部分非合作特性的目标进行操作；以遥操作模式和人员监控下的自主模式运行；在高轨进行多功能操作、在低轨加注推进剂、在高轨辅助控制姿态和轨道。其中具有在高轨辅助控制姿态和轨道功能的机器人已于2020年率先实现工程应用，其他将在2022年后陆续开展系统在轨验证。

多功能操作方面，美国DARPA通过"公私合作伙伴关系"开展的"地球同步轨道卫星机器人服务"项目研制的机器人具有检查、维修、辅助变轨以及升级（安装附加有效载荷）等多种功能，可针对无专门交会对接接口或抓捕点的目标进行操作。其平台将在诺斯罗普·格鲁曼（称诺·格）公司"任务扩展飞行器"衍生型号的平台基础上研制。机械臂由军兵种实验室研制，2020年进行总装。该机器人将在完成在轨验证后由诺·格公司运营。在轨加注方面，NASA的"机器人推进剂加注"项目近年在国际空间站外部开展了多次关键技术在轨试验，"在轨服务、装配与制造任务"－1项目继承了该项目验证的关键技术，已完成平台关键设计评审，未来相关技术将转移给商业公司，两个项目都可针对无专门加注接口的目标进行操作，"在轨服务、装配与制造任务"－1还与DARPA的"地球同步轨道卫星机器人服务"项目开展了技术交流；辅助控制姿态和轨道方面，诺·格公司的"任务扩展飞行器"－1机器人于2020年4月使耗尽推进剂的

"国际通信卫星"－901 在地球静止轨道恢复运行,将以充当姿态和轨道控制系统的方式为其服务 5 年,预计之后还将为其他卫星累计服务 10 年。诺·格公司称该机器人可与 80% 以上地球静止轨道卫星对接(图 8 – 15)。

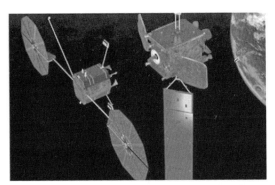

图 8 – 15　"任务扩展飞行器"在轨服务概念图

服务保障类项目发展具有如下特点:一是军民商各有侧重,DARPA 关注高轨多功能一体化,NASA 关注低轨在轨加注,商业公司关注高轨辅助控制姿态和轨道;二是军民商间紧密协作,商业公司作为主承包商为 NASA 和 DARPA 研制机器人,NASA 和 DARPA 为商业公司提供技术和资金支持,DARPA 和军兵种实验室以及 NASA 间也有合作(表 8 – 3)。

表 8 – 3　美国服务保障类太空机器人主要在研项目

项目名	机构	研发时间	研究内容	轨道	进展
任务扩展飞行器(MEV)	诺·格公司	2010	提供辅助控制姿态和轨道服务	地球同步轨道	2019 年发射 MEV – 1,2020 年 4 月使一颗商业通信卫星恢复运行;2020 年 8 月发射 MEV – 2

续表

项目名	机构	研发时间	研究内容	轨道	进展
"在轨服务、装配与制造任务"-1（OSAM-1）	NASA 麦克萨技术公司	2014	验证推进剂在轨加注技术（新增在轨装配天线和制造横梁技术验证任务），并为"陆地卫星"-7提供加注服务（可重置目标轨道）	低轨	2019年完成平台关键设计评审；2020年1月，在轨装配制造机械臂系统"蜘蛛"计划安装在该平台上进行在轨验证（图8-16）；计划2023年进行系统在轨验证
地球同步轨道卫星机器人服务（RSGS）	DARPA 诺·格公司等	2015	验证高分辨率检查、维修、辅助变轨、升级（安装附加有效载荷）技术并提供服务	地球同步轨道	2020年3月，选择诺·格公司作为新主承包商；2020年进行机械臂等有效载荷总装；计划2023年进行系统在轨验证

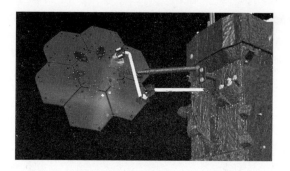

图8-16 "蜘蛛"机械臂系统在轨装配概念图

2. 在轨制造与装配类即将在轨验证

虽然美国在轨制造与装配机器人项目启动时间略晚于欧洲，但内容全面、技术先进，未来有望厚积薄发。这些项目分别从高轨装配卫星部件、高/低轨装配大型结构系统、低轨制造与装配一体化等不同角度发展相关能力；目前多处于系统地面验证阶段；部分项目研发的机器人采用人员监控下的自主运行模式；有望在2023年后陆续在低轨开展验证。

安装卫星部件方面，NASA资助的"蜘蛛"机械臂系统用于在轨安装大型天线，采用人员监控下的自主运行模式，已完成地面装配试验，计划2023年在低轨验证；装配大型结构系统方面，NASA的"大型结构系统太空装配"项目于2019年开始研发用于在轨装配的货物存储平台；制造与装配一体化方面，NASA的"在轨服务、装配与制造任务"－24已完成增材制造与系统装配地面试验，计划2023年在低轨验证。此外，DARPA"凤凰"项目的原目标是验证通过太空机器人将退役卫星的天线拆卸下来，并将其与新型模块化可重构平台在轨装配成新卫星的技术，后被拆分为致力于研究模块化可重构航天器的新"凤凰"和研究在轨服务保障机器人的"地球同步轨道卫星机器人服务"项目。目前新"凤凰"已开展在轨试验，未来模块化可重构航天器可由机器人在轨装配而成（表8－4）。

表8－4 美国在轨装配制造类机器人主要在研项目

项目名	机构	研发时间	研究内容	轨道	进展
蜘蛛（SPIDER）	NASA、麦克萨技术公司等	2015	重点验证机械臂系统在轨装配大型卫星天线技术	地球同步轨道	2017年完成系统首次地面装配试验；2020年1月，授出系统在轨验证合同，计划2023年安装在"复元"－L平台上，先在低轨开展验证

续表

项目名	机构	研发时间	研究内容	轨道	进展
大型结构系统太空装配（SALSSA）	NASA、原绳系无限公司等	2015	研究大型模块化结构系统的自动装配、升级、重构及再利用系统技术	低轨、高轨、月球	2019年6月，授出货物存储平台研发合同
"在轨服务、装配与制造任务"-2（OSAM-2）	"在轨服务、装配与制造任务"-2（OSAM-2）	2015	验证在轨增材制造与装配大型、复杂卫星部件和结构技术	低轨验证、未来高轨	2019年在模拟太空环境下完成增材制造与装配试验；授出验证合同；计划2023年开展在轨验证

在轨制造与装配类项目发展具有如下特点：一是在服务保障项目发展到一定程度后启动，继承了较多技术和经验；二是主要由 NASA 牵头商业公司研发；三是同步发展太空增材制造技术和模块化可重构技术等。

3. 太空环境治理类进展不显著

美国政府和军方很少开展太空环境治理机器人专项，进展不如欧洲显著，主要资助商业公司研发废弃卫星自行离轨装置，原绳系无限公司的"终结者带"项目已于 2019 年开展在轨试验（图 8 – 17）。未来这些离轨装置可通过机器人安装到废弃卫星上。虽然专项较少，但实际美国已通过"任务扩展飞行器"等具有携带多数地球静止轨道卫星变轨功能的服务保障机器人掌握了一定的太空环境治理机器人技术和能力。

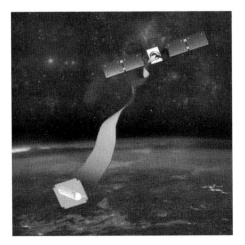

图 8-17 "终结者带"装置在轨展开示意图

4. 全球首套共识性无人在轨操作标准制定完成

美国 DARPA 于 2016 年开始组建"交会与服务操作执行联盟"（CONFERS），拟通过该联盟牵头制定无人在轨操作技术和安全标准。该标准涉及被服务航天器界面设计、太空机器人交会逼近和在轨操作行为、数据交换和共享机制、信任机制等内容。目前该联盟已制定完成《卫星服务安全框架技术和操作指南文件》与"共识性标准"，拟与联合国外空和平利用委员会等国际机构共享并推广该标准，正带领国际标准化组织制定《CONFERS 标准操作原则与实践》，计划 2021 年发布。标准制定工作由 CONFERS 以召开研讨会的形式开展，美国和多国航天专家参与其中，并共享数据和经验。CONFERS 将逐步从 DARPA 资助转变为自筹资金运营。

8.1.9.2 美国太空机器人优势分析

美军已在《太空作战》条令等文件中明确提出将太空机器人相关技术和能力作为军事航天发展重点。美国政府和军方利用商业力量提升相关技术与能力，积蓄军事应用潜力的策略，有望使其发挥最大价值。

1. 美国太空机器人具有较全面的平战两用潜能

"任务扩展飞行器"的应用使美国太空机器人具备了和平时提供姿态和轨道控制服务，战时开展一定程度攻防操作的能力。综合其他在研项目看，美国太空机器人未来将具备更全面的平战两用能力。和平时可为军民商用航天器提供以下服务：通过在轨加注推进剂、辅助控制姿态和轨道、维修等方式提供延寿服务；通过在轨装配制造提供生产和部署服务，间接提升航天器结构和性能设计上限，使其突破当前运载能力限制；通过捕获废弃航天器并携其离轨，提供寿命终期处理服务并维护太空环境。随着技术水平和操作能力不断提升，战时有可能提供如下攻防操作：通过捕获、操作、机动能力破坏对手航天器或使其脱轨；通过绕飞和巡视己方航天器，在发现威胁时告警，利用机动能力携带己方航天器躲避。

2. 美国率先制定无人在轨操作标准将抢占政治、军事和商业先机

除美国外，德国、英国和日本等也在力促太空机器人发展，已形成美国领先、多国竞逐的发展态势。鉴于太空机器人的平战两用特性，美国国防机构率先牵头制定无人在轨操作标准，不仅为促进其发展和应用，还有抢占政治、军事和商业先机的深层动因。政治方面：不仅有助于争夺国际话语权，还可降低外交风险。例如，机器人在机动过程中可能与他国航天器发生碰撞或在操作中损坏被服务航天器，该标准提出的数据交换和信任机制等内容，有助于使相关活动透明化。军事方面：国防机构牵头制定标准，"以军带民"促进商业化发展；反过来，商业技术和经验在标准制定过程中被军方吸纳，商业机器人可在和平时服务军方，战时转为军用，实现"以民养军"。商业方面：通过标准进行规范和约束，不仅有助于降低政府监管难度，还可避免行业垄断，为投资方、客户等提供经济和安全保障，有利于可持续发展。太空机器人的商业化可持续发展，将开辟经济价值巨大的新商业航天市场。以"任务扩展飞行器"为例，其累计可为老旧地球

同步轨道卫星延寿 15 年，相当于节省了一颗寿命 15 年、平均建造和发射费用达 10 亿美元的卫星成本，并使老旧卫星继续创造更多商业价值或军事价值。

3. 美国采取政军主导、军民协同、各有侧重的发展模式值得借鉴

目前 NASA 和 DARPA 是美国太空机器人的主要牵头研发和投资机构，商业公司主要作为承包商积极参与，同时也独立研发和运营。这些机构各有侧重、密切协作：NASA 牵头商业公司优先发展在轨加注能力，牵引维修、在轨装配制造等复杂操作能力发展，后续将发展多功能机器人；以 DARPA 为代表的军方牵头各方研究多功能机器人，并制定无人在轨操作标准；商业公司为政府和军方提供研制和运营服务，同时主攻太空碎片移除、辅助姿态和轨道控制能力，逐步拓展多种功能。这些组织机构在无人在轨操作标准的制定过程中共享相关技术和经验。随着应用规模的扩大和标准的推广，未来多数美国太空机器人将由商业公司运营，平时可为政府和军方卫星服务，战时转为军用装备。以上发展模式有利于快速、全面、深入挖掘太空机器人的平战两用潜能。我国在发展太空机器人的过程中，也可考虑借鉴这种模式，由军方牵头重点发展难度较高、军用前景较好的技术和能力，加速推进专项计划；鼓励民间资本投入，重点发展难度较低、商业价值较高的技术和能力。

8.1.9.3 未来发展方向

除美国以外，欧洲、日本、俄罗斯等都在积极发展太空机器人，已形成美国领先、多国竞逐的发展态势。未来，太空机器人将成为一种新型航天器，作为航天装备体系的重要组成部分，变革卫星运用方式和太空后勤保障能力，催生新的商业航天市场。综合 NASA 发布的相关报告、技术路线图，以及上述项目分析，太空机器人将朝智能协同水平更高、操控能力更强、功能更全的方向发展（图 8 - 18）。

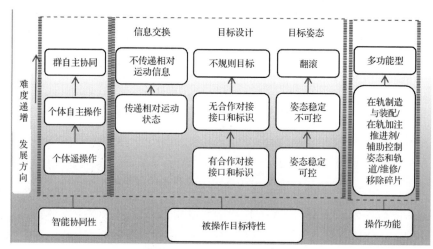

图 8-18 太空机器人发展方向

1. 向多机器人自主协同作业方向发展

随着人工智能等技术的不断发展,太空机器人在个体自主水平不断提升的同时,将向群自主协同方向发展。"任务扩展飞行器""地球同步轨道卫星机器人服务"等项目均计划发射多个机器人同时提供在轨服务。一方面,群体工作可满足更多老旧和损坏卫星的快速、大量服务需求;另一方面,群体互联互通,可随时根据任务变化和群内其他机器人情况规划和调整自身操作,实现对群资源的合理利用,增强数据处理和任务执行速度。

2. 向操控非合作目标方向发展

迄今,在轨运行的卫星都没有专用对接接口和标识,属于非合作或具有部分非合作特性的目标,未来,美国将逐步发展针对完全非合作目标的操控能力,更符合工程应用需求。除已应用的"任务扩展飞行器"能与大部分地球静止轨道卫星对接并服务外,"地球同步轨道卫星机器人服务""在轨服务、装配与制造任务"-1等项目都在研究针对具有部分非合作特性的目标进行操作。

3. 向多种操作功能一体化方向发展

未来,太空机器人可通过更换机械臂终端工具进行多种操作,向集成在轨加注推进剂、移除太空碎片、辅助控制姿态和轨道，以及在轨制造与装配等能力的多功能一体化方向发展。"任务扩展飞行器"将在辅助控制姿态和轨道的基础上，扩展维修、替换零部件等多种能力；"地球同步轨道卫星机器人服务"项目的初始研究目标就是发展具有多种功能的机器人；主要用于加注推进剂的"在轨服务、装配与制造任务"-1机器人不仅从2020年4月开始增加了在轨制造与装配技术验证任务，还将为维修和升级，移除太空碎片等任务储备技术基础，NASA称其有望成为首个开展工程应用的多功能机器人。

8.1.10 太空网络战武器

除了直接打击方式，采取干扰对方导航和通信系统等网络和电磁攻击方式，也是美国太空军的重要打击手段，通过对电磁信号的干扰，影响目标设备或人员的导航和定位能力，使其最终丧失战斗力。

2020年3月，美国天军接收首套攻击武器系统"反通信系统Block 10.2"（CCS B10.2），并宣布其具备初步作战能力。CCS B10.2是一种升级版的陆基卫星通信干扰系统，由美国天军航天与导弹系统中心（SMC）和L3哈里斯技术公司合作开发，初期版本于2004年服役。该系统可阻止敌方军用卫星系统进行快速通信和信息共享，可以大幅提升美军作战优势。该系统属于非动能武器，装有多个碟形天线，可对敌方的通信卫星进行干扰，从而破坏敌方部队使用卫星进行信息交互和共享的能力。该系统不会对卫星造成实质性破坏，可避免太空碎片的产生，防止污染太空环境。该武器的部署或将成为美国天军削弱潜在对手利用太空的关键武器，以确保美国在太空中的行动自由。

2020年5月，美国太空司令部正式接管"奥林匹克防卫者行动"项目的指挥权。该项目是由美国战略司令部发起，旨在协调美国与其盟友太空防御合作的一项工作。2020年8月，美国天军宣布将开始与英国共享重要的太空态势感知数据，以强化英美太空联合防御，共同应对太空威胁。2020年9月，美国天军建立首席伙伴关系办公室，旨在与盟国发展作战能力，扩大美国天军与澳大利亚、加拿大、日本、新西兰、英国、法国和德国的太空合作伙伴关系。该办公室拟设在航天与导弹系统中心，将美国国防部在太空领域的伙伴关系从"单向数据共享"转变为联合开发作战能力。美国航天与导弹系统中心还将与挪威合作，为美国天军北极卫星通信系统提供两个关键的有效载荷，以提高美军北极地区军事卫星通信的安全性。

目前，美国正在充分利用和集成盟友的太空能力，致力于在太空领域打造"太空北约"，以最大限度扩大太空威慑，制约潜在对手太空能力的发展。此外，美国天军计划在2027年前采购48套陆基反卫星装置，以便在发生冲突时干扰俄罗斯等潜在对手的通信卫星，进一步加强对太空领域的控制能力。

8.2 太空装备作战试验

8.2.1 太空装备作战试验设计方法

太空装备具有精密昂贵、价值高、单台套、集成度和复杂度高等特点，开展作战试验与普通的侦察探测装备和常规兵器区别较大。因此，根据太空目标搜索发现、监视管理、目标识别、信息共享等实战能力和实战能力的生成与保持要求，研究设计太空装备作战试验评估指标体系，并依据太空任务剖面和环境剖面设计作战试验项目，基于作战试验指标考核评估确定评估数据采集需求，紧贴太空装备实际使用面临的环境条件构设逼真的作战试验环境条件，从而为太空装备作战试验实践提供支持。

按照装备试验鉴定体制的要求，装备作战试验是新研太空装备在正式交付使用单位前必须完成的一类试验。作战试验要求在实际使用背景下，由典型单位和人员进行操作及维护保障，通过作战试验想定诱导，采用专项试验或结合太空任务、训练演练等方式进行，试验结论是列装审查和审批的主要依据。由于太空装备作战试验是一项新的要求，而且太空装备具有单台套、集成度和复杂度高等特点，与普通的侦察探测装备和常规兵器的作战试验区别较大。国外针对太空装备的作战试验主要结合任务进行，此方面的公开资料较少，主要对系统能力，如目标尺寸、数量和精度等指标进行考核。通过对太空装备作战试验的对象确定、指标体系构建、试验项目设计、试验数据采集需求分析及试验环境条件构设等分析设计问题开展研究，可以为太空装备作战试验的实践提供支持。

8.2.1.1 作战试验对象确定

太空装备作战试验是对其实战能力的考核，主要内容为对作战效能、适用性等作战类指标以及装备能否纳入太空装备体系进行验证、考核和评价。这些指标必须由具有完整独立作战功能的太空装备在实际使用环境下，按照实际任务剖面操作使用和保障才能反映出来，也才能体现太空装备特殊的功能用途、能力要求和使用环境条件。因此，作战试验的对象是能够独立遂行太空任务的全系统、全要素的太空装备。全系统是指被试对象包含功能设备和相应的信息处理系统、传输系统。全要素是指除太空装备外，系统搭载平台或装机平台、处理中心系统及支持保障系统等，也要配合参与装备作战试验。

8.2.1.2 作战试验考核指标体系构建

装备作战试验要求在近实战环境或模拟实际使用环境条件下检验考核装备的作战效能和适用性等指标。这些指标与太空装备的战技性能、使命任务、部署使用方式、感知目标特征、使用环境条件、使用保障人员能力素质以及配套保障等多种因素都相关，是太空装备的综合能力体现。以太空目标探测雷达为例，太空目标定轨精度、跟踪目标批数、搜索发现概率等作战效能指标与雷达频率/波长、天线尺寸等性能指标有明显差别，需要从装备任务能力入手。

1. 作战效能指标

太空装备作战效能是指在规定条件下,由典型人员操作、使用和保障装备在规定环境条件下完成预定太空任务所能达到预期目标的有效程度,太空装备作战效能指标是对目标作战效能的度量。由于单个指标只反映装备功能和任务目标的某个或某些方面,具有一定局限性,通常用一组指标度量构成太空装备作战效能评估指标体系。

遂行太空任务要求装备具备太空目标搜索发现能力、监视管理能力、识别能力以及信息共享能力等,作战效能指标可以取这些能力运用的效果进行度量。例如,太空目标搜索发现能力运用效果度量包括发现目标类别、发现目标概率(有引导和无引导条件下)、目标进入探测范围后平均发现时间(有引导和无引导条件下)、发现目标的平均最远距离以及平均搜索范围;太空目标监视管理能力运用效果度量包括目标定轨精度、目标定轨时间、目标丢失后再次探测发现的平均时间、最多同时监视的太空目标数以及太空目标编目精度;太空目标识别能力运用效果度量包括目标识别概率、目标误判概率、目标平均识别时间以及目标准确信息类型(身份、能力、状态、动向等);太空目标信息共享能力运用效果度量包括目标信息共享范围、目标信息更新频率及目标信息共享控制等。

2. 作战适用性指标

作战适用性是装备在实战环境下满足使用训练和使用要求的程度,主要包括可靠性、维修性、测试性、保障性、安全性、环境适应性、人机因素以及通用化、系列化和模块化等。

可靠性指标主要包括任务可靠度、失效率、任务中断率、平均失效前时间、有效度、连续工作时间、使用寿命和平均无故障间隔时间等。维修性指标主要包括维修度、可用度、恢复功能用的任务时间、平均故障修复时间、平均故障修复费用、最大修复时间、平均预防性维修时间、维修工时参数(如维修性指数、保养工时率)、维修停机时间率、单位工作时间所需平均修复时间、平均系统恢复时间、平均维修时间和平均维护时间，以及定性指标如维修操作方便性、维修可达性、零部件互换性、识别标志和防差错设计等。测试性指标主要包括故障检测率、虚警率、故障隔离率和状态参数自动检测率等。保障性指标主要包括保障率、缺件率、平均保障响应时间、平均缺件待备数、平均零件供给延迟时间、可用度、装备再次使用准备时间、装备战备完好性和任务持续性等。安全性指标主要包括工作间辐射剂量、电视安全监控系统完备性及安全报警系统完备性等。环境适应性主要包括自然环境适应性和电磁环境适应性，自然环境适应性指标主要包括超出设计要求包络的环境因素数量以及环境因素超出设计要求程度等；电磁环境适应性指标主要包括二次谐波抑制度、杂散辐射抑制度、电磁信号自扰度和抗外部电磁干扰度等。人机因素指标主要包括操作界面友好性、自动化操作水平、远程操控能力以及工作环境舒适性等。通用化指标主要包括通用化系数、通用化件数、通用化品种数及通用件重量等。系列化指标主要包括系统型谱复杂度和系统品种数。模块化指标主要包括模块数（包括分系统、单机和部组件）和模块接口复杂度等。

3. 体系适用性指标

体系适用性是太空装备纳入太空装备体系及联合作战装备体系等参与任务行动时，适应体系并影响体系作战能力的程度。

体系适用性包括装备体系融合性和体系贡献率两类指标。体系融合性指标可取太空装备与其他装备、系统之间的信息传输接口、协议和信息传输延迟等，以及信息传输的时效性、准确性和完整性等。体系贡献率指标可取所在体系的作战效能变化率，如对太空作战体系的贡献率指标可选用监视范围扩大率、发现目标类型增加率、目标定轨精度提高率、目标发现识别概率增加率、目标发现识别时间缩短率、同时监视目标增加率和编目数量与精度变化率等。

8.2.1.3 作战试验项目设计

试验项目是装备作战试验数据产生和采集的基本单元，也是试验任务组织管理的基本单元，还是试验资源分配调度的基本单元。作战试验与性能试验的项目设计思路和方法有所不同：性能试验主要基于被试装备系统、分系统的战技性能指标及其他质量属性要求安排试验科目，强调覆盖战技性能指标；作战试验要求像作战一样试验，要求与实际作战任务、过程和环境条件相似，强调要覆盖主要任务样式、完整任务剖面和完整环境条件剖面。因此，作战试验项目设计的基本方法是首先依据太空装备能够遂行的任务，确定试验项目的最高层次。通常一个监视任务就是一个作战试验的最高层次项目。其次，针对每种任务样式的任务剖面和环境条件剖面，对高层试验项目进行分解。环境条件剖面主要用于环境适应性试验项目分解，同时与任务剖面组合，形成有作战意义的试验项目。分解需要逐层进行，直至试验项目便于理解和实施控制，便于分配和调度试验资源为止，从而生成候选试验项目集合。再次，把候选试验项目与作战试验指标关联，检查试验项目能否覆盖指标体系。如果不能覆盖，需要补充专项试验项目，以全面考核评价被试装备的作战效能、作战适用性和体系适用性。最后，依据试验资源、技术能力、试验时间及试验经费等约束限制，对作战试验候选项目集合进行精简合并，形成正式试验项目清单。以太空目标监视装备为例，太空装备作战试验项目如图 8 – 19 所示。

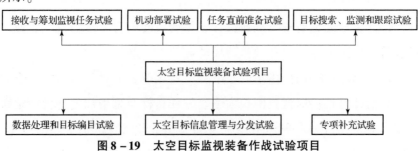

图 8 – 19　太空目标监视装备作战试验项目

1. 作战任务接收与筹划试验

作战任务接收与筹划试验的主要任务是模拟太空装备的管理与控制系统接收上级下达的作战任务和情报支持信息,对作战任务进行分析和筹划,形成任务实施计划方案的过程。该试验考核验证太空装备与上级指挥控制系统的指令和情报数据接入通道是否畅通,指令和情报信息接入能力和相互之间的适配性、适应性,以及太空装备管理与控制系统对作战任务指令响应的时效性、准确性等指标。

2. 任务直前准备试验

任务直前准备试验的主要任务是模拟太空装备完成设备连接、加电、自检以及测试等操作,并进入作战准备可用状态的过程,主要考核太空装备的联通性、作战响应的时效性,以及可靠性、测试性、可用性、保障性、维修性和人机工效等作战适用性指标。

3. 目标搜索、监测和跟踪试验

目标搜索、监测和跟踪试验的主要任务是通过典型单位和人员操作、使用和保障太空装备,模拟搜索、发现及跟踪太空目标的过程,考核太空装备发现太空目标类别、发现目标概率、目标进入探测范围后平均发现时间、发现目标的平均最远距离和平均搜索范围等搜索发现能力指标,以及太空装备的可靠性、测试性、可用性、保障性、维修性、安全性和人机工效等作战适用性指标,还包括太空装备各组成系统之间的适配性、互操作性等指标。在检测完上述指标后,应根据太空装备的工作条件和工作过程,继续分解试验项目,如有引导和无引导、有对抗和无对抗下的目标搜索试验以及目标跟踪、监视和对抗试验等。

4. 数据处理与目标编目试验

数据处理与目标编目试验的主要任务是模拟分析和处理太空装备测量、获取的太空目标数据,识别探测目标并对目标进行编目的过程,主要考核目标识别概率、目标误判概率、目标平均识别时间及目标准确描述信息类型（身份、能力、状态、动向）等目标识别能力指标，以及目标定轨精度、目标定轨时间、目标丢失后再次探测发现的平均时间、最多同时监视的太空目标数和太空目标编目精度等能力指标。

5. 太空目标信息管理与分发试验

太空目标信息管理与分发试验主要模拟对太空目标信息进行管理与分发的过程，考核太空装备的信息共享范围、信息更新频率及信息共享控制等太空目标信息共享能力指标，完整性、一致性、准确性等太空目标信息管理能力指标以及体系适用性等指标。

6. 专项补充试验

专项补充试验是对在太空装备作战试验过程中没有体现或体现不明显的指标，或者是针对指标评估数据不够等情况而设置的专项补充试验。需要注意的是，专项补充试验的环境条件也要与实际作战使用环境条件逼近，尽量把多个指标合并到一个试验项目考核。

8.2.1.4 作战试验评估数据采集需求分析

数据采集需求需要明确所有评估指标的数据项、数据单位、精度要求、采集手段方法、采集次数、采集单位、采集地点和席位、预处理方法及预期应用等事项。其中，数据项是为支撑指标评估而需采集的数据内容；数据单位是采集数据的量度标准，如次、米、秒等；精度要求是采集数据与真值的逼近程度；采集手段方法是数据采集的工具和方式；采集次数是为支持考核指标的可信评估计算需要采集的数据量，采集单位、采集地点和席位都是明确数据采集的责任主体；预处理方法是数据用于指标评估计算前进行的处理操作，如单位、坐标、格式变换及数据组合等操作；预期应用是指采集数据的用途，如用于指标评估计算还是指标校验等。

太空装备作战试验评估产生的数据类型多、数据量大。这些数据可根据数据性质不同分为计数型数据和计量型数据，计数型数据是指对相关事件次数、事物个数等进行统计计数；计量型数据是指通过仪器、仪表及设备测量获得的有关被试装备或装备使用环境的物理参量。此外，还可根据数据预期应用方向不同将太空装备作战试验评估产生的数据分为指标计算型数据和指标校验型数据，指标计算型数据主要用于考核指标的评估计算；指标校验型数据主要用于支持判断指标评估值的合理性和可信性，不直接用于考核指标的计算。这类数据的范围较广，通常影响考核指标值的所有因素数据都可在列。

此外，评估指标中还有许多属于比率类、时间类和精度类指标。①针对比率类指标，需要先采集计数型数据，即需要先行记录事件或事物总次数或总个数、成功/失败次数等的分项计数，并根据总计数和分项计数计算比率。例如，目标识别率指标需要记录待识别目标总数和成功识别目标数，目标误判概率需要记录目标总数和错误判断目标数。②针对时间类指标，需要记录相关事件的开始时间和结束时间。例如，故障修复时间指标需要记录故障修复开始时间和结束时间。为了求取平均时间，还需记录在给定时间内相关事件发生的次数，如试验期内的故障修复次数等，把统计计算所得的所有故障修复时间相加除以故障修复次数。③针对精度类指标，应同时记录相关事件、事物的真值（或预期值）和实测值。例如，定轨精度指标评估需要记录目标探测轨道根数和目标实际轨道根数等。

现场试验数据采集的方法主要包括记录法、测试法和调查法。记录法是试验人员利用感觉器官或仪器仪表观察记录试验现象，获取相关试验数据，如温度、弹速、时间及距离等。测试法是利用靶场设备测量获取太空目标的三维位置坐标、速度、加速度等尺度参数，雷达散射截面积（RCS）、极化散射矩阵、散射中心分布、辐射强度和谱密度分布等特征参数，载频、调制方式、重复频率、脉冲宽度与码型等信号参数，太空环境以及太空环境效应参数数据。调查法是采取问卷调查、现场调查和抽样调查等方式获取领域专家、操作保障人员对太空目标监视装备操作使用和保障的主观感受数据，用于评估被试装备的定性指标。

8.2.1.5 作战试验环境条件构设

太空装备实际使用面临的环境条件包括自然环境、对抗或袭扰环境和目标环境。这些环境因素都可能对太空装备作战使用造成影响，开展作战试验时应构设相应环境条件。

构设逼近实际使用环境的条件是装备作战试验的重要环节，也关系到作战试验结果和结论的置信度。在结合太空装备的典型任务样式和任务剖面构设作战试验环境条件时，如果过严设置试验环境条件，可能导致难以实施作战试验，而过宽设置又将导致作战试验结论不可信甚至错误，不能达成作战试验目标。当然，为了方便实施和节省试验资源，如果环境因素对被试太空装备的作战使用和保障没有影响或影响较小时，可以忽略该环境因素。

1. 对抗或袭扰环境构设

太空装备在进行作战使用时，通常处于比较复杂的战场光电信号环境。战场光电信号环境能够影响和干扰装备的跟踪探测能力、信息传输能力和作战适用性等，同时，装备使用也会改变战场光电信号环境。无线电类装备作战试验需综合利用实际装备、电磁信号模拟器和计算机全数字模拟模型构建逼真的电磁信号环境，如用实装模拟敌典型警戒雷达、火控雷达等威胁目标构成的电磁信号环境和电磁干扰环境，用电磁信号模拟器模拟产生高密度、多体制、多方位及多态势的集群电磁环境背景，利用计算机模拟法创造虚拟复杂电磁环境。光学类装备作战试验需采取发射、转发或辐射与被试装备工作波段相应的光波，或者利用吸收、散射、反射光波等技术和手段构设逼真的光学对抗环境。由于太空装备是高价值装备，是敌可能打击的重要目标，很可能在机动部署、任务过程或隐蔽防护中随时遭遇敌不同程度的袭扰。然而，袭扰环境影响使用者的心理，使其难以精准操作装备，将影响装备的作战使用性能、生存能力和跟踪探测能力。

2. 目标环境构设

目标环境通常指武器装备作用对象（或客体）的状态以及分布构型、协同关系（卫星编队、星座目标）等集群目标特征。影响太空装备主战能力的主要因素为目标状态特性，包括目标的几何结构与尺寸、运行轨道、辐亮度、辐照度、偏振度、偏振角、雷达散射截面及图像等信息。其中，目标几何结构与尺寸反映了目标的大小和基本结构特性，辐亮度反映了目标在特定轨道、特定位置和特定光照条件下的亮度信息，辐照度反映了目标在目标跟踪系统的亮度信息，偏振度反映了目标对一定方向的偏振能力，雷达散射截面积反映了目标对雷达信号的反射能力，图像反映了目标更精确的形状细节信息，以使作战试验构设的目标特性与真实目标尽量相似。目标环境信息是目标客观存在的信息，但可能因目标采取战术对抗动作和措施而改变。目标环境构建必须保证模拟目标的状态特性与真实目标相似，战场目标分布、目标之间协同变化等集群特征需要体现敌方的战术思想和对抗行为，通常采用靶弹、靶标和靶星等专用设备模拟，对光学类装备的目标有时用恒星模拟。模拟时，无线电类装备的作战试验强调目标的雷达散射截面积、频率、极化与相位等无线电特性相似，而光学类装备的作战试验则强调目标的可见光、红外特性相似。

8.2.2 太空装备试验对环境的影响

太空装备试验对环境的影响主要包括太空碎片、外空核动力、外空核爆炸等。太空装备试验实质上是以整个地球作为实验室，具有影响的全球性、效应的复杂性、后果的长期性三大特点。太空装备试验既是技术事实建构的中心环节，也是确立和维系人们对于技术系统信心的关键步骤，是研发进程的关键节点和实战部署的"入场券"，如果不加以重视，有可能加剧外太空军备竞赛、危及国际和平与安全。遗憾的是，1967 年的《外空条约》和后续外空法律文件均聚焦外空的探索利用，对太空武器没有予以充分关注，在保护太空环境方面尤为不足。

8.2.2.1 影响的主要方面

在太空装备试验中，最引人关注、同时又最易引发争议的就是飞行试验，即在实际或接近实际的飞行条件下进行的试验。航天器飞行试验包括发射上升、在轨运行和离轨返回3个阶段，每个阶段都会产生环境问题，目前引起广泛关注的是上升和返回阶段放射性等有害物质泄漏问题，在轨运行阶段主要是太空碎片问题。

1. 太空碎片

太空碎片也叫空间碎片，是指任何不再有实际用途的绕地球轨道运行的人造物体，包括遗弃的设备与火箭级、报废的卫星、在部署卫星过程中散落的螺栓和其他硬件，以及卫星和火箭级解体后的残片。美国白宫科技政策办公室2017年8月14日公布的报告指出："美国太空监视网跟踪着超过23 000件大于10厘米的物体，其中被编目的有17 000件。额外的观测表明，大于1厘米物体的数量可达500,000件尺寸小于1厘米的物体数以亿计。"

从太空时代之初，太空试验就是太空碎片的重要来源之一。早期太空试验产生大量碎片的典型例子是美国的"西福特计划"（Project West Ford）。该计划是一项军事通信试验的组成部分，意在通过在太空散布大量金属针形成偶极子反射体带提供坚固、可靠、安全的远距离军事通信手段。该计划共进行了两次发射。第一次是在1961年10月21日，因布撒器机械故障而失败。第二次是1963年5月10日。此次发射将总重20千克的4.8亿根长1.8厘米，直径0.001 8厘米的毛发状的铜针送入距地面3 700千米的轨道上，形成了周长63 000千米，横截面平均宽度15米、深度30千米的环状针云。后来铜针聚集形成针群，其中有65群1998年还能从地面上看到。

反卫星武器试验产生的碎片会对太空环境产生广泛持久的有害影

响。在过去60多年里，涉及美国瞄准太空目标的30次左右的行动中，有2次产生了显著的太空碎片。第1次是在1985年，一枚美制ASM-135"阿萨特"导弹从改装过的F-15A战斗机上成功试射，命中"太阳风"卫星。此次试验产生了285片可追踪的碎片，最后一片直到2002年才退出轨道。第2次是在2008年的"燃霜行动"（Operation Burnt Frost）中，美国用舰射"标准"-3拦截弹摧毁了编号为USA-193的卫星，产生了174片可追踪的碎片。这些碎片中的大多数已在数天内重返大气层，虽然在特定情况下需要数月的时间。美国并没有在技术上把此次行动归类为反卫星试验，然而它展示了美国通过升级其"宙斯盾"导弹防御系统软件跟踪和拦截卫星的能力。除了数百块可追踪的碎片外，这两次试验还产生了大量直径小于10厘米而无法追踪的碎片。苏联的反卫星试验同样也产生了大量碎片。在一项始于20世纪60年代，延续20多年的项目中，苏联对其共轨式反卫星系统进行了近20次试验，其中有8次产生了可追踪的碎片。虽然其中一些试验产生的碎片相对较少，但可追踪的碎片总数达到了842块，还要加上不可追踪的碎片。产生碎片最多的是1968年10月进行的反卫星试验。在此轮试验中，苏联于1968年10月20日和11月1日，先后动用"宇宙"249和"宇宙"252号"卫星歼击机"对"宇宙"248号目标卫星实施攻击，共产生251块可追踪的碎片。

空间碎片的危害体现在三个方面。一是飞行速度极快，很小的碎片也会产生灾难性后果。近地轨道上物体的平均撞击速度超过每秒10千米，意味着一个微米级碎片可能损坏卫星灵敏的光学系统，一块0.2毫米大小的碎片也会对载人和机器人任务造成实际的威胁。随着碎片大小或质量的增加，撞击的严重性和所导致的损害也会增加。二是难以探测。目前世界上最先进的太空监视雷达是美国太空军掌握的"太空篱笆"（Space Fence），2020年3月底完成升级后，能探测的最小物体直径约为10厘米。小于该尺度的空间碎片无法持续监测和跟踪，也就难以采取防范措施主动规避。三是存在"自我繁殖"，难以控制。太空碎片的每次撞击又会产生更多的碎片，它们又会对其他的太空物体造成威胁，有可能会引发一种被称为"凯斯勒综合症"（Kessler Syndrome）的级联效应，致使近地空间无法被利用。

2. 外空核动力

外空核动力泛指一切核能的空间利用形式，目前在军事领域得到广泛利用的主要是核电源。核电源有两种基本类型，一种是放射性同位素热电机（RTG），也叫"放射性同位素电池"；另一种是核反应堆。美国的"子午仪"－4A是世界首颗核动力卫星，于1961年6月29日入轨。该卫星是当时尚处于试验阶段的"海军导航卫星系统"的组成部分，在采用太阳能电池板供电的同时，还搭载了2.7瓦电功率的SNAP－3B放射性同位素热电机作为辅助电源。1961—1963年，美国又发射了"子午仪"－4B、5BN1、5BN2等3颗RTG动力的军用导航卫星，其中5B系列卫星上的SNAP－9A放射性同位素热电机电功率达25瓦，使其成为首种完全以核动力为能源的卫星。

美国的核动力卫星虽然采取了大量安全措施，但仍出现过3次核动力源坠落地球的事故。太空中的首次核事故发生在1964年4月22日："子午仪"－5BN3军用导航卫星没能进入预定轨道。它的核动力源在大气层中距地面约50千米的高度上解体（早期的放射性同位素热电机设计就是这样的），释放出来的17 000居里钚－238燃料使得全世界范围内该同位素的含量增加至原来的3倍，并使全世界范围内所有钚的同位素总环境负荷（主要来自大气层核试验）增加了4%。后两次事故涉及的是民用卫星，目前尚未发现放射性物质外泄。

苏联/俄罗斯共发射了43个带有空间核电源的航天器，其中包括6个放射性同位素电源航天器和37个核反应堆航天器，至少出现了6次核动力源坠落地球的事故，导致不同程度的放射性污染，其中至少有3次事故与采用核反应堆的雷达海洋侦察卫星有关。1973年4月

25日，苏联的一颗核动力雷达海洋侦察卫星在发射失败后坠入太平洋，产生了可以侦测到的放射性泄漏。1978年1月24日，"宇宙"-954号失控，坠落在加拿大北极地区，上万平方千米的地面受到放射性污染。1983年2月7日，"宇宙"-1402号上弹射出来的燃料核心因故无法进入弃星轨道，重返大气层，并在南大西洋上空的大气层上层解体。后两起事故，尤其是"宇宙"-954号的事故引起了国际社会的普遍关注。"宇宙"-954号事故后，美国总统吉米·卡特立即提议禁止核动力卫星在轨运行，但苏联没有响应。不过苏联还是加强了技术防范措施，引入了后备燃料核心弹射系统，这样当由于事故重返时，燃料会在大气层中碎裂解体。这一措施增加了最终会暴露在辐射中的总人数，却将任何一个个体所受到的辐射降至最低。

3. 外空核爆炸

20个世纪60年代初，作为高空核试验的延伸，核试验的场所从大气层拓展到太空。在当时的技术水平下，反弹道导弹的拦截器无法直接命中来袭洲际弹道导弹，需要靠核爆炸的面杀伤实现摧毁，外空核爆炸具有重要的军事价值。

1962年3月2日，美国总统肯尼迪正式批准了代号"多米尼克行动"（Operation Dominic）的系列大气层核试验，其中有好几次核试验是为了验证太空中的大规模核爆炸用于反弹道导弹的有效性以及军事通信卫星在全面战争中的生存力，统称为"鱼缸计划"（Project Fishbowl）。

到了1962年年中，美国决定推进"鱼缸计划"，这一决定受到来自全世界科学家的抱怨，他们担心试验会对范·艾伦辐射带造成破坏，并且有可能影响地球的气候。不过由于与苏联关系紧张，美国军方预计自己很快将会面临在太空核爆炸环境下作战的问题，积极推动该计划。"鱼缸计划"的核弹头由"雷神"导弹送入太空，发射场选在约翰斯顿岛，该岛位于北太平洋中部，远离美国本土。不过，由于

"雷神"导弹遇到了一系列棘手的问题,造成1962年6月的前两次飞行试验失败,核弹头凌空销毁。

1962年7月9号,"海星"1号(Starfish Prime)太空核试验成功实施,"鱼缸计划"首获成功。此次试验在248英里(约400千米)高空爆炸了一颗巨大的140万吨级的氢弹,所形成的明亮色彩在数千英里外都能够看到。试验被证明是令人尴尬而又代价高昂的,特别是英国和美国的科学家事先已经警告过可能发生的后果。正如时任原子能委员会主席的格伦·西伯格在事后回忆录中所指出的,"令我们大为震惊和沮丧的是,人们发现,'海星'极大地增加了范·艾伦辐射带中的电子。这一结果出乎我们所有人的预料。"爆炸对远在加利福尼亚州和澳大利亚的无线电通信形成了长达数小时的干扰,并瘫痪了至少6颗卫星。

"鱼缸计划"的教训表明,太空环境不足以容纳核辐射,它会迅速在范·艾伦辐射带中扩散,危及载人航天,并使价值数百万美元的通信与侦察卫星无法工作。美国人认识到,太空核爆炸试验不仅会引起来自国际科学界与日俱增的压力,还会危及美国的航天侦察活动,并对正在出现的商业航天造成严重危害,而这两个领域正是美国的太空领先优势所在。此外,倘若不通过军备控制加以约束,苏联武器项目的可能会取得进展。苏联同样也开始担心太空辐射会给载人航天带来麻烦,在这一领域,他们已经取得了明显的领先优势,赢得了巨大的国际声誉。到1962年,双方已经走到了一个十字路口。美苏两国都面临着两条明晰的路径:一是不断增加各自军事项目的统治地位,继续发展一系列太空武器,最终压缩甚至排除掉与之竞争的民用和商业太空项目;二是加强互动,并建立合作性的太空规则。这条道路会有曲折起伏,但最终会通往更加理想的境地:裁撤一系列武器项目,约束他人,创立协议保护其他新兴太空活动。在地球轨道日益拥挤、商业航天迎来新高潮的今天,国际社会再次走到了一个新的十字路口，面临着非常类似的选择。航天大国的抉择将影响到航天探索乃至全人类的前途与命运。

8.2.2.2 影响的基本特点

太空装备飞行试验实质上是以整个地球作为实验室，其环境影响有三大特点：一是影响的全球性。反卫星与反导弹试验所产生的太空碎片按照天体力学规律在不同高度环绕地球高速运转，危及所有国家的各类航天器。临近空间高超声速飞行器具有空天一体的技术特性和变革未来战争的潜能，正在成为航天大国角逐的前沿热点。然而，作为太空与领空之间的划界问题长期没有得到解决，临近空间飞行器的飞行试验可能会产生侵犯别国领空的问题，当这种试验具有军事性质时，更有可能导致国际纠纷甚至对抗。军事航天装备的飞行试验具有试验训练一体化的特征，通常直接由军队而不是国防工业部门承担。这就意味着军事航天装备试验，尤其是飞行试验很容易酿成政府间的纠纷。鉴于目前国际外空法的现状，这种纠纷通常是通过外交途径，而不是法律途径解决。如果受损对象涉及多国合作研制或共用的情形，影响将更为复杂。二是效应的复杂性。军事航天装备飞行试验的环境影响涉及复杂的物理过程和次生效应，往往事先无法预知，事后难以挽回。航天时代早期的太空核试验为我们留下过深刻的教训。1962年7月9日的"海星"1号是首次成功实施的外空核爆炸试验，也是爆炸威力最大的一次。此次试验前，科学家们已经预计到了电磁脉冲问题，但"海星"1号所产生的电磁脉冲比先前预测的要大得多。并且还有一个效应是没有准确预计到的：爆炸产生的许多电子并没有落入地球的大气层，而是萦绕太空长达数月，被地球的磁场所俘获，形成了高悬于地球表面上空的人工辐射带。当高速电子撞击卫星时，可以产生一种微型的电磁脉冲。具体细节是复杂的，但总的效应就是，这些电子会毁坏卫星，破坏其电子装置。"海星"1号核爆炸产生的电子脉冲损坏了至少6颗卫星（包括1颗苏联卫星），它们最终都因为此次爆炸而失效。当时其他一些卫星故障也可能与此次爆炸有关。"凯斯勒综合症"意味着解体碎片连同级联效应将导致碎片从线性增长转变为指数增长,直至近地空间无法被利用。空间碎片问题与核动力源问题耦合在一起,又会使问题变得更加棘手。2009年2月10日,美国的"铱"-33通信卫星和俄罗斯的"宇宙"-2251退役核动力卫星发生碰撞,产生了危险的太空碎片。三是后果的长期性。太空环境的特点是透明、脆弱和能够长期保留轨道碎片,缺乏自我调节和恢复能力。在自然界本身的机制和过程中,地球的大气层阻力是将卫星和碎片移除轨道的最主要途径。当太阳处于11年的周期性爆发时会加热大气层上层,使之膨胀,这样低轨道的碎片和航天器就会受到增大的阻力。但是,最初的轨道越高,能够与之碰撞的空气就越少,碎片也就越难以移除。由于测试、部署和使用太空武器而在800千米高度的轨道上造成的空间碎片将会在那里停留数十年。当碎片进入距地表1 500千米以上的轨道后,它将无限期地留在那里。地球同步轨道上的物体不存在自然清除过程。由于地球同步轨道位置有限,而物体可以在该轨道上运行上千万年,该轨道尤其受到太空碎片的威胁。

8.2.2.3 影响的潜在后果

太空装备试验的影响遍及全球,妨碍外空自由探索利用,造成军事利益、环境风险和治理成本在不同国家、地域和人群之间的不均衡、不公正分配,引发严重的太空环境问题,突出表现在三个方面:

一是太空装备试验具有负面环境效应,造成地面环境损害。试验和使用太空武器难免会产生太空碎片,这方面限制目前还很少。使得事态更为复杂的是,随着大量小卫星和微纳卫星发射入轨,在轨航天器的数量仍在飞速增加。例如,2017年2月15日,美国的"星球实验室"(Planet Labs)公司利用印度的火箭一次性将88颗"鸽子"微纳遥感卫星送入505千米高的近地轨道(该枚火箭总共搭载了104颗卫星）。美国的 SpaceX 公司则计划向近地轨道发射 4.2 万颗星链（Starlink）卫星（1.2 万颗已获批准），提供高速天基互联网服务。近地轨道同时又是中段反导和反卫星武器试验的主要"试验场"，日后若进行新的反导反卫武器试验，所产生的碎片极有可能在日益拥挤的近地轨道上触发连锁碰撞的"凯斯勒综合症"，导致碎片呈爆炸性增长，这些数以万计的碎片日后可能会令人们完全无法进入太空。除了无法挽回地破坏太空环境、妨碍和平的太空活动外，太空装备试验对太空环境的破坏也可能导致对地球环境的损害，因为地球和外空是错综复杂地联系在一起。例如，在空间核动力源军事应用早期，美国任由军用导航试验卫星上的放射性同位素电池坠入大气层销毁，造成对大气层的放射性污染，对地球上每个人的健康构成潜在威胁。1962 年的"海星"1 号太空核爆炸试验对地面的无线电通信产生了大范围的严重干扰，并影响到爆炸点下方的供电系统和电子设备的正常工作，造成重大环境损害和财产损失。

　　二是太空装备试验的军事利益、环境风险与治理成本分配不公，妨碍外空自由探索利用。在冷战期间，美、苏垄断了反导、反卫星武器飞行试验，从中获取了军事利益和霸权威望，却让全世界承受环境破坏的后果。试验所产生的太空碎片仍有一部分在轨运行，对其他国家的航天器构成威胁。其他国家限于技术水平，空间态势感知和太空防护能力不如这些空间强国，受到的侵害可能更大。美国的太空装备试验还使最不发达、最为弱势的太平洋岛国与海外领地承受了最为严重的环境破坏后果。受限于国土纵深，美国的洲际弹道导弹拦截试验、外空核爆炸试验的靶场或发射阵地均设置在其海外领地和托管地。里根弹道导弹防御试验场是美国主要的导弹靶场和反导防御试验训练基地，也是美国洲际弹道导弹试验的弹着区和反导拦截弹的发射场。该试验场就位于马绍尔群岛的夸贾林环礁上。虽然击中夸贾林环礁靶场的洲际导弹并没有携带核弹头，但高达每小时 8 000 英里的极高速度却可以摧毁珊瑚礁和潟湖。位于北太平洋中部的美国海外领地约翰斯顿岛在20世纪60年代曾为核武器试验区，用于"鱼缸计划"中历次外空核爆炸试验的导弹在此发射升空。由于试验准备不充分，该计划共有4次发射失败，靶场安全官员下达自毁指令，将导弹与核弹头炸毁在半空甚至发射台上，对该岛及其周边海域造成严重放射性污染。

　　三是太空环境治理成本高昂，目前还没找到公正合理的成本分摊办法。造成最大污染的军事航天大国缺乏治理太空环境的动机，复杂的技术和高昂的成本是重要的原因。1987年的《布伦特兰报告》就指出："清理太空的费用是昂贵的。有人提议由几个主要大国领导一项国际回收活动，将体积较大的一些太空碎片从轨道上收回。这项活动应该包括设计、建造和发射一些运载工具。这些运载工具能够在太空中机动灵活地捕捉那些巨大的、奇形怪状的、翻滚着的空间物体。可是这个提议还没有引起什么反应。"30多年后，情况仍没有根本变化，减缓太空碎片方面的规范总体上仍是各国自愿遵守的指导性原则。遵守规范意味着减少选择空间、增加额外成本，可能降低军事和商业竞争力，主要太空强国均不愿意被束缚住手脚，现有处理太空垃圾的技术手段，如激光移除、机器人捕捉等，很可能会被怀疑为反卫星技术而引发不必要的争端。由于缺乏将其发展为具有强制力的国际法条约的动机，除非各主要空间大国采取协调一致的行动，建立互信机制、合理分担成本，太空环境治理就不可能取得实质性的重大进展。

　　综上所述，太空装备试验，尤其是太空武器飞行试验可能会对地球环境造成长期灾难性的影响，近地轨道碎片滞留太空的时间跨度可以是几年到几十年，在同步轨道滞留的时间几乎是无限的。如果不加以控制，反卫星武器试验产生的空间碎片可能会在近地轨道和同步轨道形成屏障，妨碍我们的子孙后代对太空开发利用，重新将人类禁锢在地球。太空装备飞行试验既是迄今为止军事航天活动环境污染的主要来源，又是太空武器定型与部署前不可或缺的关键环节，并且具有可核查性，可以作为国际社会停止外空军备竞赛和防范外空武器化的突破口。因此，严格限制太空装备飞行试验、避免外空环境污染已是当务之急。

8.3 美军太空武器装备发展探析

美国太空司令部领导层认为，随着太空的日益拥挤和潜在对手反太空能力的不断增强，美国应与盟友在太空领域开展更加紧密的合作，共同发展太空防御能力，以应对太空威胁。

8.3.1 美国发展太空武器装备的主要因素

8.3.1.1 维护太空霸权是发展太空武器装备的根本原因

1957年苏联卫星上天后，美国总统艾森豪威尔在1958年发布了首份《美国国家太空政策》，该政策明确了太空武器系统研发、太空军事行动，以及建立美国在太空的领导地位。此后，历届美国总统都要发布太空战略，其核心内容是以不断完善战争手段确保美国太空霸权。例如，肯尼迪成功实施了"阿波罗"计划，尼克松提出了航天飞机项目。1978年，卡特的《美国国家太空政策》重申发展太空自卫权。1980年，美国战略家丹尼尔·格雷厄姆首次提出"高边疆"（High Frontiers）理论，认为太空是维护国家安全和国家利益的"高边疆"，在太空领域占优势的国家将赢得这一战略高地的决定性优势，而且美国在太空的主要任务是取得太空战胜利，用"确保生存"战略取代与苏联的"相互确保摧毁"战略。这是继海权论和空权论后，又一个影响深远的战略理论。

此后，美国一直企图掌控太空"高边疆"领地，从而在国际战略格局中保持绝对霸权地位。里根政府把太空纳入国家安全范畴，批准

"高边疆"国家战略,其核心内容是准备取得太空战胜利,后来又推出"星球大战"计划。美国多年的太空战准备在海湾战争中得以体现和实施,为赢得战争胜利发挥了关键作用。海湾战争后,克林顿政府出台了《美国国家太空政策》,允许为了国家安全利益进行太空防务建设,并相继推出了国家导弹防御计划和战区导弹防御计划。"9·11"事件后,小布什政府奉行"先发制人"的军事战略,其《美国国家太空政策》宣称必须破坏反对美国利益国家的太空能力。此后,奥巴马政府先后发布了《美国国家太空政策》和《美国国家安全太空战略》,强调加强美国的太空领导地位和太空自卫权。2018年3月,特朗普政府的《美国国家太空战略》规定:美国将设法阻止、反击并击败在太空领域对美国及其盟友的威胁。由此,美国完全公开确立了以太空战为核心的国家太空安全战略,这为发展太空武装装备奠定了基础。

8.3.1.2 争夺太空矿产资源是发展太空武器装备的直接动力

科学研究表明,月球上至少存在着丰富的氧、硅、铝、氦、铁等矿产资源,而平均每颗小行星上蕴藏着价值1万亿~4万亿美元的金、银、氦、钴等贵重稀有金属,对其任何一项开发都会给人类带来前所未有的巨大利益。仅仅在冥王星上就约有4 000万亿吨氘,够人类使用上千万亿年。来自太空冰的氘类核聚变能源,是清洁、安全且取之不尽的理想能源。

尽管外层空间法规定:外层空间的开发和利用应当遵循为全世界所有国家利益服务的原则,外太空资源所有权归全人类所有。但是,太空技术先进的国家凭借技术优势,已开始准备开采太空矿产资源。2015年11月,美国总统奥巴马签署了《美国商业太空发射竞争法》,该法赋予了太空采矿的合法性,鼓励其私营商业太空企业在月球或其他行星上"宣称领地",此举必将促使世界各国加快制定出台类似太空法案。特朗普的太空政策也明确提到要利用太空丰富的资源发展经济。为了独享这些太空资源，制止他国分享，技术占优势的美国明确拒绝禁止太空武器化的国际倡议。2002年，中国和俄罗斯联合提出太空非武器化条约倡议，遭美国拒绝。2014年，中俄向裁军大会提交修改过的《防止在外空放置武器、对外空物体使用或威胁使用武力条约草案》，其核心内容是禁止在太空部署任何武器，并得到许多国家的支持，却遭美国拒绝。在此情况下，俄罗斯、中国、巴西在联合国宣布不首先在太空部署武器，得到绝大多数国家的支持，但仍遭美国拒绝。2019年4月，根据联合国决议，中、俄和巴西等25个国家组成的专家组所制定的防止外空军备竞赛最终国际法律文件也因遭到美国的阻挠而流产。

8.3.1.3 相关国际法漏洞是发展太空战武器装备的直接原因

太空指"海拔100千米以上的空间"，规范太空活动的法律原则有：太空探索和利用必须为全人类谋福利；太空不得占为己有；探索和利用太空应遵守国际法；对宇航员提供援助和营救；发射国承担责任；开展国际合作等。尤其是1967年，由美苏等100多个国家批准并生效的《外层空间条约》规定：任何国家不得在绕地球轨道放置任何携带核武器或任何其他类型大规模毁灭性武器的实体，不在外太空、月球等天体配置和部署这种武器。禁止在太空建立军事基地，太空只能用于和平目的。但是，这些国际法原则存在明显漏洞，如《外层空间条约》是整个太空国际法体系的基础，但该条约没有禁止除核武器、大规模毁灭性武器之外其他武器的太空部署，也没有禁止发展、生产和使用太空武器，这就给太空部署武器留下了漏洞。冷战时期，美苏利用这一漏洞，发展了大量太空武器装备，并展开太空军备竞赛。美国同样利用国际法相关漏洞，大力发展太空武器装备。

8.3.2 美国太空武器装备发展思路

随着空间技术的发展与应用，信息化战争的主战场向空间延伸已是大势所趋，空间正成为各国抢占的新军事制高点。从全世界范围看，空间对抗装备总体上仍处于技术发展阶段。美国一直高度重视空间力量建设，奥巴马政府出台的空间政策与空间安全战略延续了美国长期以来关于空间活动的各项原则，全面发展空间力量增强、空间支援、空间控制和空间应用四大任务领域。近年来，美国以寓军于民、寓进攻于防护等更加灵活的策略和途径，积极发展空间对抗装备技术，提升空间态势感知能力与快速响应能力，继续巩固在该领域的领导地位。

8.3.2.1 夯实基础，持续提升空间态势感知能力

美国将空间态势感知能力（SSA）作为保持空间优势的首要条件与行动基础。2011年版《国家安全空间战略》称"美国是空间态势感知的领导者，国防部将继续提高它所获取的空间态势感知信息的数量和质量"。天基空间监视系统、空间篱笆等项目作为空间态势感知重点项目获得了发展，追求探测目标更精准、监视范围更广、实时性更好的空间环境侦察、监视和感知能力。

天基空间监视系统（SBSS）主要任务包括及时探测、采集、识别和跟踪深空至近地轨道的人造空间物体，支持航天飞行安全等。2010年9月，美国发射了监视空间的专用卫星——SBSS Block10，可见光传感器作为有效载荷之一安装在双轴万向架上，提高了对深空和近地空间目标探测能力，并可提供全天时空间监视。第二颗卫星计划于2014年发射。

空间篱笆（Space Fence）项目是在美国本土和海外部署3套S波段的陆基雷达系统，探测近地轨道的小卫星和空间碎片等在轨目标，还将通过高精度测量和特征数据，支持目标识别和管理，为其他空间控制领域提供支持。该项目已经通过了美国空军全面初步设计评审。

另外，作为美国最高优先级天基计划之一，美国空军用作导弹预

警与导弹防御的天基红外系统（SBIRS）可提供全球、持久的监视能力，同时支持战场态势感知任务。SBIRS GEO-1 卫星已于 2011 年 5 月发射，目前正在进行运行验证。

8.3.2.2 快速响应，发展和验证微小型、模块化航天器技术

美国将作战响应空间（ORS）能力视为弥补能力不足的创新途径，所开发的航天器着眼于战术层面、灵活（根据使命、时间和地理位置需要）、廉价（低于 2 000 万美元）、功能专一（减少外部攻击造成的破坏）、技术简易以及可随时替换。小卫星是 ORS 演示验证的重点。继发射战术星-2 和战术星-3 进行 ORS 能力演示验证后，美国 2011 年 6 月发射了首颗试验卫星 ORS-1 卫星，搭载了名为 SYERS-2 的定制传感器，可全天时提供 7 种波段的高分辨率图像，为军事行动提供战术情报、监视与侦察能力的支持。2011 年 9 月，发射了战术星-4 技术验证卫星，配备了一部高增益特高频天线，可以提供 10 个通信信道，为装备小型背包式或手持式电台的部队提供语音和数据消息中继。

尽管美国防部在 2013 财年预算申请中终止了对 ORS 办公室的专项投资，但空间快速响应作为未来军事航天的重要指导思想和发展方向仍将获得延续。美空军在一份书面声明中称 ORS 的经验将应用于更广泛的航天项目中，空军航天司令部（AFSPC）司令表示，将继续推动未来的美国军事星座采用"分解"（disaggregation）式。F6 系统即探讨一种灵活高效的航天器体系结构，仍在获得持续发展。2007 年，美国国防高级研究计划局（DARPA）结合 ORS 计划，提出发展 F6 系统（未来、快速、灵活、分解、自由飞行的航天器），其设计理念是将原本由大卫星执行的任务分解给专用微卫星执行，微卫星将以卫星簇的形式运行，可降低项目风险，提高部署速度，增强航天器生存能力。该项目 2011 财年完成了一系列卫星结构设计测试，2012 与 2013 财年将完成 F6 技术程序包（F6TP）的研发与审查、F6 开发工具箱

(FDK) 终版的发布以及硬件测试等。

8.3.2.3 策略灵活，多项目发展空间进攻性技术

美国并没有放弃空间进攻能力，而是不断进行关键技术验证，发展更加多样灵活的空间对抗装备。小卫星项目所验证的快速发射、交会对接、在轨修复等技术具有反卫应用前景，分离模块重组技术可以将普通载荷模块快速替换为攻击模块；除了天基反卫，美国投入部署的陆基中段防御系统（GMD）的地基拦截弹（GBI）也具有反近地轨道卫星的能力。

X-37项目的发展尤为耐人寻味。为能够快速发射飞行器，从而有效控制空间，早在20世纪90年代，美国就开始进行空间机动飞行器（SMV）的研究和探索，如X-40项目。SMV关键能力包括可重复使用、在轨机动能力、快速响应能力等，通过更换不同的载荷，能够支持侦察、空间控制、对其他卫星在轨维修等多种任务。X-37项目初始即作为SMV验证机而被发展，后被编列到NASA轨道空间飞行器（OSP）项目，2006年美空军接管后继续研发X-37B轨道试验飞行器，对其用途讳莫如深，宣称主要用于支持卫星技术和轨道飞行器技术的发展。第二架X-37B轨道试验飞行器在轨飞行了469天，从其验证的技术来看，其本质仍是执行多样化空间任务的可重复使用空间飞行器，具有快速响应、全球到达、天基侦察、在轨操作等军事应用潜力。

8.3.2.4 创新驱动，大力增强前沿技术储备

DARPA是美国国防部的核心研发机构，堪称美军事装备的"技术引擎"。美国清晰表达了对军用技术创新发展的支持，2013财年逾28亿美元将用于DARPA各项先进军用技术的研发。其中，空间项目与技术类别预算达1.6亿美元，较2012财年预算大幅提高了64%，部分子项目预算明细如表8-5所示。

表 8-5　DARPA 2013 财年部分空间项目与技术

项目	2012 财年预算/万美元	2013 财年预算/万美元	目的
F6 系统	4 000	4 800	验证卫星结构的可行性和优势，其中单一航天器的功能被无线联通航天器集群所替代
空间领域感知（SDA）	1 800	2 900	研发和验证一种可操作的框架和响应式防御应用，以提高易受攻击的天基通信资源的利用率
空间监视望远镜（SST）	1 004.1	1 020.4	使新型空间望远镜具备高探测灵敏度、短焦距、广视野和快速分步确定等优点，以显著提升空间监视能力
凤凰（Phoenix）计划	1 250	2 800	借助商用卫星，将小型组装系统送到近地轨道，对轨道上现有卫星的高价值长寿命部件进行升级、固定、修理和强化
看我（See Me）	500	1 550	构建小卫星系统，验证单兵用户从空间直接获取近乎实时的图像能力

注：每个大项目下有诸多子项目，只选取了与研究内容关系较为紧密的部分子项目。

美国特别强调推动军、民、商空间活动协调发展，夯实航天工业能力基础，以增强美国在天基科学、技术和工业基础方面的领导地位。美国鼓励私营企业参与轨道空间运输服务竞争，拥有"猎鹰"-9 号火箭和"龙"号太空舱的美国太空探索技术公司（SpaseX）背靠美国政府获得了快速发展。2013 财年，美国对 NASA 发展空间技术也加大投资。以"保护空间环境及负责任的空间利用"为名，NASA 的许多项目实为军民两用，将对未来的空间对抗产生深远影响，如载人航天技术、先进的空间通信技术、移动式太空舱外活动与机器人平台等。另外，NASA积极开展空间核动力研究工作，而美国空军在其《能源科技愿景2011-2026》报告中提出了将建立天基核电站和为新型航天器使用小型核反应堆。

8.3.2.5 跨域协同，探寻空间与网络作战一体化

2012年1月初，美国发布未来十年国防战略指南——《维持美国的全球领导地位：21世纪国防的优先任务》，明确将"在赛博空间和空间中有效作战"列为美军10项首要任务使命之一，将赛博作战和空间作战合并成一条明确提出。随后美国防部发布的《联合作战介入概念》（JOAC）中首次提出了"跨域协同"的思想，重视空间作战力量与传统的陆、海、空作战力量以及赛博作战力量更加紧密、灵活地综合运用。

2012年4月19—26日，美国在内华达州内利斯空军基地举行"2012国际施里弗演习"（SW12I），9个北约国家外加澳大利亚、北约总部、盟军作战司令部等多个军事机构参加。本次演习的目标主要有：①探索如何利用空间支持北约作战；②确定在对抗环境中提高空间系统恢复能力的方法；③明确空军系统防护所面临的挑战；④检验赛博空间与空间的作战融合；⑤搞清国际空间合作为作战带来的益处。从2001年1月至今，AFSPC已经主持进行了7次施里弗演习，最初演习主要检验空间作战的战法与作战原则等，第5次施里弗演习开始交织赛博空间，深度检视未来的空间和赛博空间行动。可以预见，美国空间对抗装备技术将在多领域交叉融合中升级发展。

8.3.3 美国太空武器装备发展重点

目前，美国已初步建立起分布于天基、空基、陆基、海基的全维侦察监视体系。同时，发展载人航天技术、深空探测技术等前沿空间技术，加紧对深空（1500 km以上）资源的占有与掌控；在近空间（1500 km以下）大力发展和验证轨道飞行器、小卫星等更加灵活、

机动的空间装备技术；并加快发展高空无人机、高空飞艇、高超声速飞行器等临近空间（20～100 km）武器装备，谋求全方位的空间优势。

在以太空战为核心的国家太空战略指导下，美军一直在研制部署各类太空攻防武器装备，以求牢牢掌握太空霸权。其太空攻防武器装备呈现环境透明、攻防兼备、网空融合、快速重构、军民融合等特点。

8.3.3.1 环境透明，升级太空态势感知系统

太空战获胜的首要条件是良好的太空态势感知系统，以便实现太空战场环境的单向透明。太空成为战场后，美军力图实现太空战场环境单向透明。美军太空态势感知系统由地基"太空篱笆"、太空监视望远镜、天基太空态势感知卫星和指挥控制中心组成，目标是发现、追踪、识别和区分所有太空物体，以及描述和预测太空环境。升级太空态势感知系统的目标是将传统的太空监视转型为对太空及太空环境的全谱段实时监视、侦察，并实现空天与网络的融合。美军2015—2020财年预计在空间态势感知领域投资60亿美元，进行地基与天基空间目标监视系统更新换代和联合空间作战中心任务系统升级改造。

提升地基太空态势感知系统。1961年，美军建成地基太空物体监视网"太空篱笆"侦察系统，由分布在全世界的25个陆基雷达站组成，能发现在3万千米高空直径10厘米的物体。2014年，美军开始建设第二代"太空篱笆"，计划2020年建成，有望探测到中地轨道以外直径为5厘米的小物体。由于部署在地面，这些感知系统容易受到地形地貌、天气气候等自然条件影响，无法准确实时监控太空。

着力建设天基太空态势感知系统。天基监视系统可以不受天气、地形等自然条件影响，并能准确实时监控，所以成为美军发展的重点。2002年，美军启动天基太空监视卫星计划和地球同步轨道太空态势感知计划，发射高轨卫星监视太空其他国家的卫星。2014年9月，

美军发射首批地球同步轨道太空态势感知计划卫星，以及评估局部空间自主守卫纳卫星，后者用来连续侦察监视空间。2014年12月，海军发射首颗空间监视网络试验卫星，对太空卫星追踪精度提高到厘米级。2017年，第二批地球同步轨道太空态势感知计划卫星成功发射。美军全力打造天基太空监视系统、下一代天顶持续红外项目、"太空篱笆"等项目，将实现对静地轨道卫星跟踪能力提高50%，空间目标编目信息更新周期从5天缩短至2天，大幅提高其军事通信、监测及太空指挥控制能力。目前，美国天空态势感知系统每天可完成6万余次对太空目标的观测，能对10厘米以上的1.6万个在轨目标进行探测、预警、监视和跟踪。

8.3.3.2 攻防兼备，发展新型太空武器装备

要击败敌对国家的太空系统，维护太空霸权，最佳办法是发展进攻性太空武器，如美军X-37B空天战斗机。近年来，美军明显加快部署X-37B的步伐。X-37B能对地侦察，战时有能力控制、捕获和摧毁敌国航天器，被视为未来太空战斗机的雏形。2017年5月，X-37B执行第五次在轨飞行两年多的任务后返回地球，特朗普随即宣布组建太空军和重建国家太空委员会。同年12月，特朗普签署《太空政策指令-1》，要求制造太空战斗机，2025年完成部署。

将导弹拦截器放入太空，开发天基导弹防御系统，以拦截中俄高超声速武器。美国2018财年的《国防授权法案》要求美军探索在太空部署传感器和拦截器的选项，加快天基导弹防御传感器建设，使其尽快具备拦截能力，并与"萨德""宙斯盾"和"爱国者"反导系统融合集成。

大力发展反卫星武器。美军是反卫星技术最先进、手段最丰富的军队。从20世纪60年代开始，美军就大力发展反卫星武器，包括使用空爆核武器和动能反卫星武器，装备了陆基、海基和空基"三位一体"的动能反卫星武器系统。截至2013年，美国进行了35次反卫星

武器试验。1985 年 9 月，美军 F-15 战斗机在太平洋上空 15 千米的高度发射导弹，摧毁了正在轨道上运行的靶星。1997 年 10 月，美国陆军首次使用中红外先进化学激光器摧毁了在轨卫星。2008 年 2 月，美国海军"伊利湖"号驱逐舰发射"标准"-3 型导弹，摧毁了一颗位于太平洋上空 247 千米的失控美国卫星。美国空军还装备有"微型杀手"卫星，能高速撞击他国卫星。除硬摧毁的反卫星装备外，美军还掌握多种软杀伤反卫星装备，如陆基自由电子激光器和中红外先进化学激光器、机载激光武器和天基"魔镜"激光武器等。反通信系统的电子干扰反卫星武器利用电磁能的无线频率，在不烧毁敌方卫星通信系统部件的情况下，临时或不可逆地破坏卫星传输。

加紧研制太空机器人。1997 年，美军制定了发展安装机械手系统俘获式卫星的计划。2010 年，全球首个太空机器人——"太空机器人 2 号"被"发现"号航天飞机送入太空，该机器人能完成国际空间站内各种复杂的清洁任务，还能太空行走。美军还在研发能捕获其他航天器的卫星服务机器人——"太空机械"。

8.3.3.3　网空融合，升级各类军用卫星系统

美军的网络信息系统与太空军用卫星系统高度融合，其信息情报和信息化支援技术基本都是来自太空军用卫星系统。据统计，2008 年美军约 90% 的军事通信、100% 的导航定位、100% 的气象信息、近 90% 的战略情报均来自太空系统。为进一步应对信息流的爆炸式增长，美军正加快升级各类军用卫星系统。

截至 2017 年 8 月 31 日，美国已拥有 803 颗卫星，其中军事卫星 159 颗，占比为 19.8%。美国军用卫星体系齐全，拥有全球侦察、监视、通信、测绘、气象预报及导航定位能力。在侦察预警卫星方面，"锁眼"卫星是世界最先进的光学成像侦察卫星，最高分辨率达 0.1 米；"长曲棍球"雷达成像侦察卫星分辨率达 0.3~1 米。20 世纪 60 年代初，美国"发现号"照相侦察卫星发现苏联没有足够的导弹核武

器攻击美国本土后，美国政府非常强硬地以核战争相威胁，成功阻止了苏联向古巴运输核导弹基地所需材料与设备。该型侦察卫星还准确发现并预知了中国第一颗原子弹爆炸的信息。中苏珍宝岛战斗后，美国侦察卫星获知苏联已作好核打击中国的准备，美国政府授意报纸透露这一消息，并警告苏联美不会对此坐视不管。在中国作好充足应对准备后，苏联不得不取消对中国的核打击计划。

电子侦察卫星能截获诸如雷达、通信等系统的无线信号，破译相关的信息情报，截获对手作战命令和通信密码，截收他国导弹试验遥测数据信息，甚至能监听步话机和手机信号。在1982年英国与阿根廷的马岛战争中，美国"大鸟"侦察卫星截获了阿根廷海军"贝尔格拉诺将军"号巡洋舰的雷达和无线电通信信号，并将其通报给英军，英军"征服者"号核潜艇随即发射鱼雷将阿舰击沉。

美军导弹预警卫星上的主要设备有大口径红外探测器、可见光成像设备以及核爆炸辐射探测器。在其覆盖范围内导弹发射后，短时间即可探测到导弹上升段飞行期间发动机尾焰的红外辐射，并发出预警。该系统每10秒钟就可以扫描一次整个地球表面，对射程1万千米的弹道导弹可提供30分钟以上的预警时间，可实现对战术和战略导弹发射的全程探测与跟踪，并达到对目标的全球覆盖。海湾战争期间，美军导弹预警卫星监视伊拉克"飞毛腿"导弹发射情况，能给前线提供90秒预警时间，引导拦截并摧毁其导弹发射架。2013年2月，美军导弹防御局和海军首次借助导弹预警卫星协同"宙斯盾"海基导弹防御系统，完成中程弹道导弹拦截试验，推进了天基导弹预警的战术应用。

美军还建立了包括宽带、窄带和受保护系统等庞大的军用通信卫星系统，构建了全球互通、天地一体的军事卫星通信系统，并实现了指挥部、作战部队、单兵以及武器平台之间的联通，构建了扁平化的指挥链路。美军还研制了先进的导航卫星和测地卫星、数据系统中继卫星和军用气象卫星。海湾战争中,美军共调集 70 多颗侦察预警卫星、导航卫星、通信卫星等,共查明 1 万多个伊拉克机场、指挥中心、通信中心、基地、舰船、坦克、导弹发射阵地等目标。美军电子侦察卫星还发现了伊军共和国卫队的部署、调动和位置。由于太空系统对取得战争胜利发挥了决定性作用,所以这场战争又被称为"第一次太空战争"。科索沃战争中,以美国为首的北约动用了 10～20 种、50 多颗军用和民用侦察、通信导航、海洋监视和气象等卫星。GPS 导航卫星在空中打击中发挥了决定性作用。气象卫星则全角度提供南联盟地区实时天气预报,保障了战争的胜利。通信卫星也发挥了极其重要的作用。在海湾战争期间,特别重要、详细的作战命令只能使用飞机送到航空母舰上,而在科索沃战争中使用卫星在 1 分钟之内就能将作战命令送达,使北约牢牢地掌握着战场的制信息权。在 2003 年的伊拉克战争中,用于保障美英联军作战的卫星已达 100 多颗,所有作战单元通过卫星接收信息,使从发现目标到打击目标实时化和一体化,整个战场呈现了"单向透明"。

2012 年,美军启用新型天基红外系统,弹道导弹发射探测能力大大增长。下一代导弹预警卫星能够在对方导弹发射 20 秒内,探测到红外影像并将信息传送给地面部队。美军已在陆续部署新一代光电系统、薄膜光学即时成像仪等新型侦察卫星,以及移动用户目标系统、先进特高频通信系统等新型通信卫星。2016 年,美军新一代雷达成像卫星未来成像体系实现了组网运行。2018 年,美军发射的第三代 GPS 导航卫星精度已提高到 1 米,有更高发射功率和更强抗干扰能力,可关闭特定导航信号,破坏敌方导弹定位信号。

8.3.3.4 快速重构,提升太空武器重建能力

在太空爆发战争,尤其是核战争,将摧毁绝大部分太空系统。因此,太空系统短时间内的快速重构和恢复,将决定战争的胜负。随着俄罗斯、印度等国太空战能力的不断提高,美军开始重视太空力量被

摧毁后的迅速重构，以抢在敌国空间力量恢复之前奠定胜局。如近地空间快速"抛洒"微卫星，即将短时期内构建导航、预警、通信等网络作为发展重点。2013年11月，美军利用"弥洛陶洛斯"-1火箭一箭发射29颗卫星，有效验证了快速发射补网技术。此外，美军还将不同的航天器快速灵活组合，以躲避敌方打击，并满足不同任务需求。

8.3.3.5 军民融合，节约太空武器成本投入

太空环境和太空作战的复杂性以及极高的维护费用，再加上军工集团对太空技术的垄断，使太空武器装备成本居高不下。因此，美军开始注重推进太空武器装备研发的军民融合。以美军卫星发射为例，长期以来，波音和洛·马公司成立的发射联盟垄断了美军的航天器发射，发射单价都在数亿美元以上，这让美军不堪重负。因此，美军大力扶持太空探索技术公司（SpaceX）研发发射技术，使航天器发射单价下降了近一半。为压缩成本，美军还大量购买谷歌等商业公司的卫星图片，将卫星测控外包，将太空传感设备分散"寄宿"到商业卫星上，使其数量庞大的商业卫星随时可以成为军用卫星；同时还买断了"铱星"卫星系统部分资源。特朗普政府鼓励私营公司与国防部合作发射军方卫星、研发太空军事技术，以SpaceX为代表的私营太空公司，不仅能研制卫星，而且能生产火箭，是美国太空战的坚实后盾。

第9章 太空与网络空间作战

太空作为国家安全和军事斗争的制高点,是信息时代获取信息资源、提供全球互联、夺取信息优势的关键战略领域,当前正面临着日趋严重的网络安全问题。太空作战对网络空间具有较强的依赖性,因而面对网络攻击也存在着极大的脆弱性。美国兰德公司曾把网络攻击比喻成"信息时代的核武器",因为网络攻击会直接威胁现代社会赖以运转的信息存储与控制机制,其威慑程度甚至远远超过原子弹。

美国陆续发布多项针对太空网络系统安全的战略政策文件,充分说明了美国当前在积极备战太空的同时高度重视太空系统所面临的网络威胁。美国太空军在成立之初就高度重视网络空间作战,并设立一个专门的德尔他大队(Delta 6)保护太空作战的网络安全,保护卫星和地面系统。

9.1 太空系统面临的主要网络威胁

对当今太空系统而言,从综合地面站到数据传输设施,再到航天器,均面临着网络攻击威胁。现有网络攻击手段足以致任何太空系统瘫痪,影响天基定位、精准授时等功能,甚至直接威胁国家安全。太空系统所面临的潜在网络威胁可能包括国家间军事行动、希望寻求经济利益且掌握大量资源的有组织犯罪分子，计划利用卫星碰撞等灾难事件实现诉求的恐怖组织乃至希望展示个人技术水平的黑客等。总体而言，太空系统所面临的网络攻击主要有：

一是针对天基系统的网络攻击。目前，美国和其他国家天基战略资产存在严重的网络漏洞，天基监视系统正在受到干扰和威胁，面临多种形式的网络风险，包括对通信和导航网络的干扰、欺骗或劫持，瞄准或劫持控制系统或用于执行任务的特定电子装备，关闭卫星、改变其轨道或通过毁坏性辐射来损坏其太阳能电池。此外，还可对地面卫星控制系统实施打击。同时，还可以直接拒止网络空间对天基信息系统的使用，在太空域中切断网络空间数据采集、处理、传输所依赖的链路和节点。

二是针对卫星系统的网络攻击，即敌方利用接收途径和各种软硬件所存在的"后门"漏洞，通过欺骗手段将网络病毒和分布式拒绝服务工具等网络空间武器远程植入或无线侵入到对方的卫星测控网络，注入恶意上传指令，或对其星载计算机进行渗透、篡改、窃密和潜伏遥控，使星载工作设备陷入间歇性或全面性瘫痪，或诱骗星载计算机非正常操纵卫星姿轨，甚至诱使卫星热管理系统失效，从而引发星载电子设备烧毁甚至爆炸，造成永久性物理破坏。

三是针对指控系统的网络攻击，当前，主要国家的太空作战指挥控制中心，既是太空态势感知信息汇聚中心，又是太空资源调度与任务分派中心。敌方利用计算机成像、电子显示、语音识别与合成、传感、虚拟现实等技术制造各类假消息、假命令以及虚拟现实信息，并综合运用网络空间攻击手段将其发布和传播至对方太空态势感知与指挥控制网络，将诱使对方太空作战指挥系统做出错误判断，使其采取利于己方的行动，进而达成影响和削弱对手指挥控制能力的目的，取得战略战术上的有利态势。

除上述网络威胁外，还有针对天基信息链路的网络攻击。对手可结合电子战、信息战，实施网络电磁频谱干扰，阻断星上、星下遥测遥控信号，干扰对方的天基信息系统数据分发链路。针对 GPS 的网络欺骗和干扰。利用射频信号发生器产生伪造的 GPS 电文信息，接收机处理后产生的欺骗性计算结果将"顺流而下"进入后续系统，引发后续系统自身的漏洞（如类似千年虫的操作系统时间漏洞），造成后续系统崩溃，从而实现网络攻击意图。针对地面基础设施的网络攻击，对地面基础设施，如卫星控制中心、相关的网络和数据中心实施攻击，可导致潜在的全球性影响。

9.2 美国太空网络作战能力建设

太空作为国家安全和军事斗争的制高点，是信息时代获取信息资源、提供全球互联、夺取信息优势的关键战略领域，当前正面临着日趋严重的网络安全问题。为此，2020 年 9 月，美国白宫发布首份针对太空网络系统的安全政策——《第 5 号太空政策指令》，明确了美国国土安全部和网络安全与基础设施安全局在增强美国太空网络防御领导地位的作用，确立了 5 个太空网络安全原则，并详细列出了保护太空系统免受网络威胁和网络攻击的建议和最佳实践。2020 年 6 月和 8 月，美国相继颁布新版《国防太空战略》和《太空力量》两大重大战略和条令。《国防太空战略》明确提出"国防部正将其太空方式从支援职能转变为作战领域，以应对动能打击、电子战、网络攻击等威胁和挑战。"《太空力量》也指明"网络空间作战是军事空间作战中至关重要和不可避免的组成部分，是与其他作战域联系的主要纽带。因为这种依赖性，可为对手创造新的攻击途径，比仅在空间域内的轨道战提供更低的成本和更高的成功机会。"

9.2.1 美太空军网络作战部队建设

美国太空军新的太空力量顶层条令（Space Power Doctrine）将

"网络作战"称为新军种执行任务所需的"太空力量"科目之一。其他并行的是几类：运营和使用、工程设计、采购部署以及军事情报。空间作战的复杂性和动态性要求上述系列科目必须协同工作。网络作战人员必须专业地进行持续防御，以虚拟形式与所有太空活动连接，确保太空军可以在整个冲突持续范围内访问和利用太空作战域。

美国太空军空间作战司令部（SPOC）下属第六大队（Delta 6）专门负责网络空间作战（Cyber Operations），该部队成立并于 2020 年 7 月 24 日正式运作（图 9-1）。第六大队由位于施里弗空军基地的五个现役中队组成：第 21 太空作战中队、第 22 太空作战中队、第 23 太空作战中队、第 1 网络作战中队和第 2 网络作战中队。

图 9-1　Space Delta 6 标志

第六大队通过价值 68 亿美元的空军卫星控制网络（AFSCN）和空间任务系统的防御性网络空间能力，确保美军的太空访问，以支持美国太空司令部、美国空军作战中心和美国导弹防御局。具体的任务职责包括：

➢ 为 190 多颗美国国防部卫星、盟军卫星和国家机构卫星安排 AFSCN 卫星联系；发布每日空间访问任务指令；并为卫星异常分辨提供实时支持。

➢ 提供频率干扰和空间安全分析。

➢ 运营和维护七个全球远程跟踪站。

➢ 分别在佛罗里达州卡纳维拉尔角空军站和加利福尼亚州范登堡跟踪站指挥一个发射关键卫星检测设施，用于东西两处各自的发射范围。

➢ 运营和维护美国空间部队的数字集成网络，这是一个任务通信基地和全球电路传输网络（由 400 个节点和 1 500 多个电路组成），通过自动故障转移和路径分集进行集中管理。

➢ 管理自动飞行控制网络卫星地面控制系统的维护支持活动。

➢ 为美国战地服务团网络实施配置控制、技术数据管理、软件管理、系统工程和维护以及供应管理。

➢ 组织和运行防御网络空间行动，以支持太空军总部确定的空间行动指挥任务系统和架构，包括"探路者网络空间防御相关中心 – 太空域"（Pathfinder Cyberspace Defense Correlation Center – Space）。

➢ 为新罕布什尔州新波士顿空军基地执行所有基地操作。

这些任务通过第六大队的 5 个中队（第 21、22 和 23 空间作战中队，以及第 1 和第 2 网络作战中队）、5 个分遣队和 12 个地理上分开的作战地点来完成。第六大队为美国太空军的 8 个德尔他大队中的每一个都提供了关键的任务保障，并且每天都在进行不间断的操作。

9.2.2　美网络空间安全技术能力建设

随着组织架构的先期搭建，美国太空军正在建设其网络安全技术能力，聚集人力资源。在军事采购计划方面，太空作战域的采购必须以快速和敏捷的方式应对新出现的威胁。美国太空军经过论证决定采取开放态度，提高创新性和弹性，利用国际、商业和任务伙伴关系，将非传统供应商和初创企业的尖端能力纳入其中。这些企业可能来自美国的航天企业联盟或太空军企业推介日。2020 年 5 月，美国 ManTech 国际公司（MANT）推出"太空靶场"服务，该服务可对卫星通信网络进行模拟攻防演练，发现隐藏的系统漏洞和软件缺陷，以帮助保护美国军方、情报界和商业卫星运营商的太空网络。该项服务的推出表明太空系统与网络安全的融合日益深化,太空领域的网络安全将成为构建未来太空攻防体系的重要组成部分。

与商业界的合作是太空军抵御网络威胁的一种重要方式,美国国防工业的基础企业为军事系统和网络建设安全做了大量的工作。随着对在轨资产的威胁增加,美国军方将会与卫星行业更密切地合作,以防止网络空间攻击,一方面需要能够快速识别这种威胁,将其隔离,并像在任何其他作战域一样,通过攻击进行斗争,例如,一些通信导航作战的抗干扰技术如全球定位系统抗干扰解决方案,包括 M - Code 技术和受保护的反干扰战术卫星通信(PATS)技术,也将是太空军未来网络响应的一部分;另一方面需要能够快速恢复能力,比如发展自愈网状通信网络,并利用商用现货(COTS)技术来增加军方架构的弹性。多样性是实现恢复能力的关键。如果一个空间系统被"堵塞",太空军需要有其他系统可以依靠。

严格审查、让产品从服役开始起就具备网络安全性,是美国太空军保障网络安全性的又一方式。作为为美国国防部采购通信卫星通信服务的唯一权威,太空军必须确保用于支持美国、盟国和联合作战人员的空间系统是最安全的。当前,让行业合作伙伴(即软件开发团队的主要成员和关键软件能力的提供者)使用 DevSecOps 方法贯穿软件开发、集成测试、代码开发、生产部署全过程中,是满足国防部和任务要求的合适手段(图 9 - 2)。而在近期,美国太空军还将为商业卫星通信制定一份网络安全态势评分标准,以增强商业资产的安全态势,减轻美国政府和行业合作伙伴的行政负担。

总之,利用网络攻击手段可影响太空作战的大部分环节,网络空间作战隐约已经成为太空与其他作战域相互支持、联合作战的一道巨大屏障。美国太空军的网络战力量建设将成为其未来太空作战中的重要支撑与保障力量。

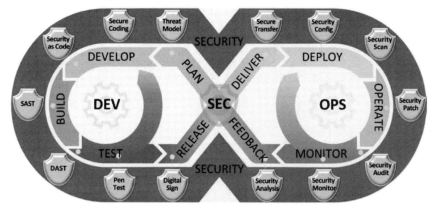

图 9-2 DevSecOps 方法帮助美国国防部应对网络空间作战

9.2.3 美国应对太空网络安全威胁的新举措

自特朗普上台后,美国对太空的重视异乎寻常,从颁布重大战略条令、调整组织机构、构建作战力量,到加强态势感知、研发装备技术、探索作战演习等各方面强力推进太空实战化发展,做好太空系统应对网络威胁和攻击的准备。

9.2.3.1 太空战略的观念转向"作战域"

"作战域"的提出体现了美太空战略的观念转向,以及对太空安全环境的巨大忧患。美太空战略历经了"起步、发展、转型"三个阶段的演变过程,其观念也由"避风港"转变为"拥挤、竞争、对抗"再到"作战域"。尤其自 2017 年特朗普入主白宫,美国在太空安全领域更趋激进,不仅首开总统官宣太空为作战领域之先河,准备应对包括网络威胁在内的任何威胁和挑战,而且积极推进美国国家军事太空体制重组,实现太空军的组建,把备战太空推向新高。

究其原因,首先是 20 世纪 70 年代后半,随着美苏核军备态势向着有利于苏联的方向发展以及美苏缓和的终结,太空"避风港"观念开始遭遇挑战。进入 21 世纪的第二个十年,在美国眼里,太空变得"拥挤、竞争和对抗",同时随着美军对太空能力依赖的加深,美决策界对太空系统遭受攻击的担忧加剧,以及越来越多的政府和非政府主体(主要指私营企业)进入并利用太空活动日益频繁,特别是中、俄两国的航天能力日益增强,致使美国认为其面临的太空环境越来越缺少稳定性和安全性,其太空资产所面临的风险和威胁日益增多,直接威胁到美国当前的太空安全目标。因此,对丧失太空领域领导地位和制定太空规则权利的担心是其核心,这种担忧始终贯穿、并左右着美国太空战略的调整和演变。

9.2.3.2 加强顶层统管和管理机构建设

构建多层面、分工明确的管理机构,加强顶层统管,确保太空成为国家安全优先事项。2017年之前美国国家安全航天力量分散在国防部和国家情报部门手中,尚未实现实质上的统一领导和监管。为增强太空战略执行力,美采取了一系列措施,包括成立国家太空防御中心、太空发展局、太空司令部等,从多层面构建和完善太空组织管理体系,目的在于实现太空战略的资源整合、集中领导和统一指挥,进一步加强应对包括网络威胁在内的任何威胁和挑战的能力。

2017年4月,美联合跨部门太空作战中心正式更名为"国家太空防御中心"(NSDC),重在研发和部署太空作战与防御能力。此次更名,一方面展现出美军对保护太空和太空系统、抵御威胁的重视;另一方面也表明,美军将太空视为新作战疆域已从认知转到实践层面,持续加强太空作战管理,推动新型太空作战指挥机构成熟化,优化太空系统指控流程,提升强对抗环境下太空系统的作战支援能力与太空对抗实战能力。

2019年3月,正式设立"太空发展局"(SDA),将统一并整合美国防部力量,确定、制定及运用创新性解决方案,预先应对未来可能出现的威胁。该局当前工作重点是研究与构建应对新兴威胁的下一代"国家安全太空架构"(NDSA),实现太空态势感知、全球监视、威慑、作战管理等八大能力,整合整个国防部及航天工业的下一代太空能力。

2019年8月，正式宣布成立"美太空司令部"，标志着在"大国竞争"战略下美更加注重对太空这一关键作战领域的争夺，意图保持并巩固美在太空的既有优势。当前太空司令部将发展与网络相关的能力和人员列为工作重点，未来将发展训练有素的联合太空战士，以执行与国防信息网络部相关的措施，同时确保网络攻防战士时刻准备着执行必要的任务，以将力量投射到网络空间。

9.2.3.3　太空作战力量建设独立成军

美太空作战力量从传统支援力量及分散化、配属化的组织形态向独立成军及主体作战力量转变。针对美军长期太空力量建设和监管分散化的问题，2015年7月，美国政府问责局（GAO）发布报告称，在国防部成立独立"太空部队"是美军内部重点探讨的改革方向之一。太空部队将把美国家侦察局和国防部所有太空力量集中在一起，以更好规划、协调国家太空安全活动，减少太空领域发展受到的干扰，并使其获得更高关注度。虽然太空部队的成立波折不断，但2020年5月，特朗普进行了太空军授旗仪式，正式成为美武装力量第六军种，标志着太空军事化进程又迈出了重大一步。紧随其后，8月，美太空军颁布首份作战条令——《太空力量》，再次重申了"为什么太空力量对美国至关重要，军事太空力量是如何使用的，谁是军事太空力量，以及军事太空力量重视什么"等核心问题，从顶层设计方面为太空部队建设做出长远规划，也将为国家安全、国防和国家军事战略提供支持。

长期以来，美陆军、海军和空军分别根据各自需求发展了相应的太空能力，并将其作为辅助能力为军队作战提供支持。但随着太空部队的建立，太空军开始注重谋求独立作战能力，增强其进入空间、利用空间和控制空间的能力。当前，美太空军从"保护美国太空利益"到"在指定的时间、地点和方式有效回应太空威胁"，其职能使命悄悄扩展。2020年1月，太空军利用"天基红外系统"的导弹预警卫星监测到伊朗向伊拉克境内美军基地发射弹道导弹，为美军地面部队提供预警，可以看作是太空军的首次作战行动。3月，反通信系统CCS B 10.2版交付太空军第四太空控制中队，该系统的入列意味着太空军有了自己的武器并形成进攻性战斗力。未来，美太空军还将在装备、资源、能力、领导等方面全面发展，以扼守战略制高点，提升赢得未来的作战能力。

9.2.3.4 加大太空态势感知研发力度

全方位加大太空态势感知研发力度，加快系统建设，夯实太空攻防对抗活动的基石。近年来，为备战太空，美国摆脱过去以地基为主，天基为辅的思路，大力部署天基太空态势感知系统，2020年前美国投资60亿美元用于太空态势感知能力建设，其中天基太空态势感知能力建设是重中之重。另外，2021财年美军将为太空部队网络项目投入1.5亿美元，意在加强网络运作来投资网络空间能力，通过主动的网络防御活动和增强的网络态势感知来提供增强的网络任务保证，重点发展实时跟踪、广空域、宽时域、全天候、阔频谱的新一代太空感知体系。

同时，在美军不断强化太空安全的背景下，美国国防高级研究计划局（DARPA）正在积极开展两大研发项目，以提升空间态势感知能力并加强对空间的指挥和控制，包括研发太空作战虚拟实验室的"标记"项目和集成史上最大规模空间传感器网络的"轨道瞭望"项目。此外，美军还注重将人工智能和云计算技术应用于最新太空态势感知系统建设中。近年来还频繁举办太空态势感知演习和创新竞赛，意在提升实际作战能力和太空军事人员的能力。同时，美军建设了军用天地一体、高轨低轨覆盖、广域监测与局域详查相结合的太空态势感知装备体系，形成覆盖全球主要地区、可探测高轨微小目标、近实时的太空态势感知能力。

9.2.3.5 太空与网络空间一体化集成

大力推进新兴技术的研究和部署，实现颠覆性创新。美军在装备与技术发展规划中，将太空与网络空间一体化集成列为重要目标。2015年2月，美军发布《空军航天司令部长期科技挑战》备忘录，明确提出将太空和网空作战视为所有军事作战的支柱，详细梳理了未来军事航天和网络空间科学技术的发展需求。2016年8月，美空军航天司令部再次更新该文件，系统提出未来10~30年需要实现的11项关键技术能力，其中专门针对"太空与网络交叉领域"，重点发展人工智能、认知电子战、先进数据分析技术3大类共11项核心技术，以期提升太空和网络集成作战的态势感知、指挥控制能力和作战效能。

2020年9月，美太空部队与Xage Security合作开发"植根于防篡改区块链技术"的零信任风格安全系统原型，以保护太空系统。DARPA以及陆军新兴技术办公室致力于开发不再依赖于传统GPS技术手段的下一代定位、导航与授时技术，以解决传统GPS技术受电磁及网络空间干扰的问题。2020年8月，美空军和太空部队将网络传感器数据添加到统一的数据库——dataONE数据库中，意在帮助美国查明对手攻击美国网络的地点和方式，并创建全面的战场图景，支持全域作战。此外，美国开始投入巨资展开空间脑控技术的相关研究，对未来空间攻防、空间态势感知、空间在轨操作等均有可能带来颠覆性影响。

9.2.3.6 加强太空与网络空间作战演练

加强太空与网络空间作战技战术演练，注重从战略、战役、战术层面全方位推进太空作战演训太空战演习是美军探索太空力量。作战运用直接而有效的途径，对美提升太空作战指挥系统效力，加强太空对抗环境下作战实力发挥着直接推动作用。2020年5月，美国防信息安全技术服务提供商美泰科技正式推出验证和保护太空系统网络安全的"太空靶场"(Space Range)虚拟作战体系,通过模拟真实网络环境,查明隐藏漏洞、不当配置和软件缺陷,达到预防和挫败网络攻击的目的。通过运用虚拟现实技术,真实还原太空系统和网络空间环境,并融入网络防御专业技术,可重复使用,灵活便捷。2020年8月,美军为验证相关最新技术,开展了首届太空网络攻防竞赛,重点演练卫星遭受网络入侵及破坏,处于失控状态,如何重新夺回对卫星的控制权等。

此外,美军还有"施里弗"和"太空旗帜"两大系列演习,全面覆盖战略、战役、战术层面演习,提升太空实战化水平和网络作战能力。总体来看,"施里弗"系列太空战演习,不仅是美军推动太空理论研究、保持太空优势和进行太空备战的重要举措,更是一场接近真实的作战模拟,深层次的目的是加强美军太空战威慑能力。相比已经开展了11次的"施里弗"太空战演习,美军"太空旗帜"演习的最大不同是聚焦战役和战术层面演训,由"施里弗"演习的战略层面延伸到战役、战术层面,体现了美军对于太空实战化训练的重视,也反映了美军对当前太空安全环境变化的认识和巨大忧虑。

第10章 国际太空安全治理

太空安全关系到人类共同发展利益。随着各国进入空间和利用空间活动的急速增加,对太空的认识水平和技术水平不断提高,太空安全问题随之日益突出并受到世界各航天国家的普遍关注。太空安全领域当前面临小行星威胁、空间碎片环境恶化、太空武器化三大主要问题,面临小行星防御、近地空间环境治理和外空军控等诸多挑战。国际太空安全治理,需要国际社会的共同努力。

太空具有"公地"属性,无监督的太空安全治理会导致太空"沙化"的悲剧,且当前公地悲剧已在逐步发生。因此,国际太空安全治理需要国际社会的共同努力,从外交、法律、技术、文化等方面,探寻国际太空安全治理的出路。国际太空安全治理的核心在于统筹解决好各国家外空安全利益关系,开展博弈性合作,具体应从建立协商机制、加速推动立法工作、加强技术发展、着力在太空建设"人类命运共同体"等提出解决空间安全问题的思路。

10.1 太空环境治理形势紧迫

随着1957年苏联发射第一颗人造地球卫星,人类进入太空的能力在增强,对外层空间的研究和利用在促进人类科技进步、社会发展的同时,也在外空留下越来越多的空间碎片。同时,低轨小卫星星座爆发式增长,小行星频繁掠过地球等问题的出现,已经成为人类探索太空脚步中必须解决的重大课题之一。

10.1.1 航天器在轨爆炸解体,成为空间碎片主要来源

从1957年以来,人类共进行了5 400余次航天发射,把近9 000颗航天器送入地球轨道,目前在轨航天器5 000多个,仍在服役航天器2 000多个。根据2020年欧空局给出的信息,自1957年至2020年底,人类进行了约6 000余次航天发射,共将约10 680颗人造卫星送入地球轨道。其中,仍在轨的6 200余颗,在轨正常服役的3 800余颗。目前已被跟踪编目的空间物体(在轨卫星+空间碎片)约28 200个,所有在轨空间物体质量总和超过9 200吨[1]。尺寸大于10 cm的目标数量约为34 000个,这类碎片能被地基监测设备监测到,航天器一旦与此类碎片发生碰撞,将会彻底损坏,甚至完全解体,产生数以万计的小尺寸碎片;1 mm以下的碎片有百亿个,这类碎片只能通过天基直接探测,或者分析回收物的表面获取其信息,此类碎片可通过航天器表面加固防护材料进行防护;还有一类碎片称为危险碎片,尺寸介于前两者之间,目前尚无有效的观测方法,其中尺寸在1~10 cm的碎片数量约为90万个,尺寸在1~10 mm的碎片数量约为1亿个,对航天器的损坏能力比小碎片大,防护困难,数量比大碎片多,航天器躲避困难,十分危险。

航天器在轨爆炸解体是空间碎片的主要来源,迄今共发生在轨爆炸、解体、撞击事件500余次。近年来,影响最大的一次是2019年3月27日印度代号"沙克提行动"的反卫星试验,产生尺寸大于5 mm的碎片6 500个,其中270个可被跟踪,有12块碎片达到1 000 km高度,使得国际空间站(ISS)撞击风险提高了44%[2]。到2019年,国际空间站为躲避空间碎片撞击进行了25次机动规避。国际上有公开报道的因碎片撞击而失效或异常的卫星超过16颗,我国航天器因

空间碎片撞击失效事件时有发生。近年来 NASA 卫星每年规避空间碎片操作 20 余次,而 2008 年这一数字为 5 次[3]。严峻的空间碎片环境对航天器在轨运动,包括航天员生命安全带来了严重威胁。不久前,欧空局已经与 ClearSpace 领导的一个工业小组签署价值 8 600 万欧元的合同,以清除一块特定的空间碎片。可以看到,对于这一领域的研究不仅是对国家安全、空间安全和人类命运的责任,也是对国家科技创新带来新的挑战,不断开拓空间经济业务新领域。

10.1.2 低轨小卫星星座爆发式增长,成为空间环境潜在威胁

近年来,低轨小卫星星座呈爆发式增长,各航天大国纷纷开始抢占太空资源,建设巨型小卫星星座已经成为当前航天发展的一个重要领域。但是,大量小卫星正在逼近近地轨道空间的承载极限,现有的空间环境、国际社会以及我国航天发展都将面临一系列的严峻挑战。截至目前,国内外已有很多巨型低轨小卫星星座正在建设或公布方案,其中发展最火热、数量最大的是 SpaceX 公司的 Starlink 系统,规划将发射大约 42 000 颗卫星。2019 年 9 月,欧空局的一颗"风神"卫星为避免与一颗 Starlink 卫星发生碰撞,主动进行了变轨机动,为巨型低轨星座的安全运行敲响了警钟[4]。

从短期看,大型小卫星星座发射会使近地轨道目标大量增加,威胁现有空间目标的安全。从长期看,星座自身也会遭遇碎片撞击,使得低轨空间撞击次数增加,产生更多的空间碎片,加剧碎片环境的长期恶化趋势。作为未来重要的空间信息基础设施,小卫星星座对于我国这样一个开放程度日益加深的大国来讲,其重要性也不言而喻。除此以外,还存在频率、轨道资源占用分配问题,星座自身的光、电磁辐射和急剧增长的数量也会对天文学和宇宙学观测带来的不利影响,以及带来的信息安全和产业安全等问题和挑战。

10.1.3 小行星来袭,成为人类安全重要挑战

2019 年 6 月,中国科协将与空间碎片密切相关的近地小天体调

查、防御与开发问题纳入 20 个对科学发展具有导向作用、对技术和产业创新具有关键作用的前沿科学问题和工程技术难题中，这也显示出外空环境问题研究已经成为我国高度重视的新领域。

小行星对于地球来说，从来就不是遥远的存在。6500 万年前，在墨西哥尤卡坦半岛发生的小行星撞击地球事件导致 76% 地球生物（包括大型恐龙）灭绝。1908 年 6 月 30 日发生在俄罗斯通古斯的小行星大爆炸事件[2]。2013 年 2 月 15 日俄罗斯车里雅宾斯克发生小行星撞击地球事件。在我国的内蒙古锡林郭勒盟地区，云南香格里拉、西双版纳和近期的甘肃青海，都发生过火流星事件。从恐龙灭绝事件来看，小行星撞击地球带来的灾难是毁灭性的，对地球和人类生命安全带来极大威胁。美国、欧空局、俄罗斯、日本等国家或机构已在小行星监测、预警、防御和利用等方面拥有相当成熟的技术和法律法规，我国目前也在积极开展对小行星的监测预警、安全防御等工作，并取得了一些进展。

10.2　太空环境研究意义重大

外层空间虽不像陆地、海洋、大气这样围绕在人类身边，但地球存在于宇宙中，外空更是全人类赖以生存的环境，可以说一荣俱荣、一损俱损。习近平总书记提出的"人类命运共同体"是阐释这一问题的价值哲学和外交战略。

"多学科"交叉融合。空间碎片和空间环境的研究，涉及的学科、领域众多，是一项复杂的系统工程，学科交叉融合为空间碎片和空间环境研究赋予了新内涵。特别是空间碎片的探测预警与防护、空间环境的保护等方面，都呈现牵一发而动全身的特点。同时，空间碎片治理又与国家安全密切相关，关乎我国外空事务的主导权和话语权，关乎人类命运共同体的构建和维护，这赋予空间碎片研究更加丰富的内涵和外延。

"多领域"辐射带动。空间碎片研究是世界航天领域面临的重大技术挑战，是科技创新的沃土，能够催生新型太空产业模式。2020年"中国航天大会"发布的宇航领域科学问题和技术难题，将空间碎片清除作为重要内容，其复杂性、引领性、带动性，不亚于任何一项已知的太空探索活动。各国的空间科学家提出了多种方案和设想，比如飞网抓捕、电动绳系、机械臂抓捕、激光烧蚀、离轨帆等方案，这将带动一系列的科学、技术、工程、产业创新发展，为空间碎片研究发展提供全新的机遇。

"多国家"竞争竞赛。根据模型预测显示，如果从现在不对外空环境进行治理，70年后，低地球轨道区域有可能发生空间碎片链式撞击效应，近地空间将彻底不可用；30年后轨位将饱和，无新的轨位资源可用。现在，各航天大国和航天企业集团不断努力提升在空间碎片监测预警、减缓移除等方面的技术。我国在空间碎片领域的研究也取得了突破性进展，2016年，我国自主研制的"遨龙一号空间碎片主动清理飞行器"，随"长征"七号成功发射，这是国际上首次针对空间碎片主动清除的在轨技术验证。各国在轨道资源利用上竞争激烈，在空间碎片技术研发上开启竞赛，为空间碎片研究带来了新的挑战。

综上可以看出，空间碎片治理是典型的复杂系统工程，而且是典型的"人—机—环"系统工程。其不仅涉及人与航天器、航天器与宇宙空间的物质交换，还涉及国与国之间的政治博弈、技术合作、产业沟通、文化交流。曾经，我们一直在地球上思考和解决人类发展问题。未来，我们将站在太空的高度思考人类的发展，许多原有模式都将被颠覆。根据美国国家太空委员会的大胆预测，人类将在未来开发更加经济并且能够从任何地方出发延伸到太空的"宇宙公路"；将在环绕月球的轨道上建立"月球太空港"，以及维持生命的环境调节系统——"月球宾馆"；甚至建成"宇宙巡回航母"，船内建立人造生态系统、再生氧气和水，以及粮食，保证自给自足航行几年。人类已经逐步脱离地球摇篮的束缚,从"全球化"进入"世界化"时代。在此背景下,空间碎片的研究,需摒弃"还原化"的思维,"坚持系统观念",把人类社会、航天器、宇宙纳入一个系统进行整体考虑,用系统论的方法和系统工程技术,构建"世界化"时代"天地统筹、人机融合、远近兼顾"的空间治理体系。

10.3 国际太空治理体系建设

建立国际太空安全治理协商机制。太空安全治理机制已成为一个日益凸显的复杂而敏感的国际安全问题,当前亟须一套有效的国际安全机制进行调控,以达成和平利用太空的目的。各国在太空安全领域的共同利益,包括小行星防御、空间碎片防护、外空军控等方面,构成了建立协商机制的基础,并提供了根本动力;各国在太空安全利益的差异,包括国力的强弱、航天实力的高低、政策战略的定位等方面,则构成了建立治理机制的前提和条件,影响着治理机制的具体制定和执行。"公地"属性决定了太空安全治理机制集体合作性博弈的实质,同时也导致了太空安全治理的困境:各国不愿为集体的共同安全利益采取行动[9]。因此,应建立利益分配机制、激励机制、责权分配机制和协商机制。协商机制的建立,是推动其他治理机制建立的前提,需优先推动落实。

加速推动新的外层空间法立法。在经历了条法、软法乃至后软法时代后,当前人类外层空间法在实践过程中面临约束不强、规定不明、概念不清、实施不实等现实问题[9,12-13],多个国家对国际空间法进行了合理的规避和利用。新时期,多项国际空间法、条约、协议等论证及其立法推动工作已开展多年。近年来,人类航天活动急剧增加,对太空交通管理、国际空间法的需求更加急迫。然而,和平稳定的国际秩序来源于权力和制度的合力作用,需要各国在太空领域的国家安全利益趋于一致,在当前各国航天技术实力发展差异严重的情况下，对太空利益追求不同，且难以对相互的太空地位形成制衡，从而在短时间内难以就国际外空规则达成一致。因此，近期难以形成有强约束力的国际外层空间法。当前联合国外空委通过《外空活动长期可持续性准则》（long-term sustainability，LTS）草案、"透明与建立信任措施"（transparency and confidence building measure，TCBMs）政府专家组活动等方式，着力推动外空新的规则制定。同时，各国推动了区域外空协议和多边协议的制定，如《欧洲航天局公约》《亚太空间合作组织公约》。国际社会还建立了"机构间太空碎片协调委员会"，制定了空间碎片减缓指南，以协调空间碎片有关事宜[12-13]。形成新的外层空间法可能需要漫长的过程，从历史视角来看，甚至可能需要一次大的利益格局震荡。

加强太空环境治理相关技术发展。太空环境治理相关技术是空间安全技术体系的重要组成部分，是影响人类太空可持续发展的关键。太空环境治理技术为太空安全问题解决提供重要选项，如：深空探测技术发展为小行星防御实施提供可能；空间碎片监视能力提升大幅降低了飞行器受碎片碰撞的风险；抵近抓捕操控和拖曳移除技术发展为空间碎片环境治理提供了解决途径等。假设按照当前的空间发射和活动频次，无太空碎片清除技术干预情况下，200年内，将发生103次碰撞事故，碎片总数达到约17万个；有太空碎片清除技术干预情况下，该数量降为64次，4万个。技术实力是外空国际关系权力建构的重要来源，其技术水平高低将直接影响太空安全治理权力的大小。因此，加强太空环境治理相关技术发展，既是人类共同安全利益需要，也是各国国家外空国际关系权力提升需要。

着力推广在太空建设"人类命运共同体"理念。人类在一开始的外层空间活动中，其理念追求即是全人类的共同利益。因此，和平利用太空，在太空域构建"人类命运共同体"，符合全人类的长远利益，是国际社会的普遍利益诉求。人为环境污染、空间碎片危险、太空武器化等严重事态和现象已经成为各国进入外层空间的"公害",威胁着整个人类在外层空间中的共同利益,而解决或缓和危机的努力不可能单依靠个别国家的实力奏效。一个国家在外层空间安全与其他国家在外层空间的安全越来越多地联系在一起。即使当前由于各国对于政治、军事、国家利益等因素的考量导致太空仍笼罩在安全冲突的阴影之下,但人类的视野应看到冲突之后的和平。近年来,无论是《防止在外空部署武器、禁止对外空物体使用或禁止使用武力》(prevention of the placement of weapons in outer space treaty,PPWT)条约,还是联合国外空委主导的 LTS 议题讨论及 TCBMs 政府专家组活动等[16-17],都体现出当前国际社会对实现太空和平利用的努力。因此,从长远来看坚持全人类共同利益的价值取向,着力推广在太空构建"人类命运共同体"理念,是解决国际太空安全治理问题的最终出路。

参 考 文 献

[1] 王涛. 美军"施里弗"太空战系列演习 [J]. 军事文摘, 2020 (17): 30–33.

[2] 陆晓飞, 孟红波, 梅发国. 从美军"施里弗"系列演习看太空作战趋势 [J]. 中国电子科学研究院学报, 2020, 15 (02): 110–114+146.

[3] 陆晓飞, 梅发国, 曹仁政, 等. 从美军"施里弗"系列演习分析太空作战趋势 [A]. 中国指挥与控制学会. 2019 第七届中国指挥控制大会论文集 [C]. 中国指挥与控制学会: 中国指挥与控制学会, 2019: 5.

[4] 郭俊. 从"施里弗"演习看美军太空威慑力量构建 [J]. 国防科技, 2015, 36 (01): 68–70+89.

[5] 魏晨曦. 从"施里弗"系列演习看未来太空作战的发展 [J]. 国际太空, 2016 (06): 29–36.

[6] 王淇, 程建. 对美空军施里弗系列演习的几点思考 [J]. 飞航导弹, 2017 (11): 14–16+20.

[7] 武战国. 透析美国"施里弗"太空战演习 [N]. 中国社会科学报, 2016–08–04 (005).

[8] 张沛, 曹延华, 仲果. "施里弗"演习中商业航天力量运用 [J]. 国防科技, 2019, 40 (04): 84–87.

[9] 范鹏程, 祝利, 杨常波. 从施里弗系列演习看美国航天电子侦察系统发展趋势 [J]. 飞航导弹, 2018 (01): 55–57+61.

[10] 张睿,李智,熊伟.美军举行第七次"施里弗"太空作战演习[J].国际太空,2012(07):51-53.

[11] 夏禹.聚焦未来空间作战,北约参加"施里弗-2012"演习[J].卫星应用,2012(04):75-78.

[12] 吴新峰,杨玉生,李潇,等.美军太空旗帜系列演习综述[J].飞航导弹,2020(02):26-29.

[13] 刘闻,王晓路,王长庆,等.美军太空旗系列演习解读[J].飞航导弹,2018(11):20-24+30.

[14] 美太空军举行"施里弗演习2020"[J].航天电子对抗,2020,36(06):17.

[15] 李虹琳,党丽芳.美欧合作的近地小行星防御任务进展[J].空间碎片研究,2021,21(02):35-39.

[16] 陈瑛,卫国宁,唐生勇,等.国际太空安全形势分析与发展建议[J].空天防御,2021,4(03):99-104.

[17] 国豪,邸慧.2020年国外航天装备发展研究[J].中国航天,2021(02):65-73.

[18] 宫经刚,宁宇,吕楠.美国高轨天基态势感知技术发展与启示[J].空间控制技术与应用,2021,47(01):1-7.

[19] 曹裕华.太空目标监视装备作战试验设计研究[J].国防科技,2021,42(02):14-20.

[20] 彭振忠.美太空军X-37B装备应用模式解析[J].军事文摘,2021(07):46-49.

[21] 羌丽,陈娇,王燕.美国推进天军太空能力建设——《太空作战司令部规划指南》解读[J].国际太空,2021(04):46-49.

[22] 张嘉毅.面向未来太空竞争,美国加速推进太空力量建设[J].国际太空,2021(01):22-26.

[23] 杨帆,董正宏,陈进军,等.印度外空技术试验受到的压制、影响及其对策研究[J].国防科技,2021,42(02):43-46.

[24] 李晋阳.浅析法国空天军的成立、建设与发展[J].军事文摘,2021(09):58-63.

[25] 贾平,李云,刘笛,等.美国自由飞行太空机器人发展分析[J].空间电子技术,2021,18(02):79-84.

[26] 黄嘉,孙越.军事航天装备试验中的环境正义[J].自然辩证法通讯,2021,43(10):77-84.

[27] 李大光.当今世界太空战最新发展(一)[J].国防科技工业,2018(07):62-64.

[28] 李大光.当今世界太空战最新发展(二)[J].国防科技工业,2018(08):60-63.

[29] 张良.太空战,未来战争的"制高点"[J].生命与灾害,2020(01):10-13.

[30] 仲晶.太空战略竞争与博弈日趋激烈[J].人民论坛·学术前沿,2020(16):22-28.

[31] 何奇松.大国太空防务态势及其影响[J].现代国际关系,2018(02):25-32+40+67.

[32] 汉京滨,张雅声,汤亚锋.太空体系弹性研究现状[J].中国航天,2018(07):28-32.

[33] 何奇松,朱松林.后冷战时代的太空军备竞赛分析[J].当代世界与社会主义,2021(02):154-160.

[34] 方勇.2020年国外航天发展重要进展[J].卫星应用,2021(01):15-19.

[35] 郭丽红,蔡润斌,李臻.2020年美国太空军事力量发展综述[J].国际太空,2021(05):43-47.

[36] 刘震鑫,郭丽红,李臻,等.2018年美国太空军事力量建设发

展综述[J].国际太空,2019(05):22-26.

[37] 方勇.2017年世界航天发展重要进展与趋势[J].卫星应用,2018(02):8-14.

[38] 方勇,孙龙.2016年世界航天发展重要趋势与进展[J].卫星应用,2017(02):38-44.

[39] 方勇,孙龙.2015年世界航天发展重要趋势与进展[J].卫星应用,2016(03):16-25.

[40] 方勇,孙龙.2014年世界航天发展的重要趋势与进展[J].卫星应用,2015(01):24-29.

[41] 廖春发,徐鹏.2012年世界航天发展的重要趋势与进展[J].卫星应用,2013(01):26-32.

[42] 罗绍琴,张伟.美国太空战略转型及其影响[J].美国研究,2021,35(03):60-80+6-7.

[43] 张茗.美国太空安全战略转向及其对中国的影响[J].社会科学,2020(09):12-23.

[44] 杨保平,孔德强,张秀媛.美国太空力量发展与启示[A].2020中国航空工业技术装备工程协会年会论文集,2020:4.

[45] 樊高月,宫旭平.美国太空战略思想的发展与演变(上)[J].国防,2016(02):40-44.

[46] 樊高月,宫旭平.美国太空战略思想的发展与演变(下)[J].国防,2016(03):52-55.

[47] 李义,况学伟,王友峰,等.美国太空威慑样式浅析[J].国际太空,2020(11):54-58.

[48] 郑向.美国太空战装备及太空战能力[J].军事文摘,2018(17):27-31.

[49] 况腊生,璁宇杰.美军太空武器装备发展探析[J].国际研究参考,2019(09):27-31+26.

[50] 李义，艾赛江，谢堂涛，等．美军太空作战优势及弱点分析［J］．国际太空，2019（11）：60-65.

[51] 陈方舟，李靖，李浩，等．多域战背景下的美太空作战指挥体系研究［A］．中国指挥与控制学会．第八届中国指挥控制大会论文集［C］，2020：5.

[52] 赵海洋，弥鹏，屈婷婷，等．美国空间力量发展对我国空间安全的影响［A］．中国指挥控制学会空天安全平行系统专业委员会．空天资源的可持续发展——第一届中国空天安全会议论文集［C］，2015：5.

[53] 彭辉琼，吕久明，路建功．美国太空作战演习主要成果探析［J］．航天电子对抗，2019，35（02）：59-64.

[54] 李红军，姚文多，崔帅豪．美军太空力量建设的主要特征［J］．军事运筹与系统工程，2019，33（04）：15-19.

[55] 王翔．美俄新一轮太空防务建设及启示［J］．国防，2019（07）：72-75.

[56] 谢堂涛，汤亚锋，艾赛江．美军太空假想敌部队现状及发展趋势［J］．国际太空，2019（08）：42-46.

[57] 仲果，曹延华，李瑞．美国应对太空安全威胁的策略［J］．科技视界，2018（25）：139-141.

[58] 王钊，康志宇．美国新空间安全战略综合评析［J］．国防科技，2015，36（05）：72-76.

[59] 贺婷，梁波．美军太空安全与应急响应发展研究［J］．指挥控制与仿真，2016，38（03）：140-144.

[60] 张健．美国新版《国家太空政策》解读［J］．世界知识，2021（02）：36-37.

[61] 张晓玉．美国高度重视太空网络安全问题［J］．网信军民融合，2021（02）：29-33.

［62］苏鑫鑫，杨磊，牛文．美国空间对抗装备技术发展思路与重点［J］．飞航导弹，2012（10）：52－54．

［63］雍鑫，朱春雨．日本太空军事力量发展现状及趋势分析［J］．飞航导弹，2021（03）：76－80．

［64］唐杰．澳大利亚太空战略［J］．国际研究参考，2021（04）：22－31．

［65］董建敏．太空，世界军事竞赛新战场［J］．科学中国人，2019（16）：78－80．

［66］邓招，张晓玉．太空中的网络安全问题［J］．网络空间安全，2017，8（Z5）：1－6．

［67］包领春．未来的太空战将怎么打［J］．军事文摘，2019（21）：16－20．

［68］刘党辉，尹云霞．快速航天发射现状与建设［J］．国防科技，2018，39（06）：8－14．

［69］林利，朱宏玮，王建忠，等．基于天基系统的导航战相关问题研究［A］．中国指挥与控制学会．2019第七届中国指挥控制大会论文集［C］，2019：5．

［70］薛惠锋．构建"世界化"时代的空间治理体系［J］．空间碎片研究，2021，21（01）：1－4．

［71］张健，许培．美国《太空顶层出版物：天权》评析［J］．世界知识，2021（12）：70－71．

［72］甘永，唐玉华，张晓斌，等．秉持构建人类命运共同体理念推动太空领域全球治理［J］．中国航天，2021（03）：45－48．

［73］苟子奕．美国太空核动力政策研究［J］．国际太空，2021（04）：41－45．

［74］方勇．美国太空交通管理主要动向及影响［J］．空间碎片研究，2021，21（01）：37－41．

[75] 徐纬地. 太空安全博弈与国际航天合作——空间交通管理视角下的太空安全态势与中国对策思考 [J]. 空间碎片研究, 2021, 21 (01): 18-25.

[76] 李忠林. 太空秩序变迁与太空治理难题——基于太空技术的视角 [J]. 当代世界与社会主义, 2021 (01): 142-149.

[77] 鲁宇, 董晓琳, 汪小卫, 等. 未来大规模低成本进入空间策略研究 [J]. 中国航天, 2021 (03): 40-44.

[78] 武立军, 王旭, 王建斌. 未来深空安全问题的几点思考 [J]. 现代防御技术, 2021, 49 (02): 8-12.

[79] 张伟, 罗绍琴. 中美太空军事冲突：对美国兰德公司《未来战争2030》报告的分析 [J]. 中国航天, 2020 (11): 58-61.

[80] 王国语, 张玉沛, 杨园园. 空间交通管理内涵与发展趋势研究 [J]. 国际太空, 2020 (11): 32-39.

[81] 吴伟仁, 于登云, 刘继忠, 等. 我国太空活动现代化治理中的若干重大问题 [J]. 科学通报, 2021, 66 (15): 1795-1801.

[82] 侯迎春, 张戈. 太空信息支援指挥控制支持平台构建初探 [J]. 国防科技, 2021, 42 (01): 19-26.

[83] 高松. 美国太空军建设前景及政府对"太空作战域"的态度 [J]. 世界知识, 2021 (13): 72.

[84] USSTRATCOM Hosts Fifth Space Experiment with International Partners. 2018.

[85] US Air Force Begins 2019 Space Wargame. 2019.

[86] USSPACECOM hosts 6th space experiment with 16 international partners. 2019.

[87] NASA, FEMA, International Partners Plan Asteroid Impact Exercise. 2019.

[88] CSAF pays visit to Space Flag: Participants increase warfighter capa-

bilities. 2019.

[89] Space – superiority exercise, Space Flag, concluded successfully on U. S. Space Force birthday. 2020.

[90] Space Flag, the premier exercise for training space forces, successfully concludes for the first time under STAR Delta Provisional. 2020.

[91] The boom is back: Nellis Air Force Base conducting Red Flag exercises. 2020.

[92] Schriever Wargame: Critical space event concludes. 2020.

[93] Call sign 'Vader – 1' – US Space aggressors prepare American combat pilots for a new era of extraterrestrial warfare. 2021.

[94] Red Flag 21 – 1 Kicked Off This Year's Training Exercises Focusing On "Great Power Competition". 2021.